新版电工实用技术

新版电工识图

——从器件到电路

君兰工作室　编
黄海平　审校

科学出版社
北京

内 容 简 介

本书作者总结多年工作经验，将电工技术人员必须掌握的电路图组成器件和识读方法精炼出来，进行点对点的直观讲解。试图于细微深处，以朴实、易懂的方式介绍电工电路的识图，让读者一看就懂、即学即用。

本书主要内容包括电气图形符号，闸刀开关、按钮开关、电磁继电器、电磁接触器、定时器的结构、动作和图形符号，以及多种电工实用电路的实际布线图及顺序图。

本书内容实用性强，图文并茂，具有一定的指导性和参考性。

本书适合作为各级院校电工、电子及相关专业师生的参考用书，同时可供广大电工技术人员、初级电工参考阅读。

图书在版编目(CIP)数据

新版电工识图：从器件到电路/君兰工作室编；黄海平审校.
—北京：科学出版社，2014.5
（新版电工实用技术）
ISBN 978-7-03-039676-1

Ⅰ.新… Ⅱ.①君…②黄… Ⅲ.电路图-识别-基本知识 Ⅳ.TM13

中国版本图书馆 CIP 数据核字(2014)第 018986 号

责任编辑：孙力维 杨 凯/责任制作：魏 谨
责任印制：赵德静/封面设计：东方云飞
北京东方科龙图文有限公司 制作
http://www.okbook.com.cn

科 学 出 版 社 出版
北京东黄城根北街 16 号
邮政编码：100717
http://www.sciencep.com
新科印刷有限公司 印刷
科学出版社发行 各地新华书店经销

*

2014 年 5 月第 一 版 开本：A5(890×1240)
2014 年 5 月第一次印刷 印张：8 1/4
印数：1—4 000 字数：240 000

定 价： 36.00 元

（如有印装质量问题，我社负责调换）

前　言

2008 年我们出版了“电工电子实用技术”丛书，其中《电工识图——从读图到制图》一书一经推出便得到了广大读者的欢迎，其实用的内容、图解的风格、简洁的语言都使得这本书深受广大电工技术人员的喜爱，获得了很好的销量。

随着社会的快速发展，电工技术也有了很大进步，为了更好地适应现代电工的技术要求，总结几年来读者的反馈信息，我们推出了“新版电工实用技术”丛书。其中，《新版电工识图——从器件到电路》一书坚持第一版图书内容实用、高度图解的风格，根据当前就业形势的需求，充分结合目前电工技术人员工作的实际情况，去掉了第一版图书中电路制图的部分内容，更新了部分实用电路，增添了适合现代电工工作实际的新型电路内容。

本书共 13 章，主要内容包括电气图形符号，闸刀开关、按钮开关、电磁继电器、电磁接触器、定时器的结构、动作和图形符号，以及多种电工实用电路的实际布线图及顺序图。

读者通过学习本书，不仅能够掌握常用电工器件的结构、动作和图形符号，还能够掌握多种电工实用电路的识读方法和技巧。本书适合作为各级院校电工、电子及相关专业师生的参考用书，同时可供广大电工技术人员、初级电工参考阅读。

山东威海的黄海平老师为本书做了大量的审校工作，在此表示衷心的感谢！参加本书编写的人员还有张景皓、张玉娟、张钧皓、鲁娜、张学洞、张永奇、刘守真、高惠瑾、凌玉泉、朱雷雷、凌黎、谭亚林、刘彦爱、贾贵超等，在此一并表示感谢。

由于编者水平有限，书中难免存在错误和不足，敬请广大读者批评指正。

编　者

目　录

第1章　电气图形符号

第 2 章 闸刀开关的结构、动作和图形符号

第 3 章 按钮开关的结构、动作和图形符号

第 4 章 电磁继电器的结构、动作和图形符号

第 5 章 电磁接触器的结构、动作和图形符号

第 6 章 定时器的结构、动作和图形符号

第 7 章 电路实际布线图及顺序图

第8章 自保持电路

第9章 互锁电路

第10章 具有时间差的电路

第11章 电动机启动控制电路

第12章 电动机正反转控制电路

第13章 其他电工电路

第1章

电气图形符号

1.1 电阻和电容的图形符号

1.1.1　电阻的结构及图形符号

1. 电　阻

电阻是阻碍电流流动的电气阻抗元件。它不仅可以限制回路中的电流，调整电流大小，而且还可以根据阻值进行分压，从高电压中取出低电压等。

2. 碳膜电阻

如图 1.1 所示，碳膜电阻是将陶瓷棒在高温真空条件下包上一层纯度较高的碳膜作为抗体，并在陶瓷棒和引出端的接点处烧上一层银膜，且碳膜要拧成螺旋状，在得到所需阻值后将两端引出头固定并涂上一层保护膜。碳膜电阻的阻值比较多，因此被广泛应用。

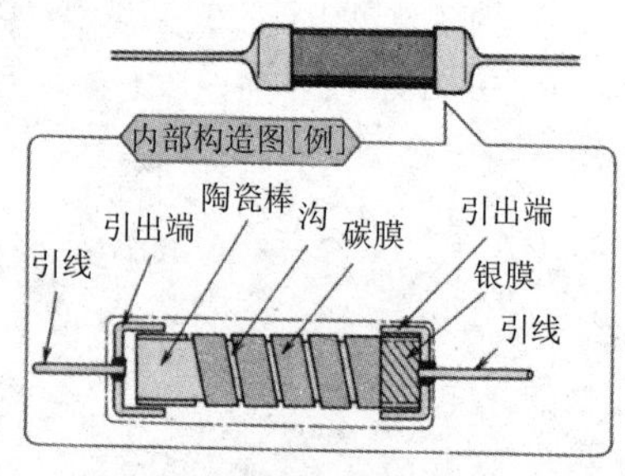

图 1.1　碳膜电阻

3. 绕线型可变电阻器

如图 1.2 所示，绕线型可变电阻器是在铁心上缠绕金属细线作为抗体，通过轴的转动使滑动端在绕线电阻上滑动，从而得到连续可变的电阻值。常用于需要连续可变电压的场合，这时应使电压分配与可变电阻器的动作状态相对应。

4. 图形符号

电阻的图形符号如图 1.3 所示。

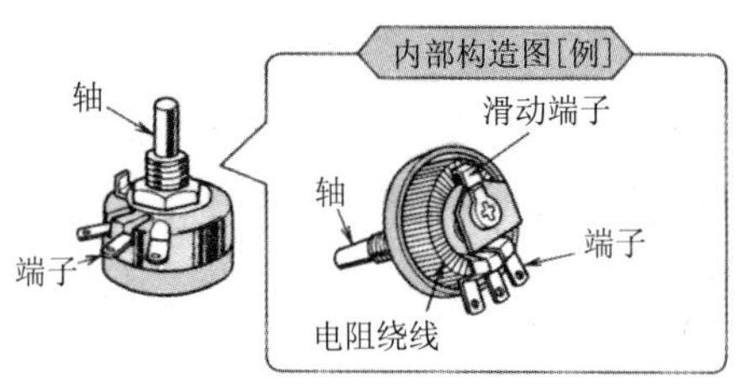

图 1.2 绕线型可变电阻器

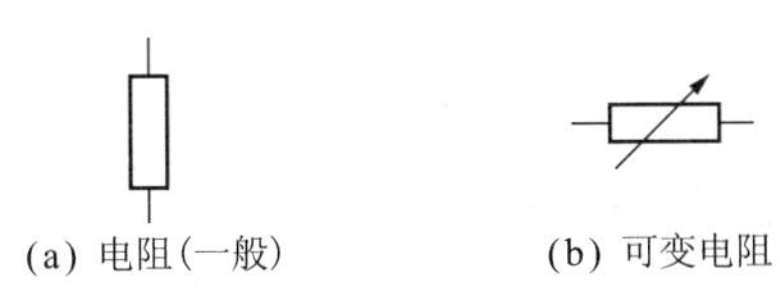

图 1.3 电阻的图形符号

1.1.2 电容的结构及图形符号

1. 电 容

电容是将绝缘体夹杂在金属导体中使其具有储蓄电荷功能的电气元件。

电容用途包括:通过直流信号时在电极间储蓄电荷;当在直流信号上叠加交流信号时,只有交流信号通过;只传送回路中的交流分量;用于抑制电磁继电器触点火花问题。

2. 纸电容

纸电容是将电容纸介质与铝箔纸交互重叠卷曲,经干燥后浸泡在绝缘物中再封装而成,如图 1.4 所示。通过电容纸介质与铝箔的重叠卷曲,电容纸介质可连续绝缘,而金属箔可作为连续电极板。

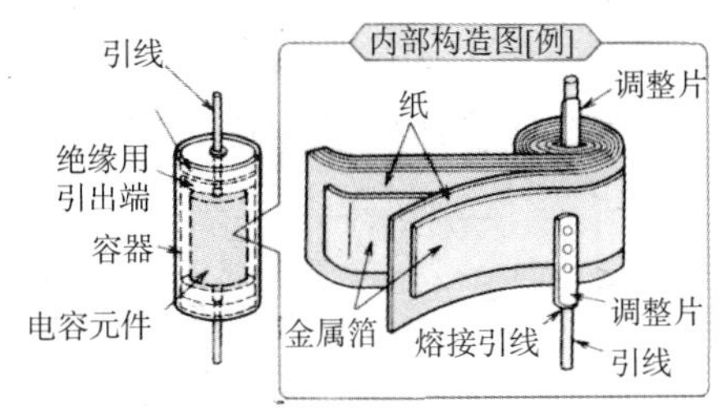

图 1.4 纸电容

3. 云母电容和电解电容

云母电容是将天然云母片与铝箔电极交互重叠，两端用金属带压紧，并用树脂熔铸引出端，如图 1.5 所示。电解电容是将铝作为电解质的阳极，将反应时铝表面形成的酸化铝薄膜作为电解质的阴极而形成的，如图 1.6 所示。

4. 图形符号

电容的图形符号如图 1.7 所示。

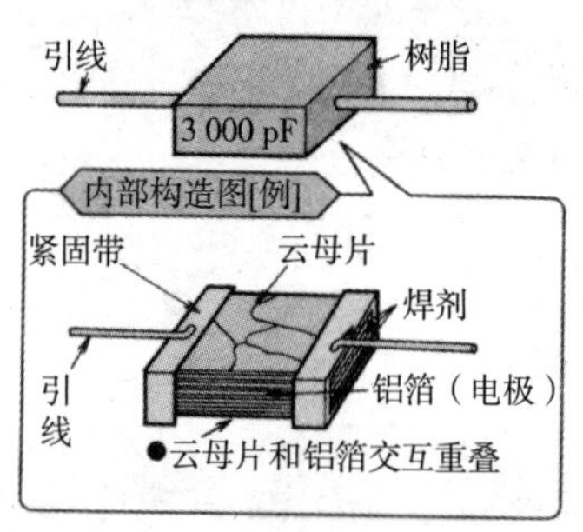

图 1.5　云母电容

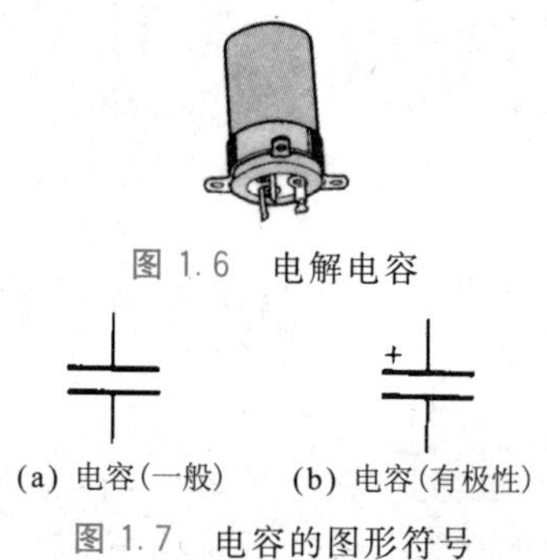

图 1.6　电解电容

(a) 电容(一般)　(b) 电容(有极性)

图 1.7　电容的图形符号

1.2 动作开关、检测开关的图形符号

开关是控制电路开闭或改变电路连接状态的元件。一般情况下，开关应用在指令及检测用触点机构上，因此分为指令型开关和检测型开关。指令型开关是指人用手给予操作命令或改变指令处理方法，也称为手动、自动切换开关；检测型开关是检测出控制对象的当前状态，在达到预定动作条件时就会动作的开关。

1.2.1　触点开关、旋钮开关的结构及图形符号

1. 触点开关

触点开关(TS)是通过手指按动波形手柄端部，利用内部发条的触点来

控制电路开闭、切换动作的指令型开关，如图 1.8 所示。

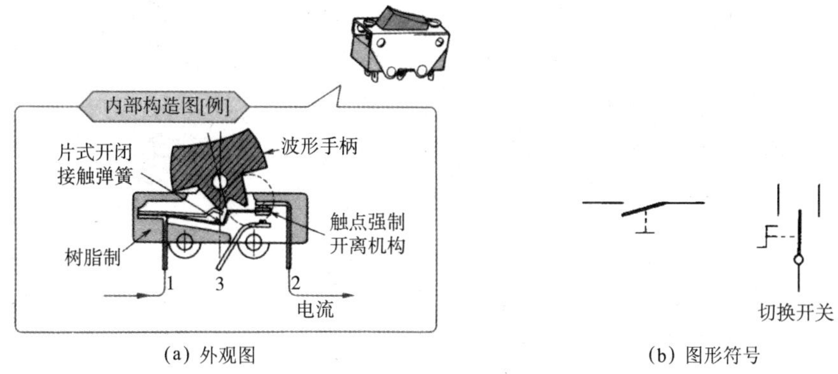

(a) 外观图　　(b) 图形符号

图 1.8　触点开关

2. 旋钮开关

如图 1.9 所示，旋钮开关(RS)是通过旋转动作切换触点来选择电路的开关。通常圆周上配置许多触点端子，以触点端子为轴可进行手动转动，从而能切换到各个连接回路中。

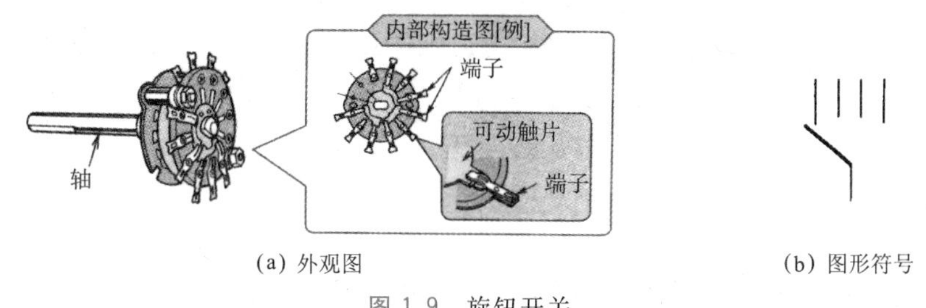

(a) 外观图　　(b) 图形符号

图 1.9　旋钮开关

1.2.2　微型开关、按钮开关的结构及图形符号

1. 微型开关

微型开关的封装盒内部具有微小触点间隔和速动机构，以及手动即可开闭的触点元件，其外部有一个小型的动作按钮。

板簧式微型开关是指动作发条可储蓄能量，当施加外力时，动作发条的可动触点可瞬间与下侧的固定触点反接，如图 1.10 所示。卷簧式微型开关是指动作发条采用卷簧的开关，如图 1.11 所示。

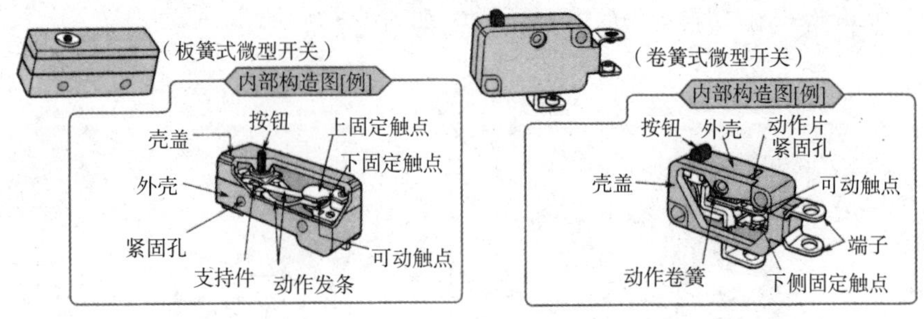

图 1.10　板簧式微型开关　　　　图 1.11　卷簧式微型开关

2. 按钮开关

如图 1.12 所示，按钮开关(PBS)是通过按钮来控制开闭的开关。按钮开关由手指操作按钮机构和开闭电路的触点机构两部分组成。

电子器件中按钮开关的触点机构部分常采用微型开关，其优点是触点动作比较稳定，与手动速度无关，而且开闭电流容量也较大。

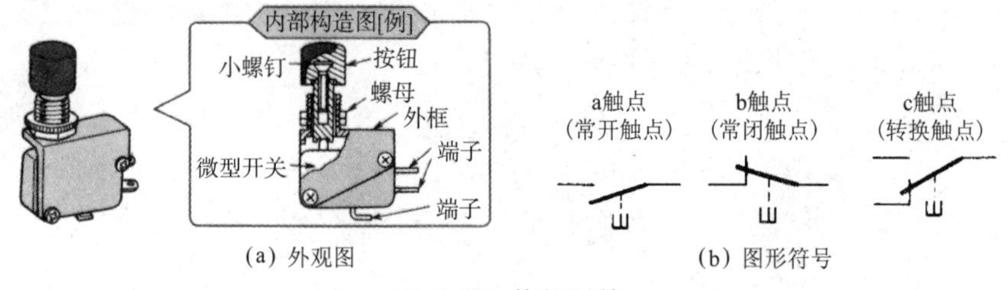

(a) 外观图　　　　(b) 图形符号

图 1.12　按钮开关

1.2.3　限位开关、光电开关的结构及图形符号

1. 限位开关

如图 1.13 所示，限位开关(LS)指机器在运行过程中到达指定位置时动作的控制用检测开关。

限位开关通过机器可动部分的动作将机械运动信号转换为电气信号，广泛用于检测物体所在位置及外加力等机械量。

限位开关把微型开关密闭在其内部，因此我们把外部机械输入及检测部分都称为执行机构。

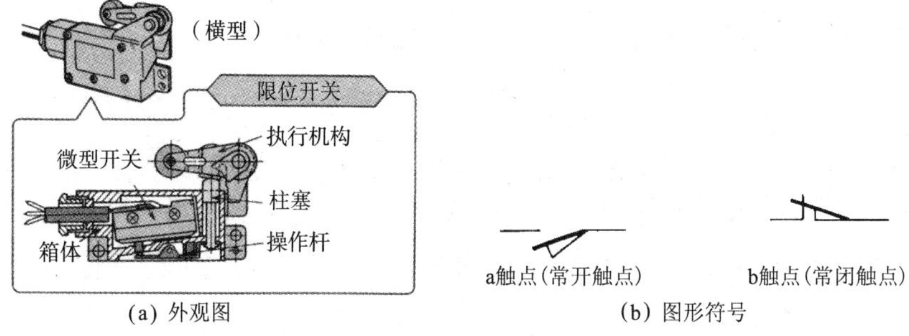

图 1.13 限位开关

2. 光电开关

如图 1.14 所示,光电开关(PHOS)是利用光作为检测器媒质,当从投光器内发出的光被某物体遮挡后,受光器的光电变换单元就会根据反射光量的变化将其转化为电信号,从而使开关发生动作。光电开关是一种无接触地检测物体有无及状态变化等的检测型开关。

光电开关不仅可检测金属还可检测非金属,并具有远距离检测的优点。

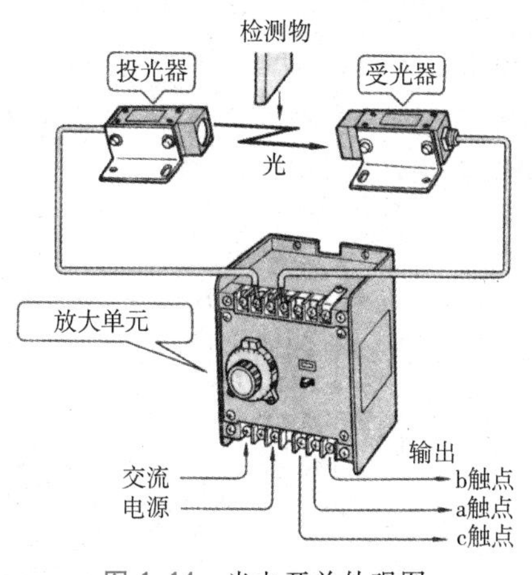

图 1.14 光电开关外观图

1.2.4　接近开关、温度开关的结构

1. 接近开关

接近开关(PROS)是不与物体接触,利用磁场能量变化将靠近检测台机架的金属检测出来,从而控制与其连接的电路开闭的检测型开关,如图 1.15 所示。

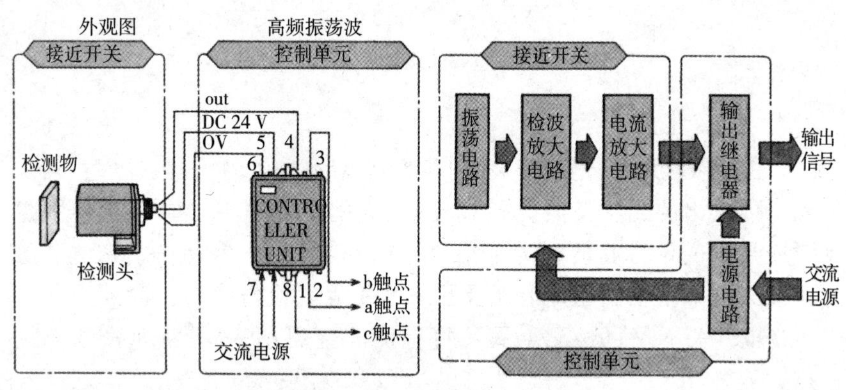

图 1.15　接近开关

接近开关通常利用高频磁场的高频振荡波。所谓高频振荡波是指由检出端发出一种高频率的振荡波,当检测物体接近时,检测物体内就会产生涡流损耗,通过此涡流损耗引起振荡功率的变化从而使电路动作。

2. 温度开关

如图 1.16 所示,温度开关(THS)是在温度达到预定值时动作的检测型开关。它是利用随着温度变化,电气特性也会相应变化的电气元件如

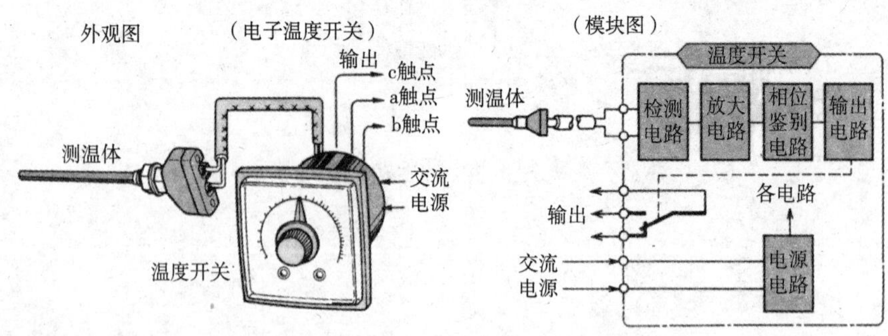

图 1.16　温度开关

热敏电阻、铂电阻等作为测温体，当检测出达到设定温度时就会发生动作的一种开关。

1.3 电磁继电器和时间继电器的结构及图形符号

1.3.1 电磁继电器的结构及图形符号

1. 电磁继电器

电磁继电器是利用电磁力使触点具有开闭功能的装置的总称。当它的电磁线圈中有电流流过时就会产生电磁场，利用电磁力来吸引可动铁片从而使联动的机构进行开或闭。

2. 微型继电器

如图 1.17 所示，微型继电器又称微型电磁继电器，该继电器的触点处不需要直接控制电磁开关器及隔离器等的容量，故常被用于数字电路及继电器顺序电路的组合等场合。

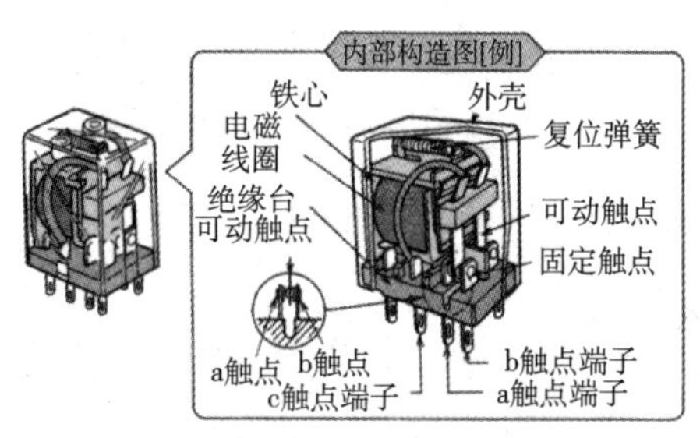

图 1.17 微型继电器

3. 舌簧继电器

如图 1.18 所示，舌簧继电器将具有触点、触点弹簧及电枢的舌簧片以一定间隔密封在具有惰性气体的玻璃管内，通过线圈中的磁场作用进行动作。舌簧继电器重量轻、体积小，具有印刷基板搭载结构特点，常被用于数字电路、有触点输出及输入电路的输入端子与内部逻辑运算电路绝缘的场合。

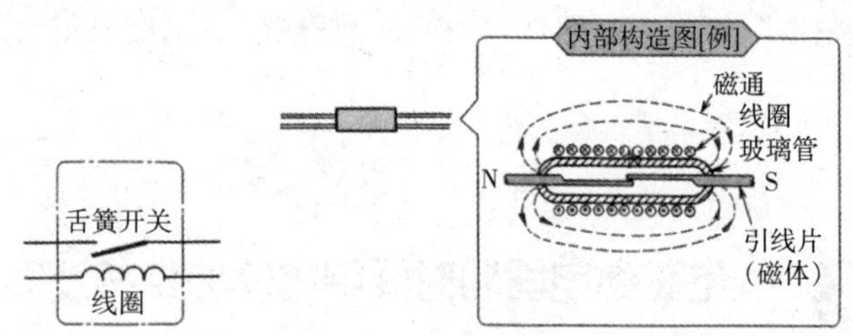

图 1.18　舌簧继电器

4. 图形符号

电磁继电器的图形符号如图 1.19 所示。

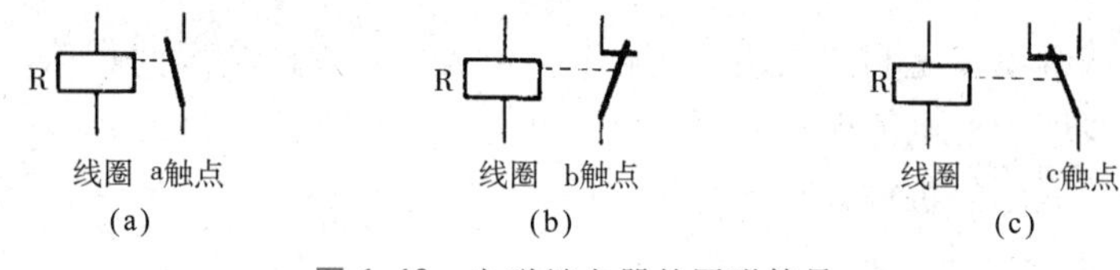

图 1.19　电磁继电器的图形符号

1.3.2　电磁接触器、热敏继电器的结构及图形符号

1. 电磁接触器

如图 1.20 所示,电磁接触器(MC)是利用电磁铁的动作频繁地将负载电路进行开闭的接触器,主要用于电力回路的开闭。

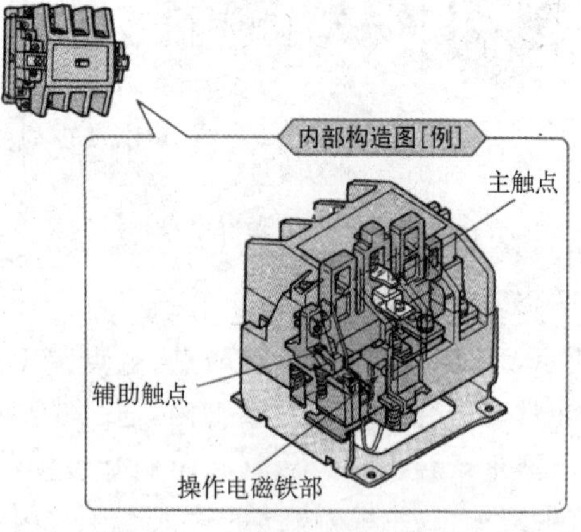

图 1.20　电磁接触器外观图

电磁接触器由主触点、辅助触点组成的触点部和由电磁线圈、铁心组成的操作电磁铁部两部分组成。

电磁接触器和热敏继电器(THR)组合在一个电气箱内就构成了电磁开闭器,如图 1.21 所示。

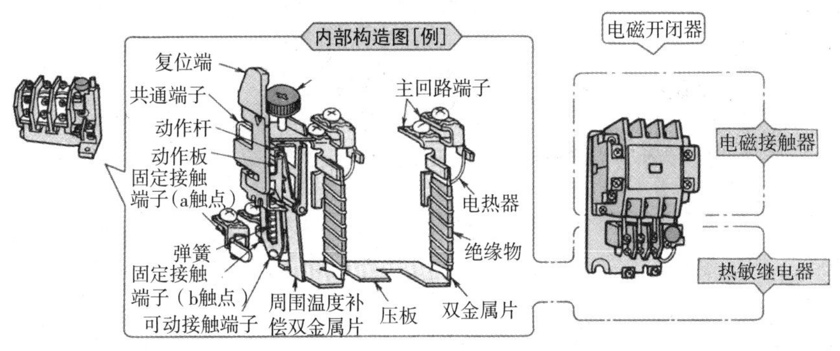

图 1.21　电磁开闭器

热敏继电器由短栅型电热器、双金属片组合而成的热动元件和触点部组成,电热器发出的热量施加在双金属片上,由于热膨胀系数不同,弯曲作用也不同,从而使触点开闭。

2. 图形符号

电磁接触器及热敏继电器的图形符号如图 1.22 所示。

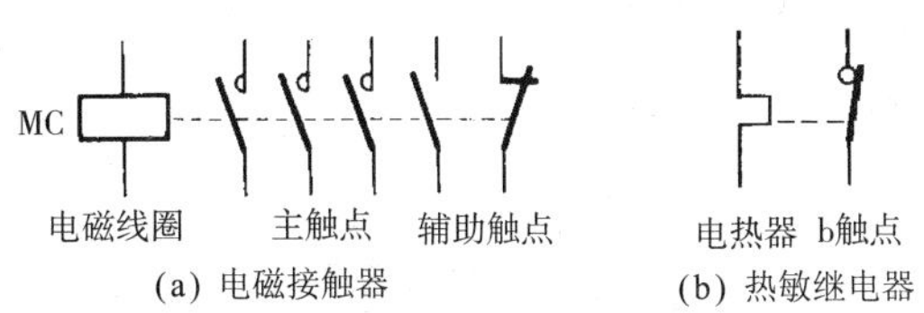

图 1.22　电磁接触器及热敏继电器的图形符号

1.3.3　定时器的结构及图形符号

定时器是接收输入信号后经过所规定的时间即可进行电路开闭的元件。

1. 电动机式定时器

如图 1.23 所示,电动机式定时器是指根据输入信号使同步电动机转动,经过规定时间后由机械作用引起输出触点的开闭。

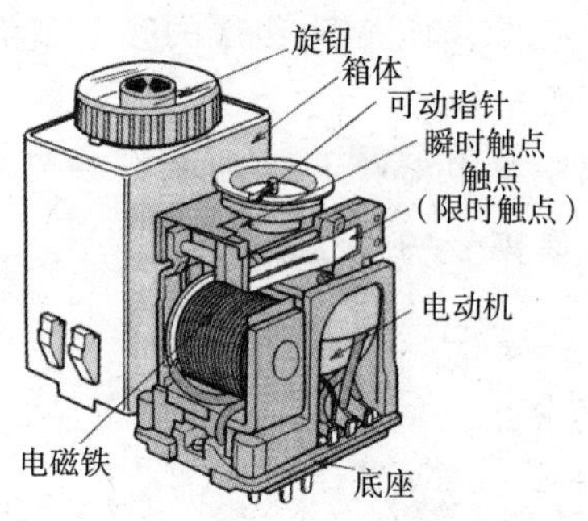

图 1.23　电动机式定时器的外观图

电动机式定时器因与电源频率同比例转动，故能实现长时间准确控制的同时，温度、湿度等变化引起的偏差也很小。时间的设定通过旋转前面的旋钮进行。

2. 空气式定时器

空气式定时器将电磁铁的动作储蓄在弹簧上，利用弹簧的反作用力和空气的流动性实现限时作用，如图 1.24 所示。

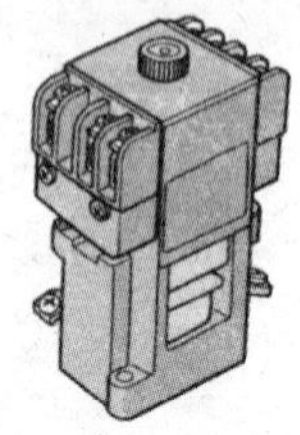

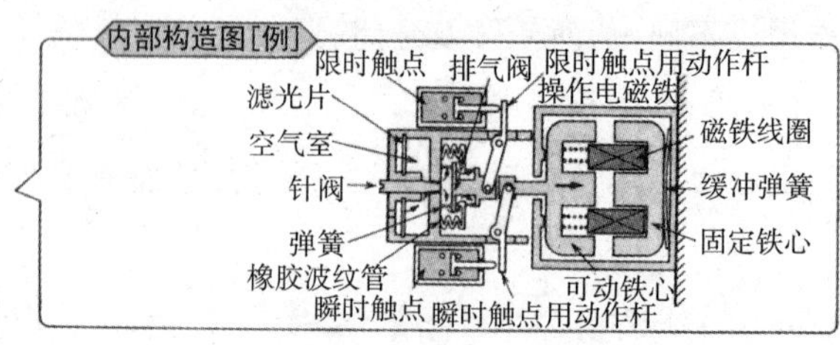

图 1.24　空气式定时器

3. 图形符号

定时器的图形符号如图 1.25 所示。电磁铁上有电压时，可动铁心向箭头方向运动，因作用在橡胶波纹管上的压力消失，波纹管中的弹簧拉伸，空气通过滤光片从针阀空隙进入波纹管内，当波纹管逐渐伸展，压下限时触点动作杆时，就实现了限时触点的开闭动作。

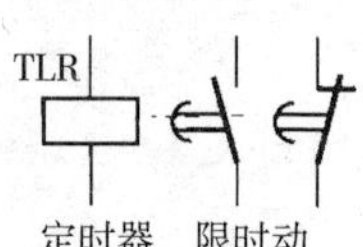

图 1.25　定时器的图形符号

1.4 配线用隔离器等电气设备的结构及图形符号

1.4.1 配线用隔离器、熔断器的结构及图形符号

1. 配线用隔离器

如图 1.26 所示，配线用隔离器(MCCB)是将开关结构、外置装置等组合在一个绝缘容量内的空气隔离器。

配线用隔离器除作为开闭负载电路的电源开关外，还可在出现过电流及短路时通过热动脱扣机构或电磁脱扣机构动作自动切断电路。它的图形符号如图 1.27 所示。

负载状态的开闭操作是通过操作把手的“接通”、“切断”完成的。

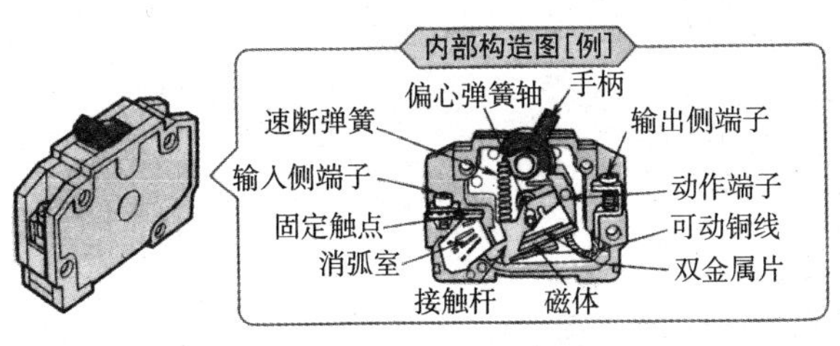

图 1.26 配线用隔离器

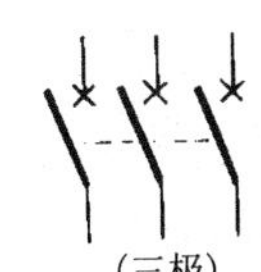

图 1.27 配线用隔离器的图形符号

2. 熔断器

如图 1.28 所示，熔断器(F)在电路中发生过电流或短路电流时，其内部熔体会熔断从而使电路自动断开。

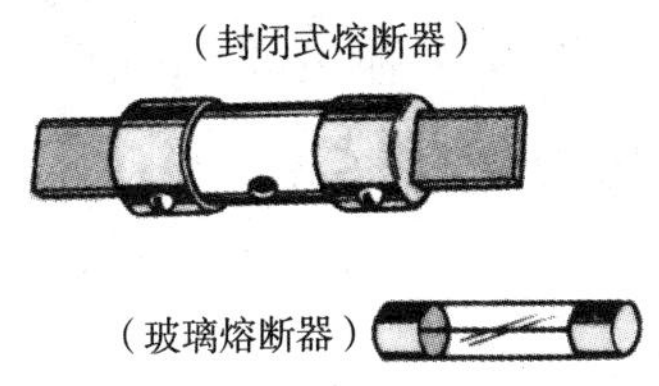

(a) 熔断器外观图

封闭式熔断器

(b) 熔断器的图形符号

图 1.28 熔断器

熔断器由铅、锡等低熔点金属组成，它有外部包有绝缘体的封闭型和非封闭型两种类型。

1.4.2　变压器、电动机的结构及图形符号

1. 变压器

变压器(T)是具有两个以上的线圈，通过各自电磁导电作用改变电压大小的装置，如图1.29所示。

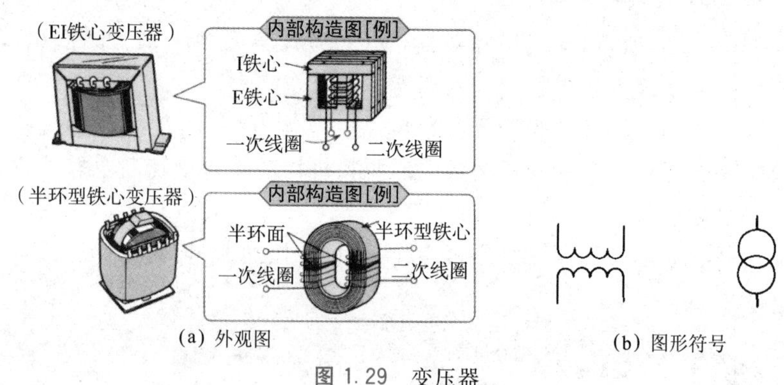

(a) 外观图　　(b) 图形符号

图1.29　变压器

变压器若由缠在铁心上的一次及二次线圈构成，一次及二次的电压比就是两个线圈的匝数比。

电子器件上用的变压器根据铁心种类的不同分为EI铁心变压器及半环型铁心变压器两种。

2. 电动机

如图1.30所示，电动机(M)是接受电力而发出机械动力的旋转机。

通过接受直流电力转动的叫直流电动机，通过接受交流电力转动的叫交流电动机。

作为动力源，交流电动机中感应电动机(IM)是使用最广泛的。

发电机是接受机械动力而发出电力的旋转机。

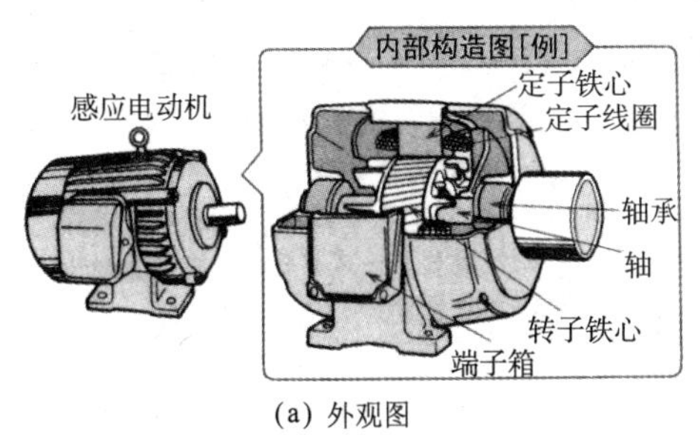

(a) 外观图

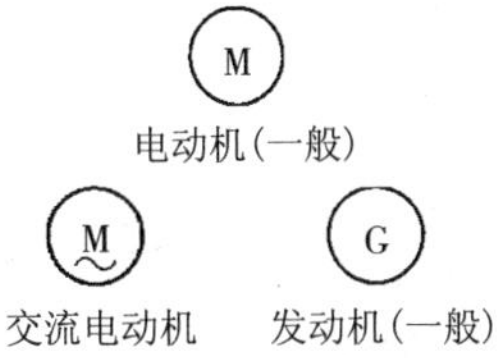

M
电动机(一般)
M ~
交流电动机
G
发动机(一般)

(b) 图形符号

图 1.30 电动机

1.4.3 指示灯的结构及图形符号

1. 指示灯

如图 1.31 所示，指示灯(SL)是通过电灯的亮灭指示机器及回路状态的元件。

(信号灯)

色透镜

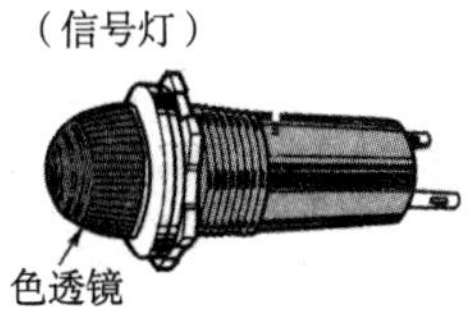

图 1.31 指示灯外观图

信号灯通过亮灯时灯壳颜色的不同来显示主回路中开闭器的 ON 或 OFF 状态，并且其颜色透镜还可以根据用途进行变换。

文字信号灯是将表示机器或回路运行状态的文字雕刻在滤光片上，并在里面着色，这样点灯时透过滤光片即可显示出彩色的文字。

特别地，区别颜色和用途时要将以下符号写在图中，如图 1.32 所示。

图 1.32 指示灯的图形符号

2. 光压式按钮开关

如图 1.33 所示，光压式按钮开关因具有信号机功能(通过视觉、听觉表示异常发生、状态变化等的装置)，常被用于需要指示和开关功能的场合。

光压式按钮开关由开关部分和电气上独立的照光部分复合而成，其中照光部分可进行分割指示。利用这种方法即可进行操作状态的照明指示，又可进行机器及装置内部状态的照明指示。

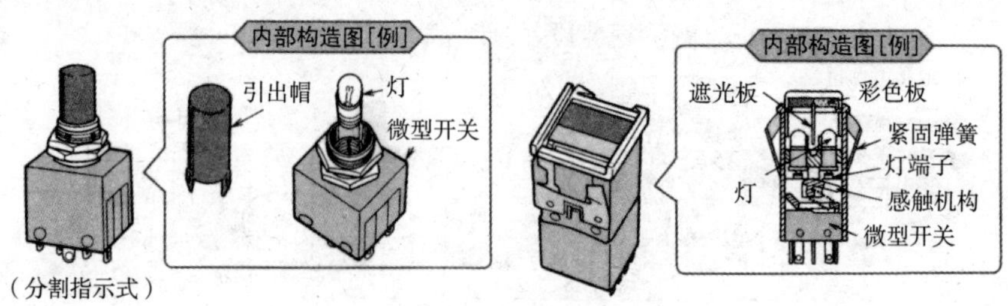

图 1.33　光电式按钮开关

1.4.4　电池、蜂鸣器、电铃的结构及图形符号

1. 电　池

如图 1.34 所示，电池是把电解液中浸泡的两种不同金属反应所具有的化学能量转变为电气能量，向外部供给直流电力的装置，常用的有铅蓄电池。铅蓄电池是在稀硫酸的电解液中，放入作为阳极的过酸化铅和作为阴极的纯铅，其电动势约为 2V。

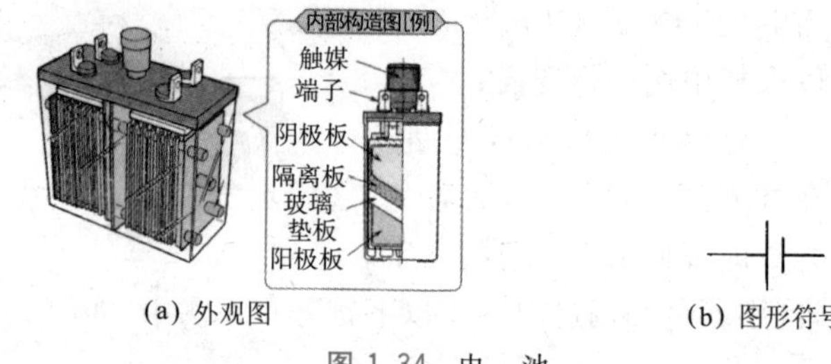

(a) 外观图　　(b) 图形符号

图 1.34　电　池

2. 电铃、蜂鸣器

电铃(BL)、蜂鸣器(BZ)是在装置出现故障或异常的时候发生作用的警报性元件。一般情况下，重故障时电铃响，轻微故障时蜂鸣器响，如图 1.35 所示。

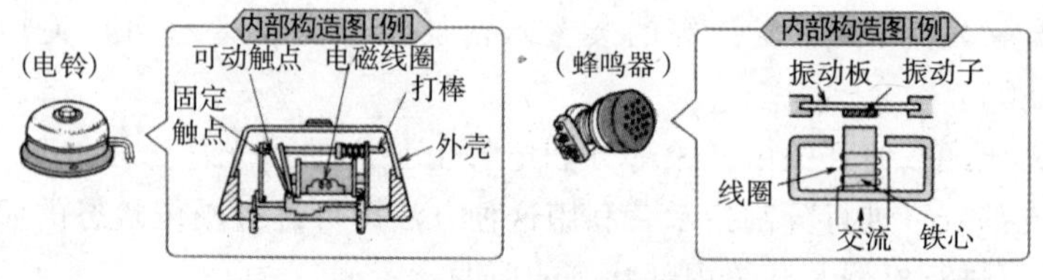

图 1.35　电铃、蜂鸣器

电铃是利用电磁铁使振动锤不断振动从而产生铃响的元件。蜂鸣器是利用电磁铁使发音体振动的音响元件。

电铃、蜂鸣器的图形符号如图 1.36 所示。

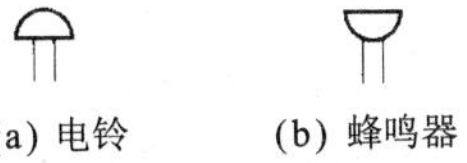

(a) 电铃　　(b) 蜂鸣器

图 1.36　电铃、蜂鸣器的图形符号

1.5 半导体的图形符号

1.5.1 二极管的结构及图形符号

1. 二极管

如图 1.37 所示，二极管(D)的图形符号是用带有箭头的正三角形表示阳极，阴极用正三角形的顶点上加一短线进行表示。箭头方向表示电路的流经方向，在不混乱的情况下可将圆省略。

阳极 (A)　阴极 (K)
(可省略圆)

图 1.37　二极管的图形符号

2. 稳压二极管

如图 1.38 所示，稳压二极管(ZD)是在规定电压下电流几乎不流过，当达到某一电压时，电流迅速流过并保持一定电压的元件。

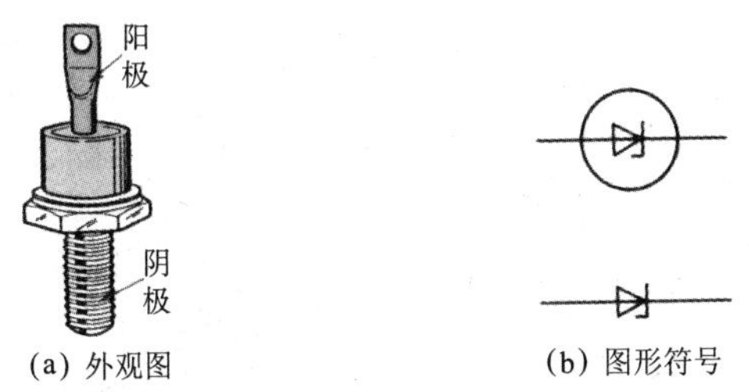

(a) 外观图　　(b) 图形符号

图 1.38　稳压二极管

利用电压可保持定值这一性质可用于电压检测及稳压电路中。

3. 光电二极管

如图 1.39 所示，光电二极管(LED)是根据光电感光面上入射光能量的大小改变传导率的电气元件。利用光量变化会改变传导率这一性质，通常用于将光变化转化为电气变化的电路中。

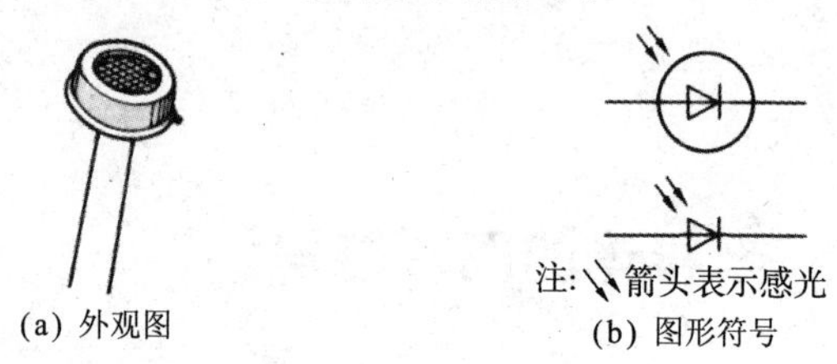

图 1.39　光电二极管

4. 发光二极管

如图 1.40 所示，发光二极管(LED)是当有正向电流流过时就会发光的动作元件。与白炽灯相比，它具有在低电压、低电流下可发光，即使发光量很少也可迅速作出响应的特点。

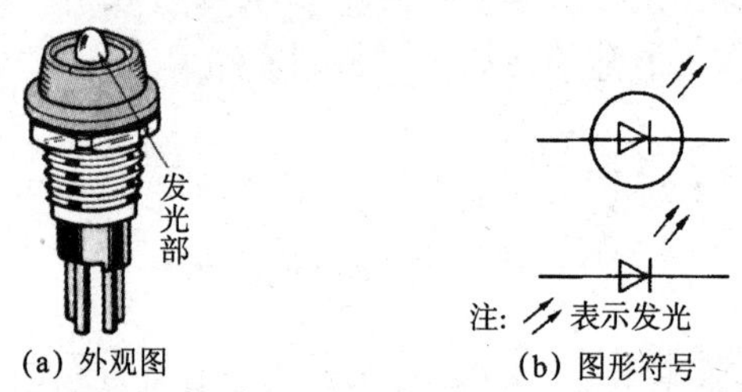

图 1.40　发光二极管

1.5.2　晶体管的结构及图形符号

1. 晶体管

晶体管(Tr)的图形符号的画法如图 1.41 所示。

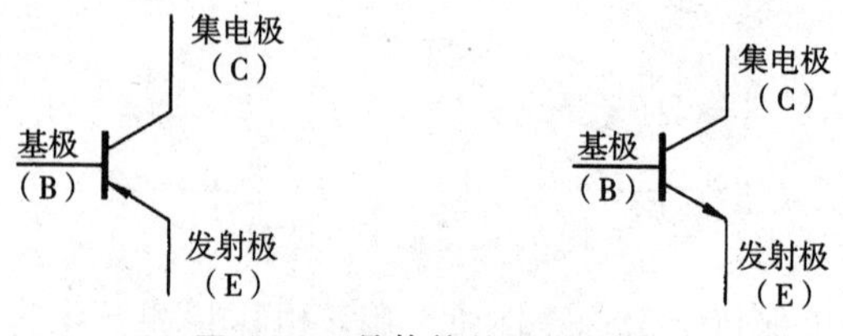

图 1.41　晶体管的图形符号

2. 单结型晶体管

如图 1.42 所示，单结型晶体管由两个基极（B_1，B_2）和一个发射极 E 组成，当发射极电压达到某一电压值以上时其发射极电流会增加，电压会急剧下降，常用于定时电路及振荡电路中。

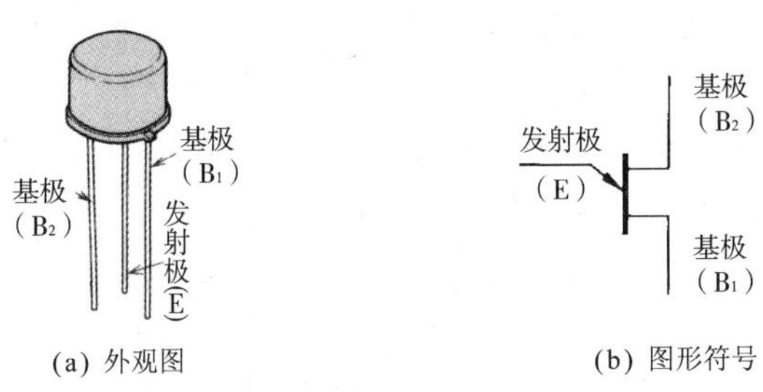

(a) 外观图　　(b) 图形符号

图 1.42　单结型晶体管

3. 光电晶体管

如图 1.43 所示，光电晶体管是根据基极 B 处入射光的能量控制集电极 C 和发射极 E 的电气元件。由于其具有光增倍作用，它比光电二极管的光电感应灵敏度要强。

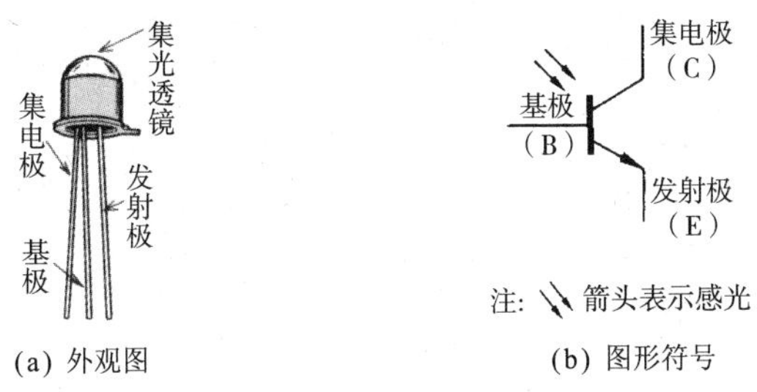

(a) 外观图　　(b) 图形符号

图 1.43　光电晶体管

1.5.3　晶闸管的结构及图形符号

1. 晶闸管

如图 1.44 所示，晶闸管（THY）一般也称为可控硅整流器，它具有阳极、阴极和门极三个端子，当阳极电压为负时具有阻断特性；阳极电压为正时，具有 OFF 和 ON 两种稳定状态，通过门电流来控制半导体元件由 OFF 状态向 ON 状态的转变。

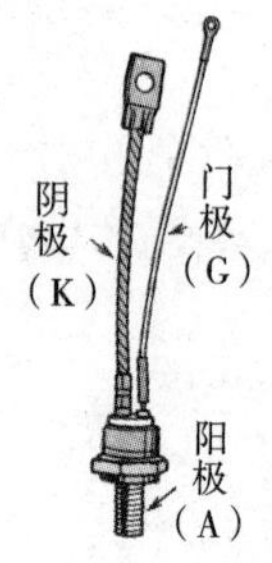

图 1.44　晶闸管

晶闸管的 PNPN 结构具有三个接合面，P 型半导体作为阳极 A，N 型半导体作为阴极 K，从 N 型与 N 型半导体之间夹着的 P 型半导体上引出的门电极 G 称为 P 门晶闸管；从 P 型与 P 型半导体之间夹着的 N 型半导体上引出的门电极 G 称为 N 门晶闸管，如图 1.45 所示。

2. 三端双向可控硅开关元件

如图 1.46 所示，三端双向可控硅开关元件是双方向(交流)电流都可流过，无论门电压正负都可以动作。

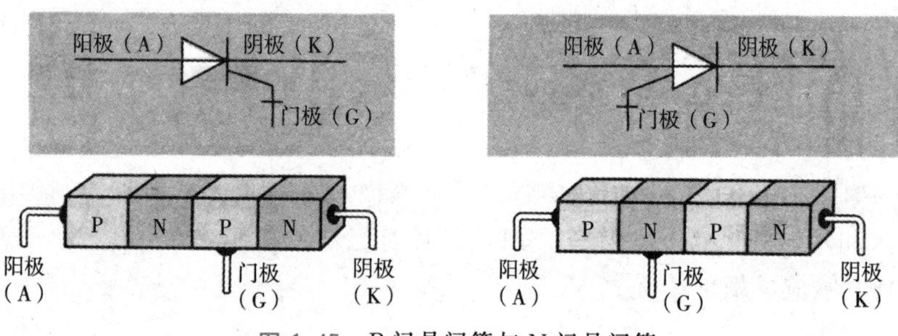

图 1.45　P 门晶闸管与 N 门晶闸管

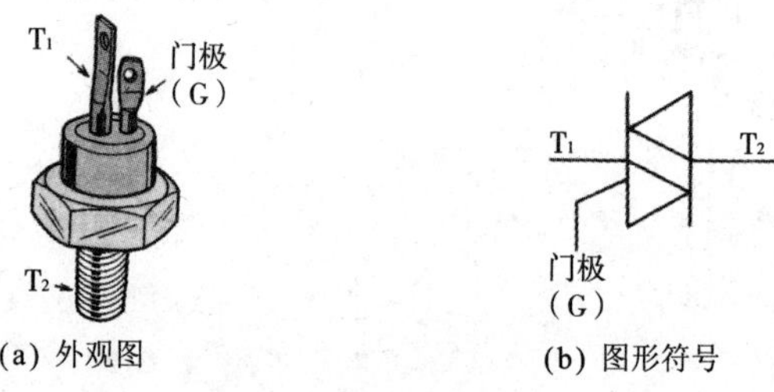

(a) 外观图　　(b) 图形符号

图 1.46　三端双向可控硅开关元件

它与两个可控硅整流器反方向并联组合功能相同，是个三极双向的可控硅开关元件，因此可作为简单交流电力的控制开关。

1.5.4　特殊半导体的结构及图形符号

1. 可变电阻

如图 1.47 所示，可变电阻(VRS)就是电阻值随所加电压的变化而变化的元件，也可以看成是将两个整流器极性相反地并联起来，常用来消去电磁继电器触点的火花及异常电压保护。

2. 光电耦合器

如图 1.48 所示，光电耦合器就是将电气信号放入到发光二极管等发光元件中转变为光信号，然后再把这光信号通过光电二极管、晶体管等光电变换元件转换成电气信号的元件。

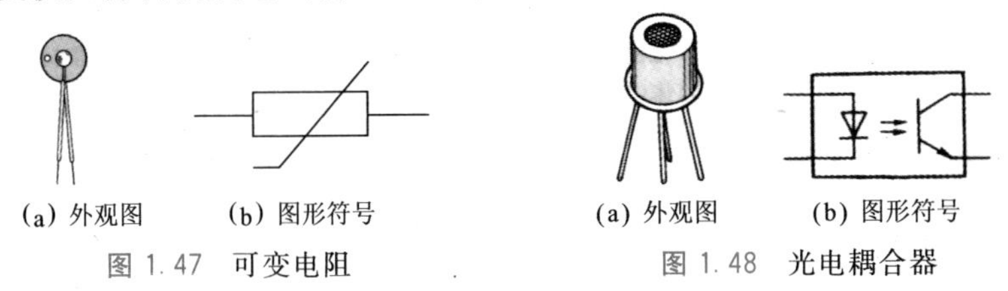

图 1.47　可变电阻　　图 1.48　光电耦合器

3. 热敏电阻

如图 1.49 所示，热敏电阻是阻值随温度有明显改变的半导体性阻抗体。通过自身流过的电流进行加热从而引起阻值变化的热敏电阻称为直热型热敏电阻，通过加热线圈加热的称为旁热型热敏电阻。

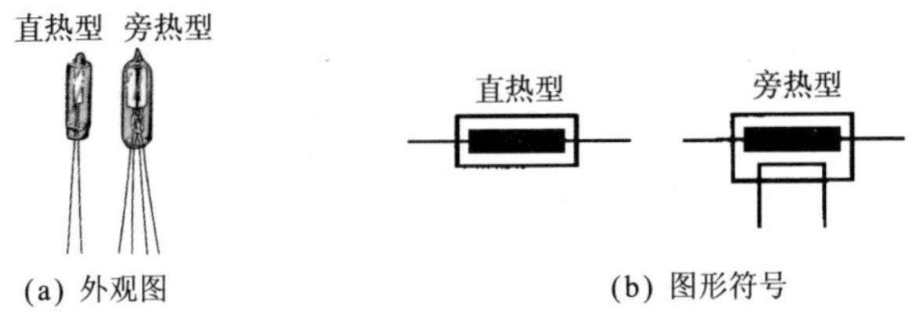

图 1.49　热敏电阻

4. 光电池

如图 1.50 所示，光电池是利用 PN 结光电动势效果将光能直接转变为电能的装置。

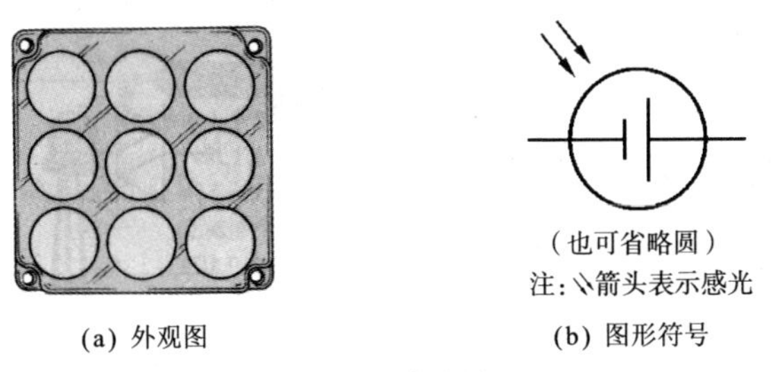

图 1.50　光电池

1.6 常用器件的图形符号

常用器件的电气图形符号如表 1.1 所示。

表 1.1　常用器件的电气图形符号

器件名	图形符号	器件名	图形符号
按钮开关	常开触点（a触点）　常闭触点（b触点）	电磁接触器	常开触点(a触点)
电　池		电磁继电器	常开触点(a触点) 常闭触点(b触点)
刀开关	（手动操作开关）	电动机/发电机	电动机 M 发电机 G

续表 1.1

器件名	图形符号	器件名	图形符号
限位开关 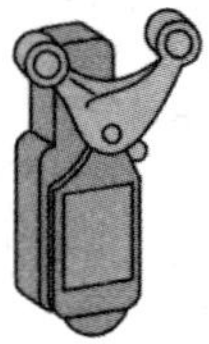	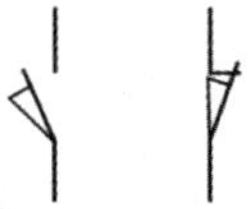 常开触点（a触点） 常闭触点（b触点）	计量仪器(一般) 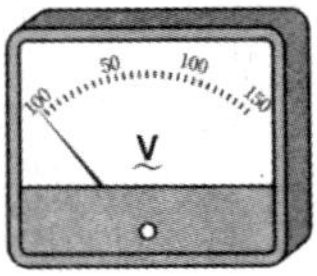	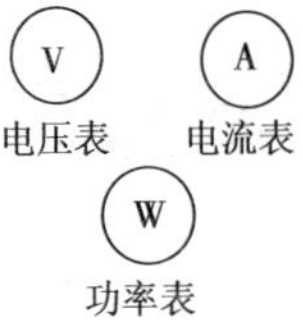 V A 电压表 电流表 W 功率表
变压器 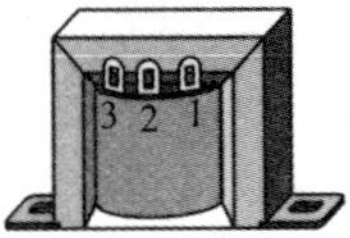	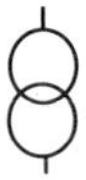	继电器线圈 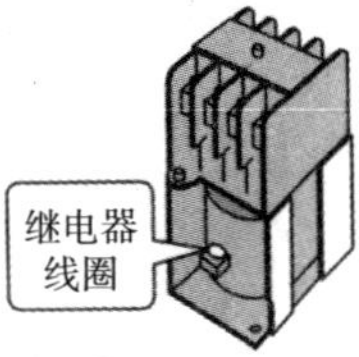 继电器 线圈	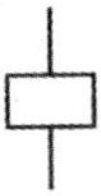
整流器 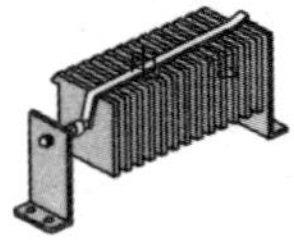	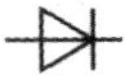	电　容 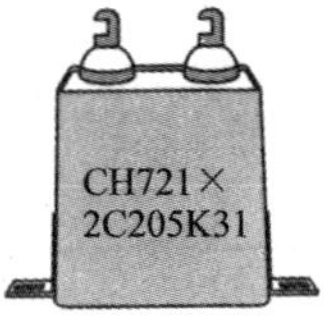 CH721× 2C205K31	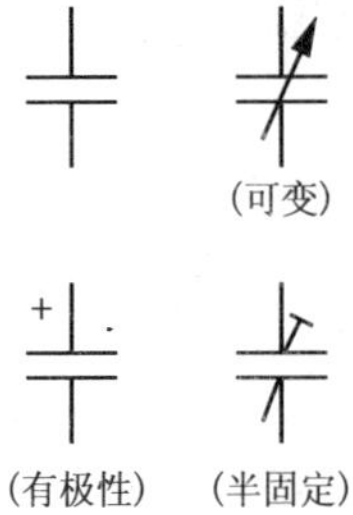 (可变) + (有极性) (半固定)
电 阻 器 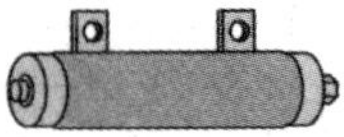	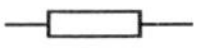	电铃 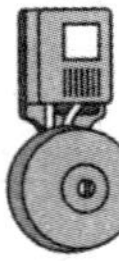 蜂鸣器 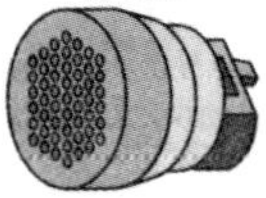	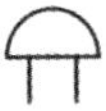 电铃 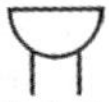 蜂鸣器

续表 1.1

器件名	图形符号	器件名	图形符号
熔断器 开放型 包装型		灯	彩色编码符号 RD-红　GN-绿 BU-蓝 YE-黄　WH-白 <参考> RL-红　GL-绿 OL-橙　BL-蓝 YL-黄　WL-白

1.7 开闭触点的图形符号

主要开闭触点的图形符号如表 1.2 所示。

表 1.2　主要开闭触点的图形符号

开闭触点名称		电气图形符号		说　明
		常开触点（a触点）	常闭触点（b触点）	
手动操作开闭器触点	电力用触点			• 无论是开路或闭路，触点的操作都用手动进行 • 开路或闭路通过手动操作，手放开后由于弹簧力等的作用，图形符号中，按钮开关的触点一般都能自动复位，所以不对自动复位特别表示
	自动复位触点			

续表 1.2

开闭触点名称		电气图形符号		说　明
		常开触点（a触点）	常闭触点（b触点）	
电磁继电器触点	继电器触点			• 当电磁继电器外加电压时，a触点闭合，b触点打开。去掉外加电压时回到原状态。一般的电磁继电器触点都属于这一类
	断电保持功能触点			• 电磁继电器外加电压时，a触点或b触点动作，但即使去掉外加电压后，机械或电磁状态仍然保持，即使用手动复位或电磁线圈中无电流也不能回到原状态
限时继电器触点	限时动作触点			• 对电磁继电器施加规定输入后，触点虽然有开路或闭路动作，但必须经过一定时间间隔的继电器称为定时器 • 限时动作触点：当定时器动作时，会产生时间延迟的触点 • 限时复位触点：当定时器复位时，会产生时间延迟的触点
	限时复位触点			

1.8 触点功能符号和操作机构符号

1. 开闭触点中限定图形符号

具有开闭触点器件的电气用图形符号一般是在触点符号上组合触点功能符号或操作机构符号进行表示，如表 1.3 所示。

触点功能符号与触点符号的组合如图 1.51 所示。

表 1.3　具有开闭触点器件的电气用图形符号

名称	触点功能	隔离功能	断路功能
图形符号	◗	×	—
名称	负荷开闭功能	自动脱扣功能	位置开关功能
图形符号		■	
名称	迟延动作功能	自动复位功能	非自动复位(断电保持)功能
图形符号	在半圆的中心方向上，动作延迟	◁	○

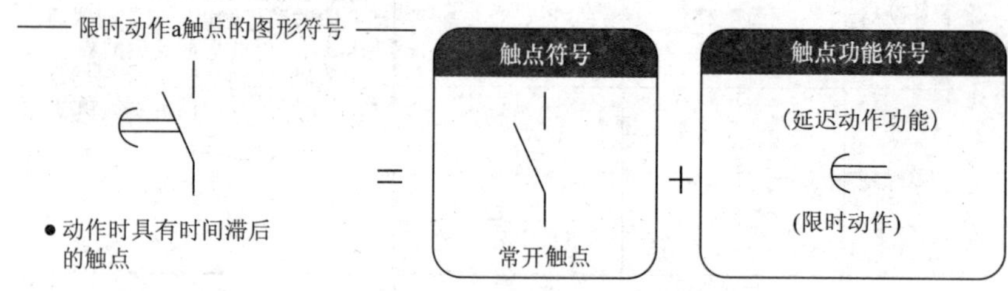

图 1.51　触点功能符号与触点符号的组合

2. 使用触点功能符号(限定图形符号)的开闭器类图形符号

使用触点功能符号的开闭器类图形符号如表 1.4 所示。

表 1.4　使用触点功能符号的开闭器类图形符号

断路器	负荷开闭器
断路功能　(双投型)	负荷开闭功能　(自动脱扣装置)

续表 1.4

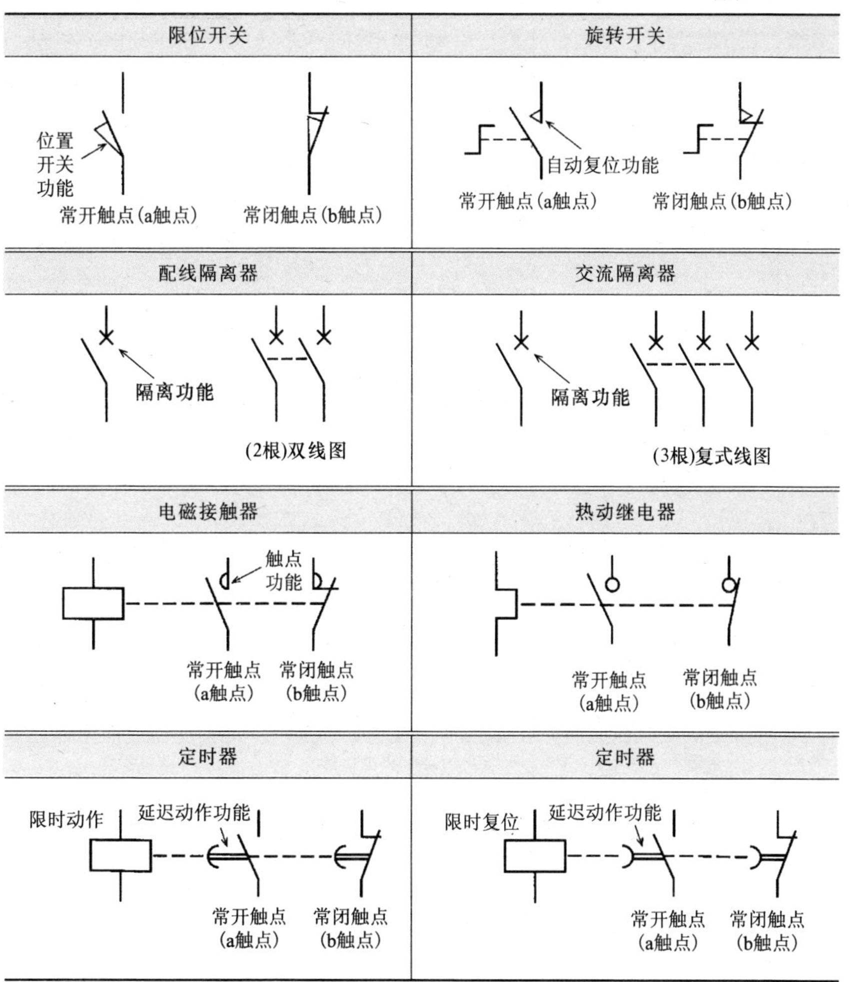

3. 开闭触点的操作机构符号

作为具有开闭触点的设备的电气图形符号，组合触点符号的操作机构符号如表 1.5 所示。

4. 使用操作机构符号的开闭器类图形符号

操作机构符号和触点符号的组合如图 1.52 所示。

表 1.5　操作机构符号

名称	手动操作(一般)	上拉操作	旋转操作
图形符号			
名称	按下操作	曲柄操作	非常操作
图形符号			
名称	手柄操作	足踏操作	杠杆操作
图形符号			
名称	可拆卸手柄操作	加锁操作	凸轮操作
图形符号			
名称	电磁效应的操作	压缩空气操作或水压操作	电动机操作
图形符号			M

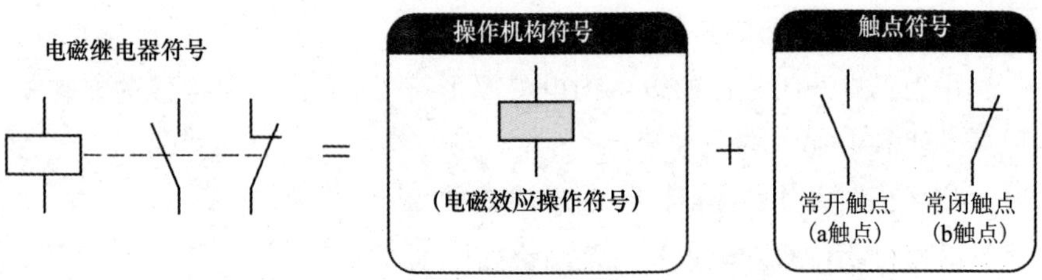

图 1.52　操作机构符号和触点符号的组合

主要操作机构符号与开闭器种类如表 1.6 所示。

表 1.6 主要操作机构符号与开闭器种类

按钮开关	按钮开关
按下操作 常开触点(a触点) 常闭触点(b触点)	上拉操作 上拉操作 常开触点(a触点) 常闭触点(b触点)
刀开关	**手动操作断路器**
手动操作 (三极) 多线图	手动操作 (三极) 多线图
电动机操作断路器型负荷开闭器	**电动机操作断路器**
电动机操作 M M (三极) 多线图	电动机操作 M M (三极) 多线图
切换开关	**切换开关**
旋转操作 旋转操作	旋转操作 旋转操作 (具有残留触点)

第2章

闸刀开关的结构、动作和图形符号

2.1 闸刀开关的结构和动作

1. 闸刀开关和手动操作开闭器触点

如图 2.1 所示，闸刀开关是指利用手动来操作手柄实现电路开路或闭路，即使操作的手脱离，仍维持原来的开闭状态的操作开关。

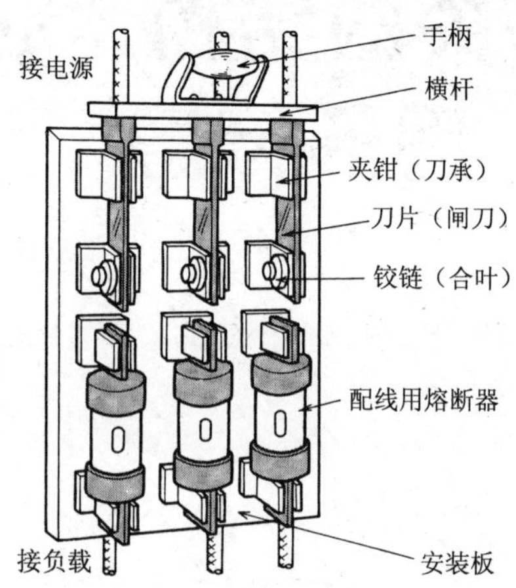

图 2.1　闸刀开关(三极用)的外观图

我们把像闸刀开关这样，用手动进行电路开路、闭路的触点叫做手动操作开关触点。因此，我们以闸刀开关为例，说明手动操作开关触点的动作和图形符号。

2. 闸刀开关的结构

闸刀开关是把夹钳(刀承)、刀片(闸刀)、铰链(合叶)、配线端子等安装在装配架上，用手握住手柄进行开闭操作。

闸刀开关主要用于低压电路的断路以及负载电流的开闭，同时与配线用熔断器组合，用于过电流保护。

3. 闸刀开关的开闭动作

闸刀开关的断开状态如图 2.2(a)所示，握住手柄拉到身前，闸刀从夹钳脱离，释放，端子 A 和端子 B 之间的电路断开，没有电流。

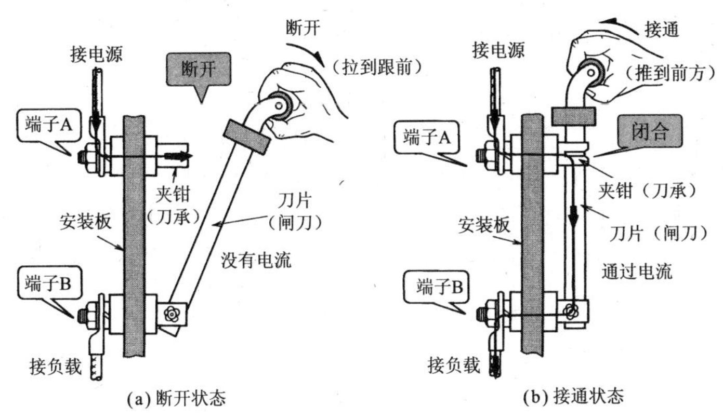

图 2.2 闸刀开关的开闭动作

闸刀开关的接通状态如图 2.2(b)所示，握住手柄，推到前方，闸刀被插入夹钳中，端子 A 和端子 B 之间的电路闭合，产生电流。即使将手脱离手柄，仍然维持闭合状态。

2.2 闸刀开关的图形符号

1. 闸刀开关的图形符号

闸刀开关的图形符号忽略了机械性细节，也没有用手操作的断开状态来表示。闸刀开关的图形符号如图 2.3 所示，实际上用垂直线段(竖写时)表示电流流过的夹钳，与之相对，用左侧的斜线段(电力用触点常开触点图形符号)表示闸刀。并且，由于用手动来操作手柄，所以把手动操作

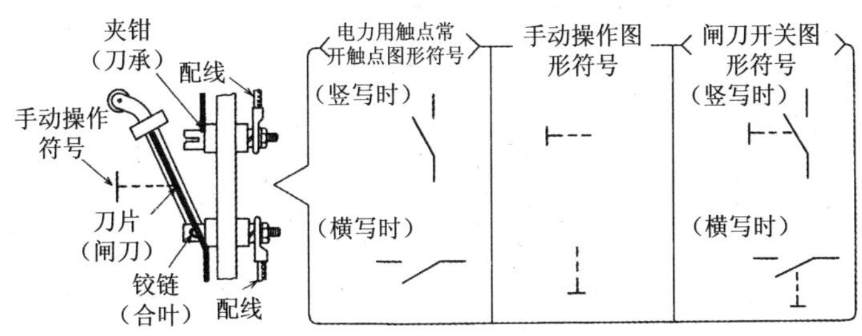

图 2.3 闸刀开关(手动操作开关触点)的图形符号表示法

图形符号附加在表示闸刀的斜线段左侧。

2. 二极闸刀开关的图形符号

同时开闭两个电路的二极闸刀开关的图形符号如图 2.4 所示，用各自的垂直线段以及斜线段，即独立的电力用触点中常开触点的图形符号来表示二极的夹钳和闸刀。并且，根据手柄的操作，同时开闭二极的闸刀，因此，延长手动操作图形符号的虚线，连接到表示闸刀的斜线段上。

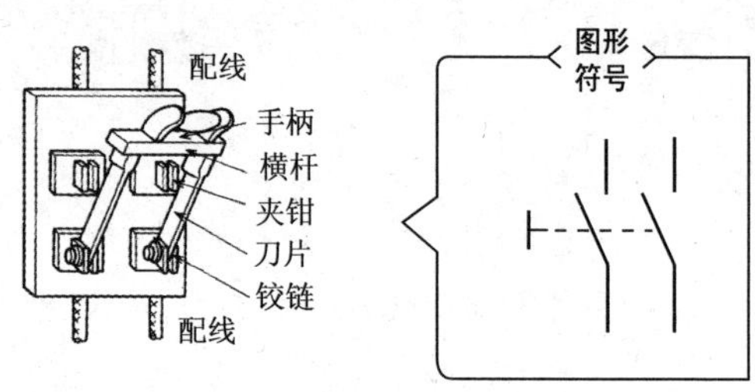

图 2.4　二极闸刀开关的图形符号表示法

3. 三极闸刀开关的图形符号

三相交流电路等同时开闭三个电路的闸刀开关的图形符号如图 2.5 所示。

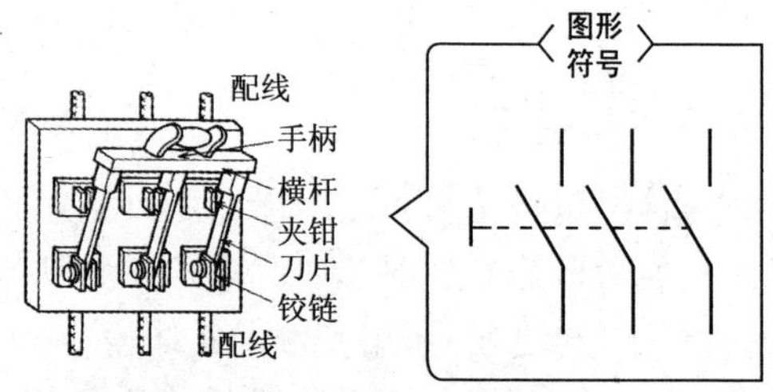

图 2.5　三极闸刀开关的图形符号表示法

第3章

按钮开关的结构、动作和图形符号

3.1 常开触点、常闭触点及转换触点

1. 产生 ON,OFF 信号的开闭触点

在顺序控制中,用"ON"(闭合)或者"OFF"(断开)两种信号进行控制。我们把产生 ON 和 OFF 信号的器件称为具有按钮开关和电磁继电器等开闭触点的控制器件。

按钮开关通过人力(用手指按)工作;电磁继电器是利用电流通过线圈产生的电磁力工作。根据这些力作用时的触点的开闭状态,如表 3.1 所示,可以分为常开触点、常闭触点、转换触点三种。

在本书中用常开触点、常闭触点、转换触点来说明开闭触点。

表 3.1　主要的开闭触点的种类及其称呼

触点的种类		其他的叫法
常开触点	一工作就构成电路的触点	a 触点
常闭触点	一工作就断开电路的触点	b 触点
转换触点	一工作就转换电路的触点	c 触点

2. 常开触点

常开触点是指不加输入复位时就断开,加输入工作时就闭合的触点。即常开触点断开着,工作时闭合,构成电路,因此称为"构成电路触点"。常开触点也称为 a 触点。

3. 常闭触点

常闭触点是指不加输入复位时就闭合,加输入工作时就断开的触点。即常闭触点闭合着,工作时断开,因此称为断开电路的触点。常闭触点也称为 b 触点。

4. 转换触点

转换触点是指将共有可动触点部分的常开触点与常闭触点组合起来,加输入工作时,常开触点闭合,常闭触点断开,实现电路转换的触点。转换触点也称为 c 触点。

3.2 按钮开关的结构

1. 按钮开关和手动操作自动复位触点

如图 3.1 所示，按钮开关是手动的，即利用指尖按下按钮，触点机构部分进行开闭动作，使电路开路或闭路，手一脱离，自动利用弹簧力，还原到原始状态的控制用操作开关。

图 3.1 按钮开关的外观图

我们把像按钮开关的触点那样，操作时用手动来进行，手一脱离自动复位还原到原始状态的触点称为手动操作自动复位触点。

2. 按钮开关的结构

如图 3.2 所示，按钮开关由直接利用手指操作的按钮机构部分和利用从按钮机构部分受到的力来开闭电路的触点机构部分构成。

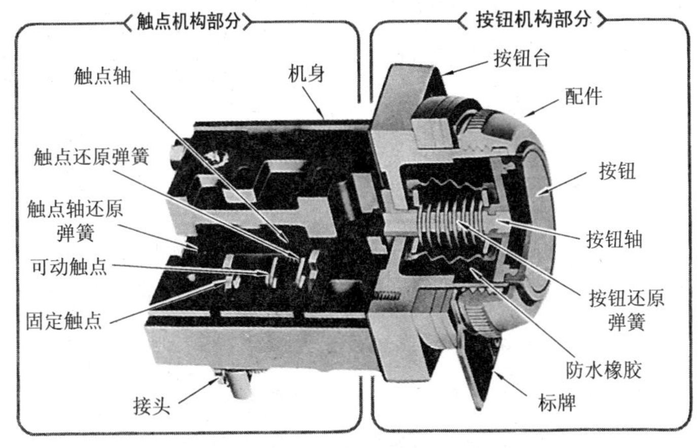

图 3.2 按钮开关的内部结构图(常开触点的场合)

按钮机构部分由按钮和将加在按钮上的力传递给触点机构部分的按钮轴以及支持它的按钮台构成。

触点机构部分由直接进行电路开闭的可动触点和固定触点，以及有使触点还原作用的触点还原弹簧、配线用的接头、存放触点机构的合成树脂外壳构成。

3.3 按钮开关的常开触点

1. 按钮开关的常开触点

如图 3.3(a)所示，按钮开关的常开触点是指在不将手指接触、按下按钮的状态（称其为复位状态）中，可动触点和固定触点脱离，电流开路。而用手指按下按钮（把这称为动作状态）时，如图 3.3(b)所示，可动触点接触固定触点，电路闭合。按钮开关复位时，“断开着的触点”可以称为常开触点。

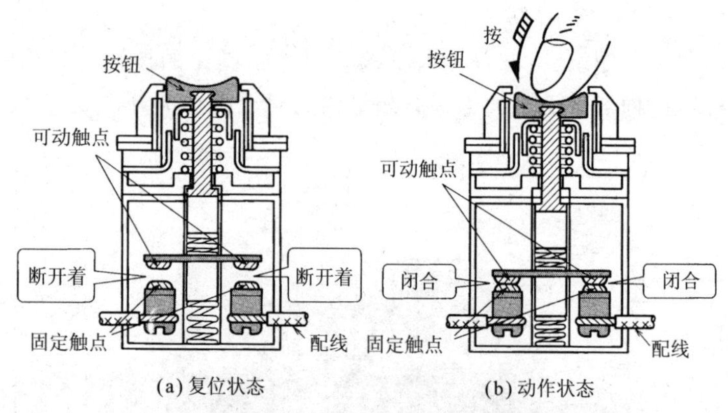

图 3.3　按钮开关常开触点的复位状态和动作状态

2. 按下按钮时的动作方式

如图 3.4 所示，在具有常开触点的按钮开关中，用手指按下按钮①时，按钮机构部分的按钮还原弹簧②被压缩，同时，按钮轴③被压下，向下方移动。按钮轴③向下方移动，触点结构部分的触点轴④被压下，向下方移动，同时，触点还原弹簧⑤和触点轴还原弹簧⑥被压缩。触点轴④向下方移动，和触点轴④连成一体的可动触点⑦和⑧也向下方移动，与固定触点⑨和⑩接触。

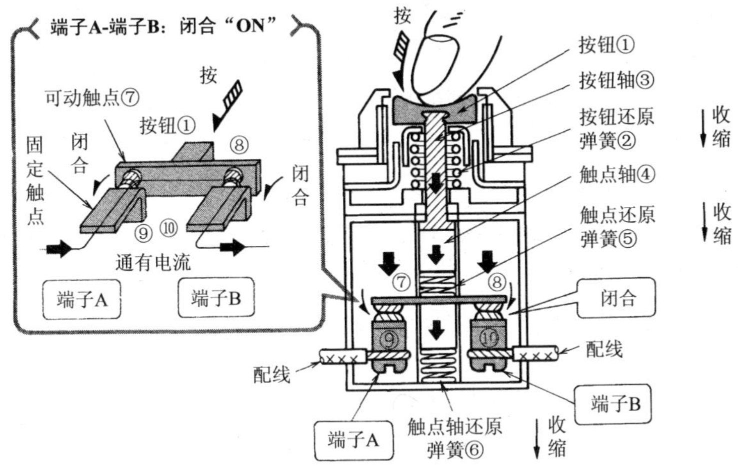

图 3.4 按下按钮时的动作方式(常开触点的情况)

因此，电流是按着端子 A→固定触点⑨→可动触点⑦→可动触点⑧→固定触点⑩→端子 B 的顺序流过的，即端子 A 和端子 B 的电路闭合(ON)了。我们把这样动作的触点称为常开触点。

3. 按下按钮的手脱离时的复位方式

如图 3.5 所示，按着按钮的手脱离时，在按钮机构部分中，压着按钮还原弹簧②的力消失了，因此，按钮还原弹簧②产生了一个向上的力，顶起了按钮轴③以及按钮①，回到原来的位置。

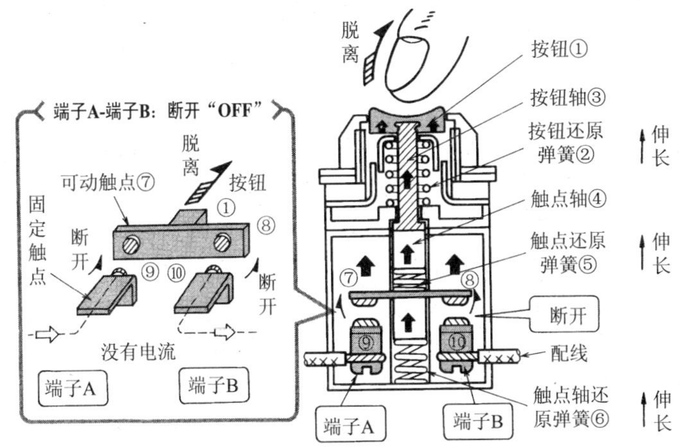

图 3.5 按下按钮的手脱离时的复位方式(常开触点的情况)

在触点机构部分中加在触点还原弹簧⑤、触点轴还原弹簧⑥的力消失了，因此触点轴④以及可动触点⑦和⑧也产生了一个抬起的力，可动触点⑦和⑧，以及固定触点⑨和⑩脱离了，即端子 A 和端子 B 的电路断开(OFF)了。

4. 按钮开关常开触点的图形符号

按钮开关的常开触点，因为在没有按下按钮的复位状态时是断开的，所以其图形符号以“断开着的触点”的形式来表示。

按钮开关的常开触点的图形符号如图 3.6 所示，实际上，用水平的线段(横写时)表示电流通过的固定触点，与它相对，用斜向下的线段(电力用触点常开触点的图形符号)表示可动触点。而且，因为按下按钮进行操作，所以，将按下操作的图形符号(图形符号：E---)附加在表示可动触点的斜线段的下侧表示，机构的其他部分全部省略。

在图 3.6(c)中，将按钮开关的常开触点在动作过程中的图形符号用不同灰色的线段组合来表示。

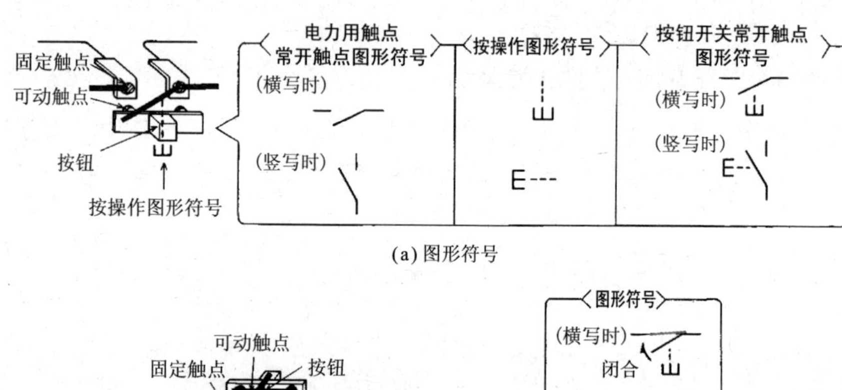

(a) 图形符号

(b) 外观图

(c) 表示动作过程的图形符号

图 3.6　按钮开关的常开触点的图形符号表示法

5. 按钮开关常开触点的顺序动作

将电灯连接在具有常开触点的按钮开关上，按下按钮，电灯点亮，手一脱离，电灯随即熄灭，下面我们对这种顺序动作进行说明。

• 按钮开关常开触点的动作步骤

把从按下按钮开关 PBS 工作之后到电灯 L 点亮的动作步骤表示为顺序图如图 3.7 所示，具体动作步骤如下：

① 按下按钮开关 PBS，常开触点闭合。

② PBS 的常开触点闭合，电灯电路中有电流流过。

③ 电灯 L 中有电流流过，电灯点亮。

• 按钮开关常开触点的复位步骤

从按着按钮开关的手脱离按钮到电灯 L 熄灭，将其动作步骤表示为顺序图如图 3.8 所示，具体动作步骤如下：

① 按着按钮开关的手脱离，常开触点断开。

② PBS 的常开触点断开，电灯电路中没有电流。

③ 因为电灯 L 中没有电流了，电灯便熄灭了。

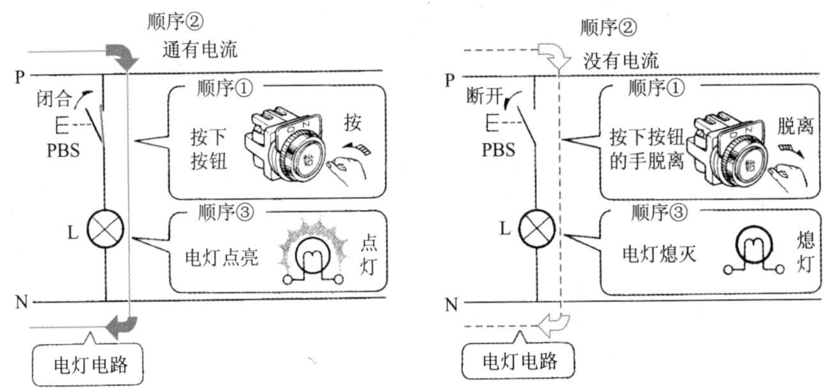

图 3.7　按钮开关的常开触点的动作步骤　图 3.8　按钮开关的常开触点的复位步骤

• 流程图和时序图

在具有常开触点的按钮开关中，将按下按钮时电灯点亮，使按着的手脱离电灯熄灭的顺序动作用流程图来表示，如图 3.9 所示。

将按着按钮开关同时电灯点亮，与从按钮上使手脱离同时电灯熄灭的时间性变化，通过在纵轴上按照控制的顺序排列书写控制器件，在横轴上显示时间变化的时序图表示，如图 3.10 所示。

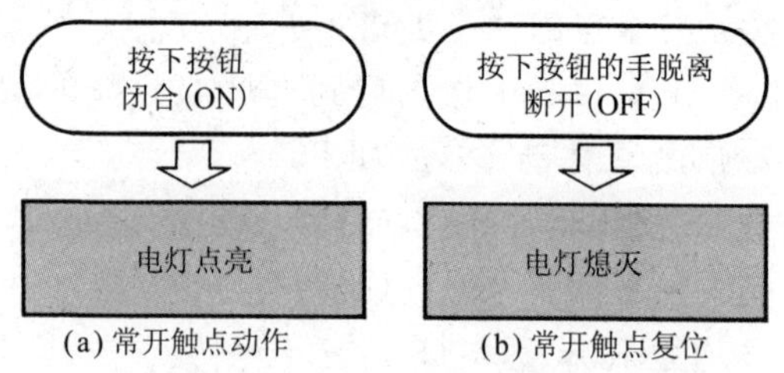

图 3.9　基于按钮开关常开触点的电灯电路流程图

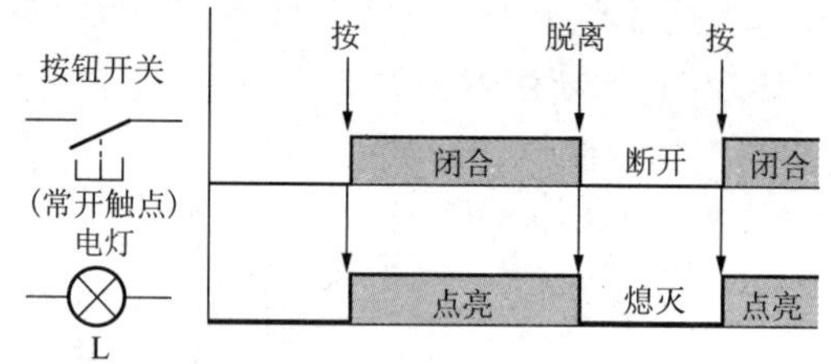

图 3.10　基于按钮开关常开触点的电灯电路时序图

3.4 按钮开关的常闭触点

1. 按钮开关的常闭触点

如图 3.11(a)所示，按钮开关的常闭触点是指在未将手指接触、按下按钮的状态(把这个称为复位状态)下，可动触点和固定触点接触，闭路。用手指按下按钮(把这称为动作状态)时，如图 3.11(b)所示，可动触点和固定触点脱离而开路的触点，即按钮开关复位时，“闭合着的触点”可以称为常闭触点。

2. 按下按钮时的动作方式

如图 3.12 所示，在具有常闭触点的按钮开关中，用手指按下按钮①时，按钮机构部分的按钮还原弹簧②被压缩，同时，按钮轴③被压向下方移动。按钮轴③向下方移动，触点机构部分的触点轴④被按向下方移动，同时，触点还原弹簧⑤和触点轴还原弹簧⑥缩短，与常开触点的情况完全相同。触点轴④向下方移动，与触点轴④连成一体的可动触点⑦和⑧也向下方移动，与固定触点⑨和⑩脱离，即端子 A 和端子 B 的电路断开

(OFF),我们把这样动作的触点称为常闭触点。

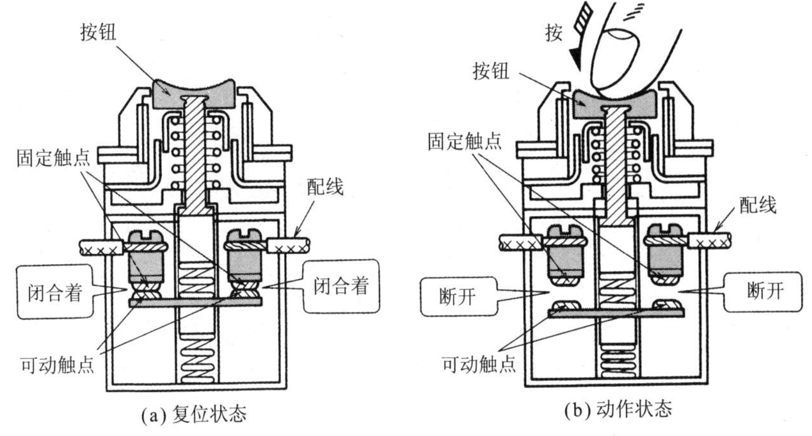

(a) 复位状态　　(b) 动作状态

图 3.11　按钮开关常闭触点的复位状态和动作状态

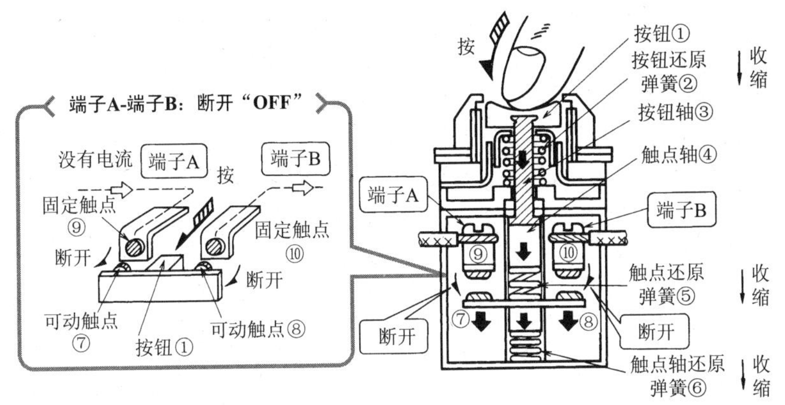

图 3.12　按下按钮时的动作方式(常闭触点的情况)

3. 按下按钮的手脱离时的复位方式

如图 3.13 所示,按下按钮的手指脱离,在按钮机构部分中,按钮还原弹簧②被挤压的力就没有了,按钮还原弹簧②产生了向上的力,顶起了按钮轴③以及按钮①,回到原来的位置。

此外,在触点机构部分中,因为加在触点还原弹簧⑤、触点轴还原弹簧⑥上的力消失了,所以,产生了向上顶起触点轴④以及可动触点⑦和⑧的力,因此,可动触点⑦和⑧与固定触点⑨和⑩接触,即端子 A 和端子 B

的电路闭合(ON)。

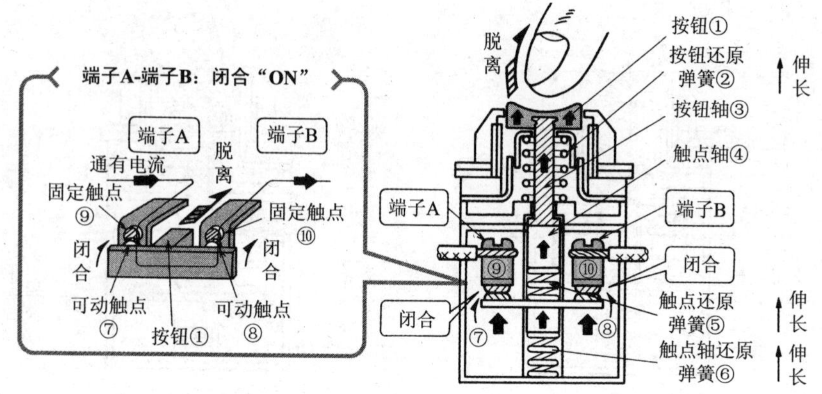

图 3.13　按下按钮的手脱离时的复位方式(常闭触点的情况)

4. 按钮开关常闭触点的图形符号

按钮开关的常闭触点在不按下按钮的复位状态时为闭合的，所以其图形符号以“闭合着的触点”来表示。

如图 3.14 所示，按钮开关的常闭触点的图形符号，实际上用斜线段(横写时)表示电流经过的可动触点，使之与表示固定触点的」(钩形)交叉，表示闭合。并且将按下操作图形符号(图形符号：E---)，附加表示在表示可动触点的斜线段的下侧，其他的部分全部省略。

5. 按钮开关常闭触点的顺序动作

将电灯与具有常闭触点的按钮开关连接，按下按钮，电灯熄灭。当按着的手脱离按钮时，电灯点亮，下面我们对这种顺序动作进行说明。

• 按钮开关常闭触点的动作步骤

把从按下按钮开关 PBS 动作到电灯 L 熄灭的动作步骤，表示成顺序图如图 3.15 所示，具体动作步骤如下：

① 按下按钮开关 PBS，常闭触点断开。

② PBS 的常闭触点断开，电灯电路中电流消失。

③ 电灯 L 中没有电流，电灯熄灭。

• 按钮开关常闭触点的复位步骤

把从按着按钮开关 PBS 的手脱离复位到电灯 L 点亮的动作步骤表示成顺序图，如图 3.16 所示，具体动作步骤如下：

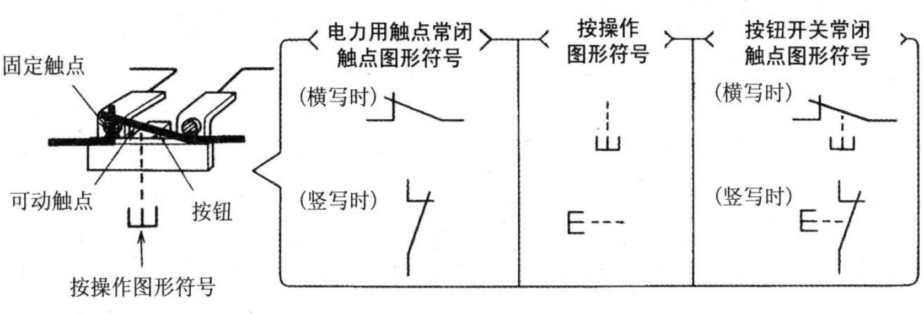

(a) 图形符号

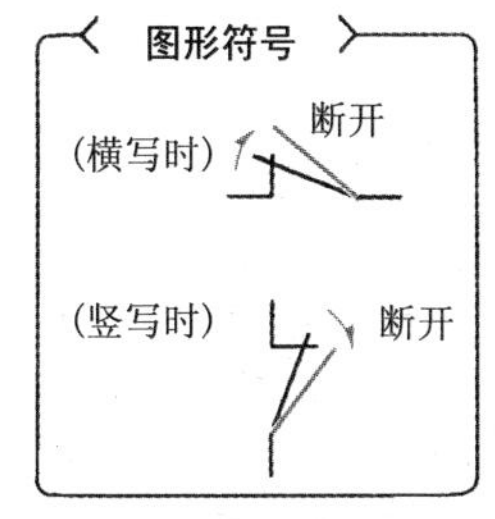

(b) 表示动作过程的图形符号

图 3.14 按钮开关常闭触点的图形符号

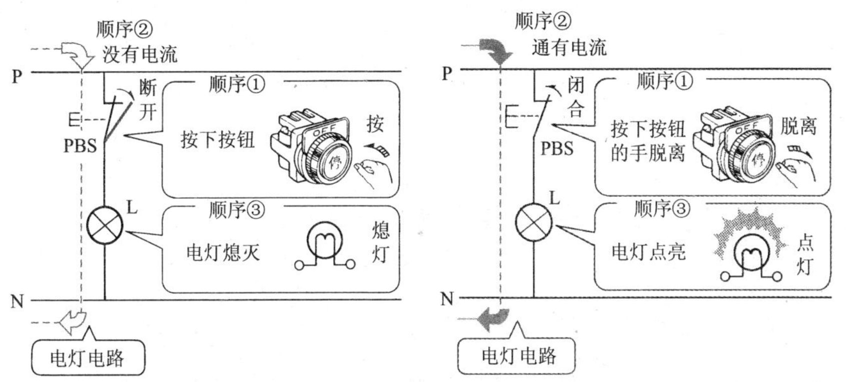

图 3.15 按钮开关常闭触点的动作步骤　图 3.16 按钮开关常闭触点的复位步骤

① 按着的手从按钮上脱离，常闭触点闭合。

② 按钮 PBS 的常闭触点闭合，电灯电路中有电流流过。

③ 电灯 L 中有电流，电灯点亮。

• 流程图和时序图

在具有常闭触点的按钮开关中，按下按钮，电灯熄灭，手脱离，电灯点亮。把这种情况的顺序动作用流程图来表示，如图 3.17 所示。

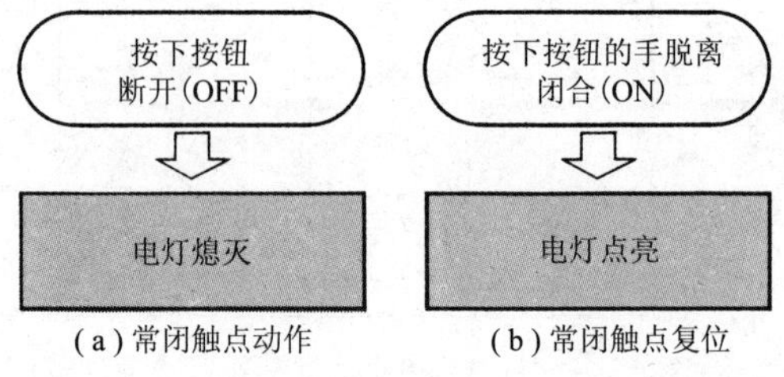

(a) 常闭触点动作　　(b) 常闭触点复位

图 3.17　基于按钮开关常闭触点的电灯电路流程图

用时序图表示按下按钮时电灯熄灭，手从按钮上脱离时电灯点亮的时间性变化如图 3.18 所示。

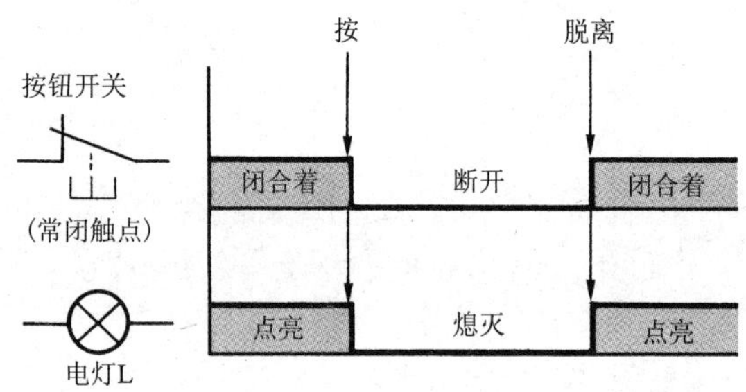

图 3.18　基于按钮开关常闭触点的电灯电路时序图

3.5 按钮开关的转换触点

1. 按钮开关的转换触点

如图 3.19 所示，按钮开关的转换触点是指在不用手指按下按钮的状态(把这称为复位状态)下，由固定触点、可动触点接触、闭路的常闭触点部分，以及与固定触点、常闭触点部分共有的可动触点、开路的常开触点部分组成，用手指按下按钮(把这称为动作状态)时，常闭触点部分开路，常开触点部分闭路的触点。

2. 按下按钮时的动作方式

如图 3.20 所示，在具有转换触点的按钮开关中，用手指按下按钮①，按钮机构部分的按钮还原弹簧②被压缩，同时，按钮轴③被压向下方移动。按钮轴③向下方移动，触点机构部分的触点轴④被按向下方移动，同时，触点还原弹簧⑤和触点轴还原弹簧⑥缩短。当触点轴④向下方移动，与触点轴④连成一体的可动触点⑦和⑧也向下方移动，与固定触点⑨和⑩脱离，同时与固定触点⑪和⑫接触。端子 A 和端子 B 的电路断开(OFF)，端子 C 和端子 D 的电路闭合(ON)，我们把这样动作的触点称为转换触点。

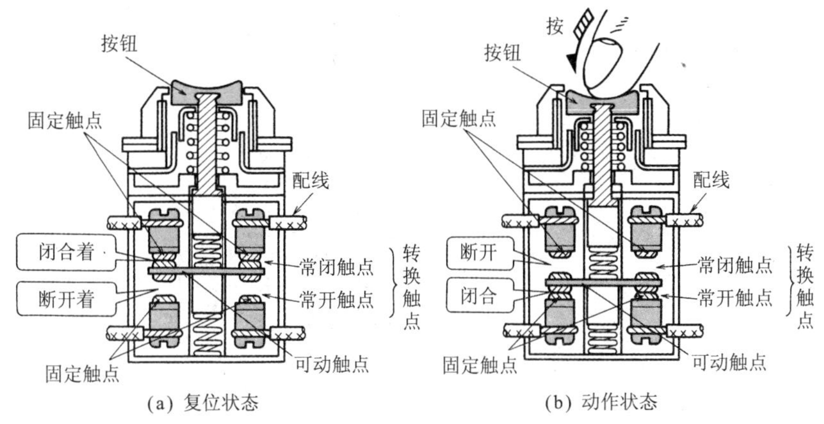

图 3.19　按钮开关转换触点的复位状态和动作状态

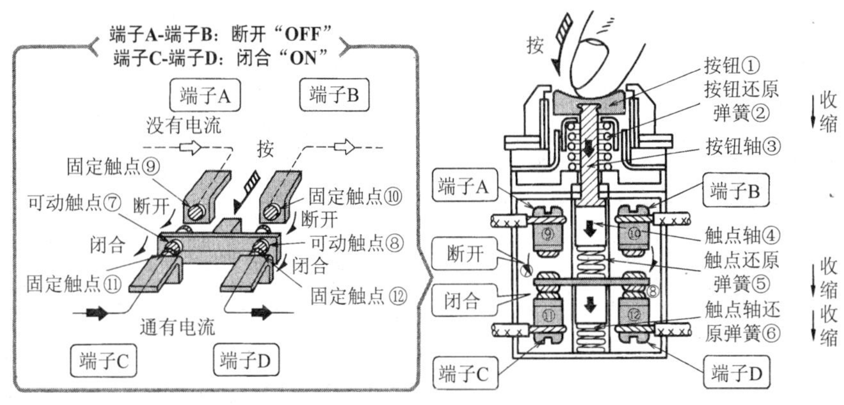

图 3.20　按下按钮时的动作方式(转换触点的情况)

3. 按下按钮的手脱离时的复位方式

如图 3.21 所示，按着按钮的手指脱离时，在按钮机构部分中，按钮还原弹簧②被挤压的力消失了，因此，按钮还原弹簧②产生了向上的力，按钮轴③以及按钮①被顶起，回到原来的位置。

另外，在触点机构部分中因为加在触点还原弹簧⑤、触点轴还原弹簧⑥上的力消失了，所以触点轴④以及可动触点⑦和⑧产生了抬起的力，因此，可动触点⑦和⑧与固定触点⑨和⑩接触，同时，与固定触点⑪和⑫脱离，即端子 A 和端子 B 的电路闭合(ON)，端子 C 和端子 D 的电路断开(OFF)。

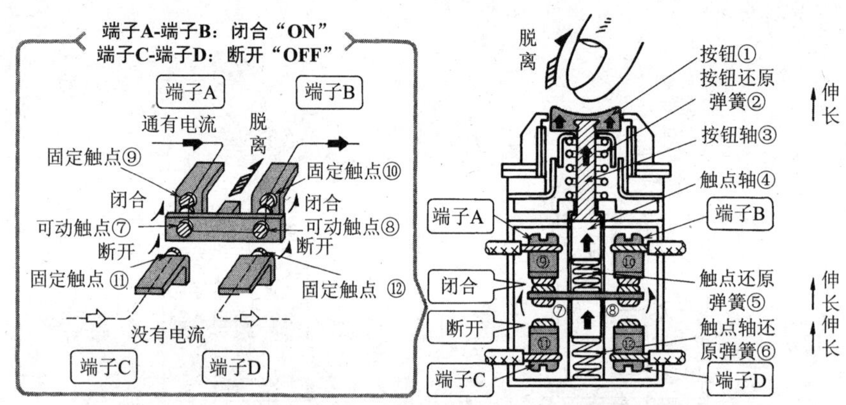

图 3.21　按下按钮的手脱离时的复位方式(转换触点的情况)

4. 按钮开关转换触点的图形符号

按钮开关的转换触点由共有可动触点的常开触点部分和常闭触点部分组成，其图形符号如图 3.22 所示。

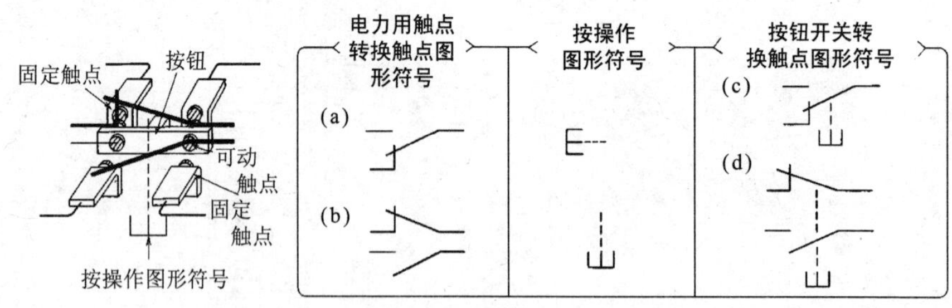

图 3.22　按钮开关的转换触点的图形符号表示法

5. 按钮开关转换触点的顺序动作

把电灯连接在具有转换触点的按钮开关上，按下按钮，红灯点亮，同时，绿灯熄灭，按着的手脱离，红灯熄灭，同时，绿灯点亮，我们对这样的顺

序动作进行说明。

• 按钮开关转换触点的动作步骤

把从按下按钮开关 PBS 动作到红灯 RL 点亮、绿灯 GL 熄灭的动作步骤表示成顺序图，如图 3.23 所示，具体动作步骤如下：

① 按下按钮开关 PBS，常开触点 PBS_m 闭合。

② 按下 PBS，常闭触点 PBS_b 断开。

③ PBS_m 闭合，红灯电路通有电流。

④ 红灯电路通有电流，红灯 RL 点亮。

⑤ PBS_b 断开，绿灯电路中电流消失。

⑥ 绿灯电路中电流消失，绿灯 GL 熄灭。

注意：顺序①和顺序②同时动作；顺序③和顺序④同时动作；顺序⑤和顺序⑥同时动作。

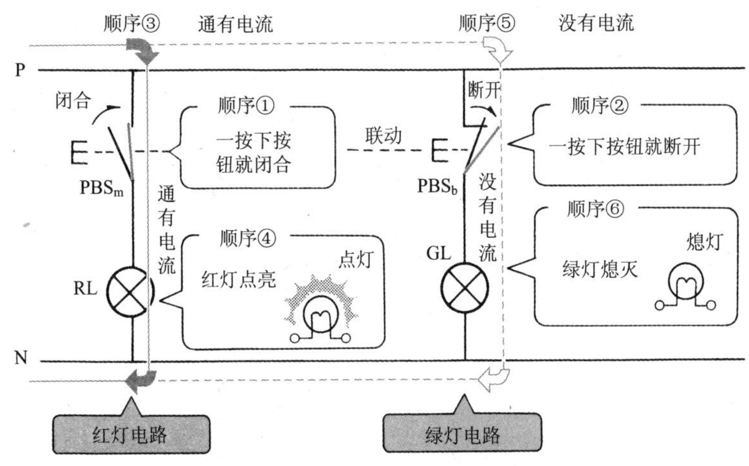

图 3.23　按钮开关转换触点的动作步骤

• 按钮开关转换触点的复位步骤

把从按着按钮开关 PBS 的手脱离复位到红灯 RL 熄灭、绿灯 GL 点亮的动作步骤表示成顺序图，如图 3.24 所示，具体动作步骤如下：

① 按着按钮的手从按钮上脱离，常开触点 PBS_m 断开。

② 按着按钮的手从按钮上脱离，常闭触点 PBS_b 闭合。

③ PBS_m 断开，红灯电路中电流消失。

④ 红灯电路中电流消失，红灯 RL 熄灭。

⑤ PBS_b 闭合，绿灯电路中通有电流。

⑥ 绿灯电路中通有电流，绿灯 GL 点亮。

注意：顺序①和顺序②同时动作；顺序③和顺序④同时动作；顺序⑤和顺序⑥同时动作。

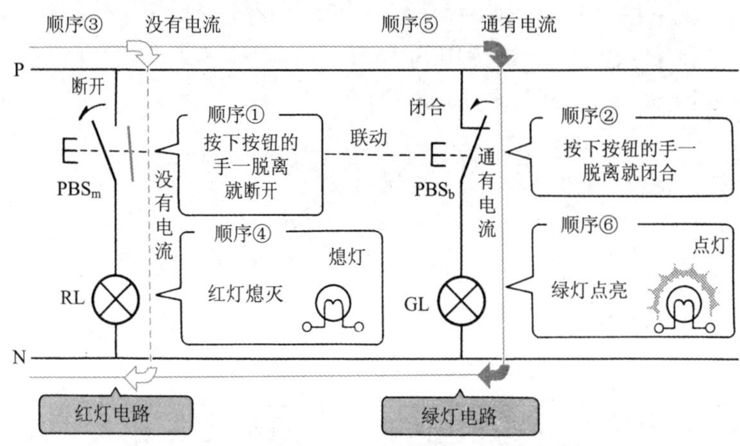

图 3.24 按钮开关转换触点的复位步骤

• 流程图和时序图

在具有转换触点的按钮开关中，把按下按钮红灯点亮，同时绿灯熄灭；手脱离按钮，红灯熄灭，同时绿灯点亮的顺序动作步骤用流程图来表示如图 3.25 所示，用时序图表示这个动作的时间性变化如图 3.26 所示。

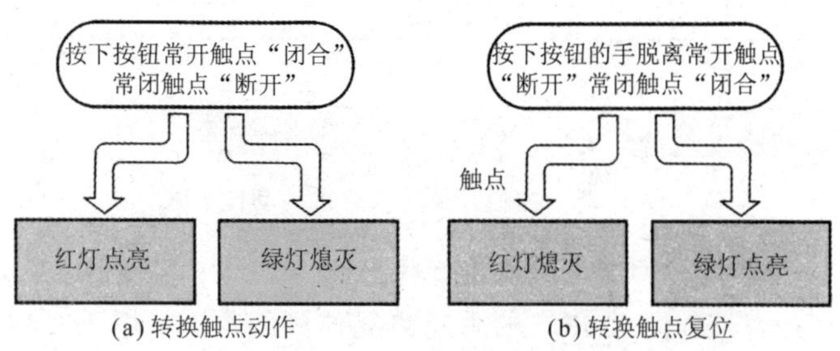

图 3.25 基于按钮开关转换触点的电灯电路流程图

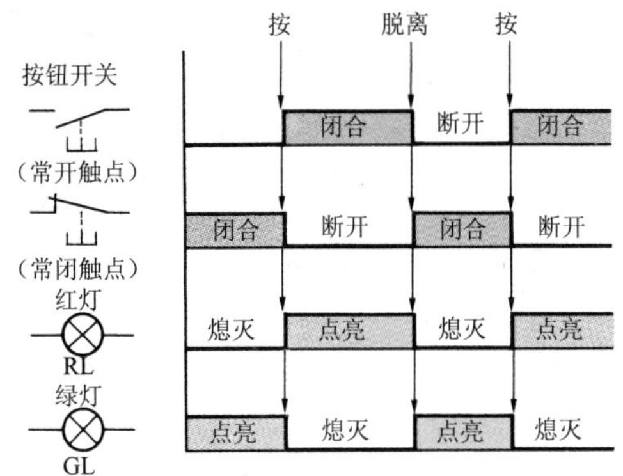

图 3.26 基于按钮开关转换触点的电灯电路时序图

第4章

电磁继电器的结构、动作和图形符号

4.1 电磁继电器的组成

电磁继电器是利用电磁铁对铁片的吸引力来开关触点的器件。电磁继电器在基于继电器时序电路控制的控制器件中，从哪个方面说都是很重要的，有小型多触点的控制用电磁继电器，能控制大电流的开闭电力用电磁继电器等各种各样的类型。本书首先从电磁继电器的动作方式讲起。

1. 电磁继电器依靠电磁铁动作

如图 4.1 所示，在棒状的铁片（这里叫做铁心）上缠上一圈一圈的电线就成了线圈，通过开关与电池连接起来。闭合开关，线圈中流过电流，棒状的铁心就成了电磁铁，从而对铁片产生吸引力。像这样利用电磁铁对铁片吸引作用的器件就叫做电磁继电器。

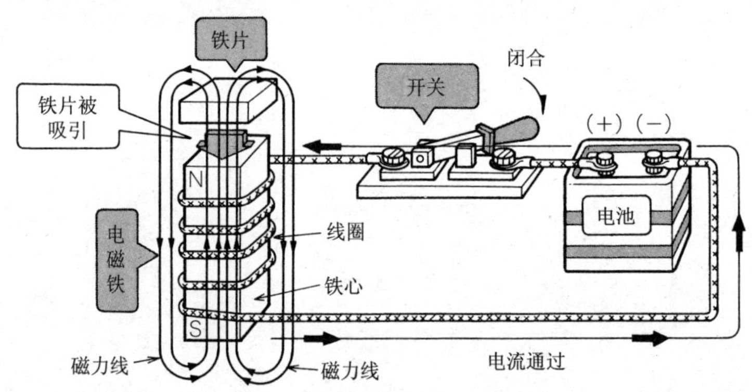

图 4.1　电磁铁吸引铁片

进一步来讲，如图 4.2 所示，电磁继电器中的触点是由铁片上连接着的可动触点和固定触点共同组成（图 4.2 中所示为常开触点）的，同时还连接有还原弹簧。当电磁铁线圈中的电流消失时，就失去了对铁片的吸引力，弹簧的弹力使铁片恢复到原来的位置，这个还原弹簧就起到了将可动触点从固定触点分离的作用。

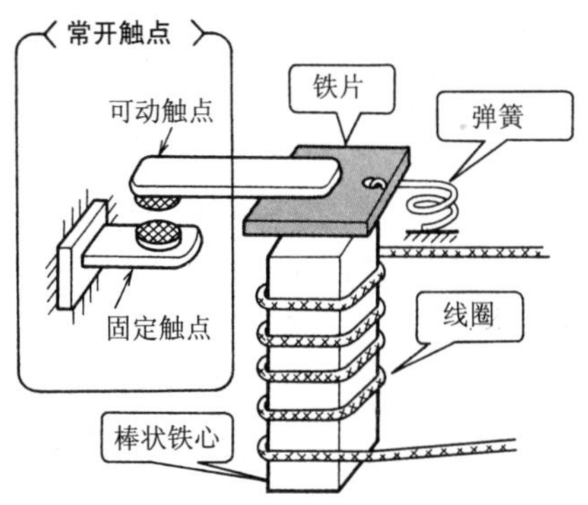

图 4.2 电磁继电器的原理结构图

2. 电磁继电器的动作方式

图 4.3 所示为连接有开关和电池的电磁继电器,让我们通过实验来看一下电磁继电器是如何动作的。

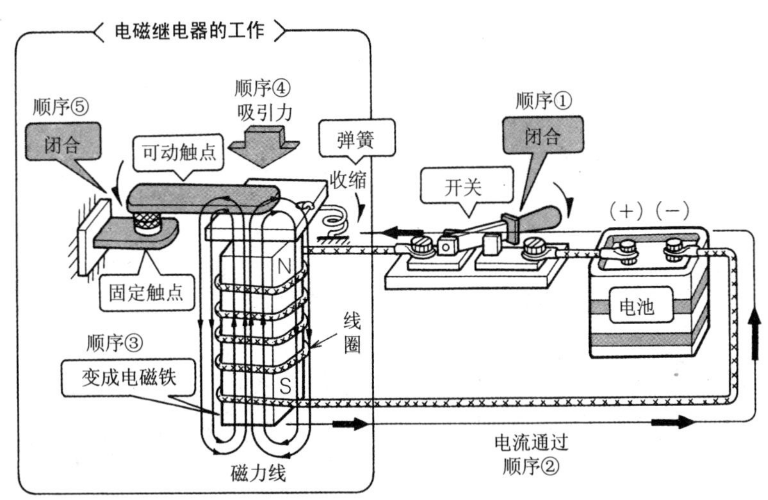

图 4.3 电磁继电器的动作原理图(工作时)

- 闭合开关的情况

如图 4.3 所示,开关闭合时的动作步骤如下:

① 闭合开关。

② 闭合开关,形成电路,线圈中有电流流过。

③ 线圈中流过电流时,棒状铁心变成电磁铁。

④ 棒状铁心变成电磁铁，从而吸引铁片，铁片受到向下的力。

⑤ 铁片受到向下的力，可动触点也一起向下移动，可动触点与固定触点接触，闭合。

如上所述，把电磁继电器的线圈中流过电流时触点闭合（常开触点的情况）的现象叫做电磁继电器“动作”。

• 断开开关的情况

如图 4.4 所示，断开开关时候的动作步骤如下：

① 断开开关。

② 闭合开关，电路中断，线圈中没有电流流过。

③ 线圈中没有电流流过，棒状铁心不是电磁铁，失去吸引力。

④ 棒状铁心不是电磁铁，从而无法吸引铁片，铁片受到还原弹簧力向上移动。

⑤ 铁片受到弹簧向上的力，可动触点也一起向上移动，可动触点与固定触点断开。

如上所述，把电磁继电器的线圈中没有电流，触点断开（常开触点的情况）的现象叫做电磁继电器“复位”。

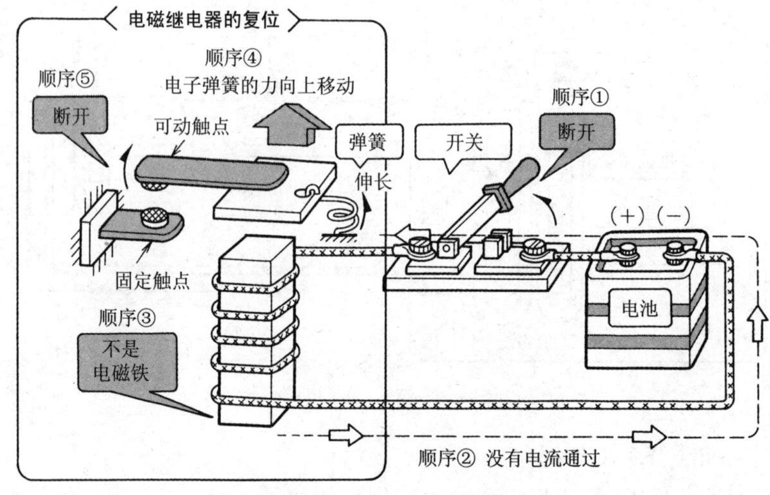

图 4.4　电磁继电器的工作原理图（复位时）

4.2 电磁继电器的实际结构

1. 电磁继电器和电磁继电器触点

如图 4.5 所示，电磁继电器就是利用电磁铁的力来控制触点的开闭，能使与触点连接的电路自动地开与关。

电磁继电器的触点只有在电磁线圈中有电流流过(激磁)的时候才动作，当切断电流(消磁)时，通过弹簧等的力使它恢复到原来的状态，把这叫做电磁继电器触点。

2. 电磁继电器的结构

电磁继电器是由起到电磁铁作用的线圈部分和完成电路的开闭任务的触点部分构成的，图 4.6 所示为铰链形电磁继电器的一个例子。

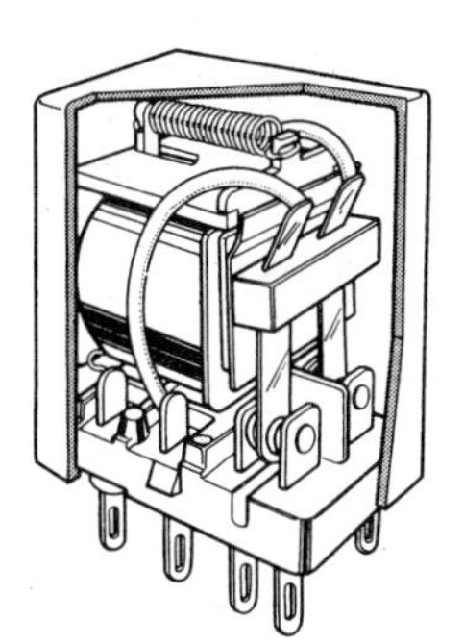

图 4.5　电磁继电器的外观图

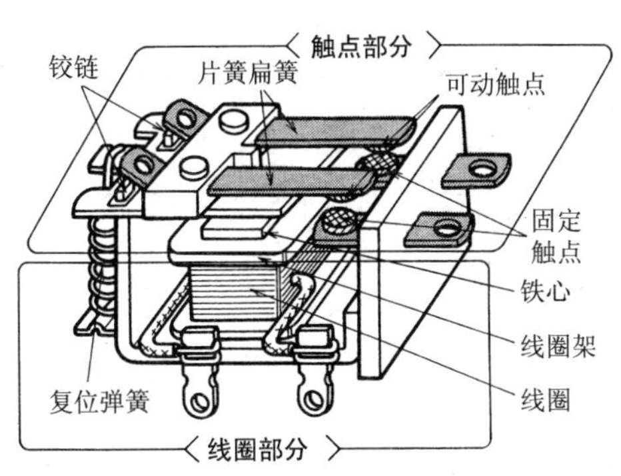

图 4.6　电磁继电器的结构

铰链形电磁继电器是利用线圈的激磁或消磁作用，使可动铁心以铰链为支点运动，利用这个功能使连接在可动铁片上的触点机构开闭的一种器件。

起到电磁铁作用的线圈部分是由铁心和缠在线圈架上的线圈组成的。另外，控制电路开闭的触点部分是由可动触点和固定触点组成，可动触点连接在扁簧上。该扁簧在触点有电流流过的时候，使触点间有压力。

4.3 电磁继电器的常开触点

1. 电磁继电器的常开触点

如图 4.7(a)所示，在电磁继电器的线圈中没有电流(把这叫做复位状态)时，可动触点和固定触点分开，处于"开路"状态，当线圈中有电流(把这叫做动作状态)时，如图 4.7(b)所示，可动触点和固定触点接触，电路处于"闭合"状态，电磁继电器的常开触点就是起到这样一种作用的触点。也就是说，当电磁继电器处于复位状态时断开的触点称为常开触点。

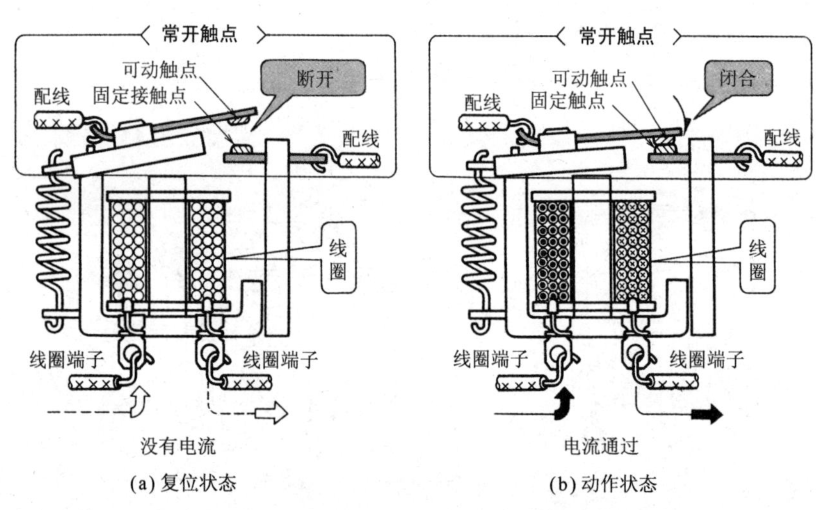

(a) 复位状态　　(b) 动作状态

图 4.7　电磁继电器常开触点的复位状态与动作状态

2. 电磁继电器激磁时的动作方式

如图 4.8 所示，当电流从具有常开触点的电磁继电器的线圈的端子 A 流向端子 B 时，铁心、磁铁及可动铁片形成的磁电路中有磁力线通过，就形成了电磁铁。

所以，铁心和可动铁片的 N 极和 S 极之间就产生力的作用，可动铁片被吸引到铁心上。可动铁片由于吸引力的作用受到向下的力，和与其连在一起的可动触点一起向下运动，与固定触点接触。另外，可动铁片以合叶为支点受到吸引力，从而复位弹簧被向上拉伸，当吸引力消失的时候，可动触点就回复到原来的位置。

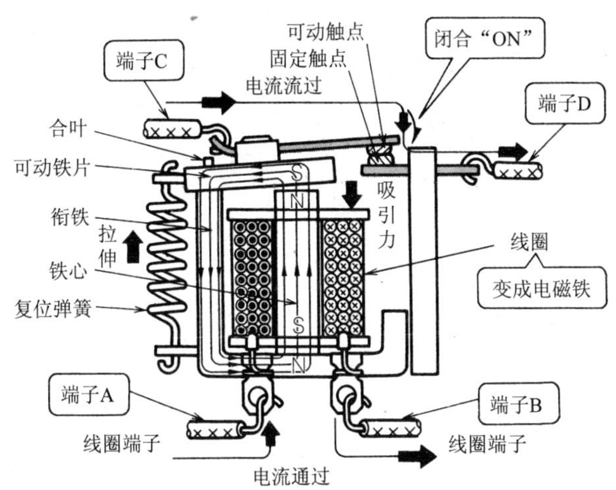

图 4.8 电磁继电器激磁时的动作原理(常开触点的情况)

从而，当电磁继电器工作于激磁状态时，端子 C 和端子 D 之间的电路处于闭合(ON)状态。

3. 电磁继电器消磁时的复位方式

如图 4.9 所示，切断电磁继电器的线圈中的电流，铁心就不再是电磁铁，从而无法吸引可动铁片。

所以，可动铁片以合叶为支点，在复位弹簧收缩产生的力的作用下向上运动。与可动铁片连在一起的可动触点就与固定触点分开。

从而，当电磁继电器工作于消磁状态时，端子 C 和端子 D 之间的电路处于开路(OFF)状态。

4. 有常开触点的电磁继电器的图形符号

如图 4.6 所示，电磁继电器是由各种不同的部分组成的，但电磁继电器的图形符号全部忽略这些结构上的关联，是将表示由电磁铁组成的“电磁线圈”的图形符号和表示电路开闭的触点图形符号组合起来加以表示。

所以，有常开触点的电磁继电器的图形符号如图 4.10 所示，将电磁操作图形符号或者电磁线圈图形符号和“电磁继电器常开触点”图形符号组合起来加以表示。

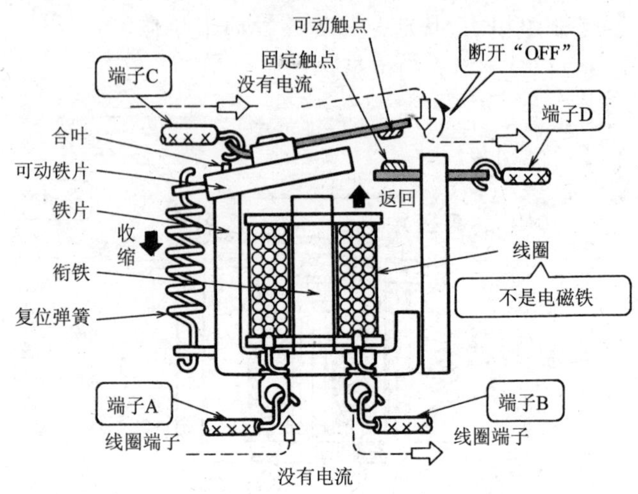

图 4.9　电磁继电器消磁时的工作原理(常开触点的情况)

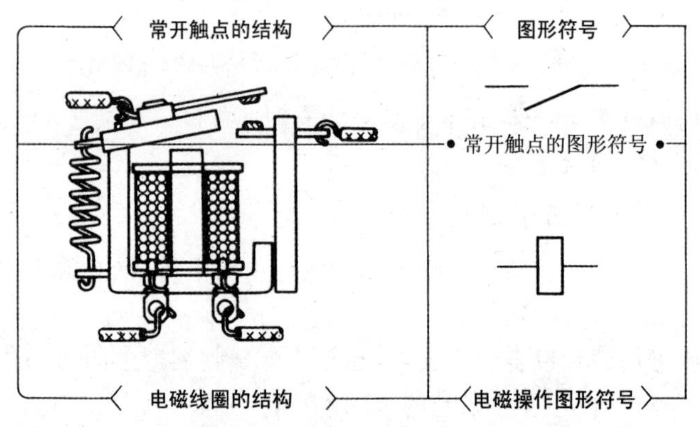

图 4.10　有常开触点的电磁继电器的图形符号

5. 电磁线圈的图形符号

电磁继电器的电磁线圈当有电流流过的时候成为电磁铁,有吸引力的作用,如图 4.11 所示,其图形符号用电磁操作图形符号表示。

6. 电磁继电器常开触点的图形符号

电磁继电器常开触点的图形符号是用来表示当电磁线圈中没有电流流过时“断开着的触点”的。

电磁继电器常开触点的图形符号如图 4.12 所示,实际流过电流的固定触点用一条水平的线段(横向书写时)表示,可动触点用一条向下倾斜的线段(电磁继电器的常开触点的图形符号)表示,这就表示两者是断开的。

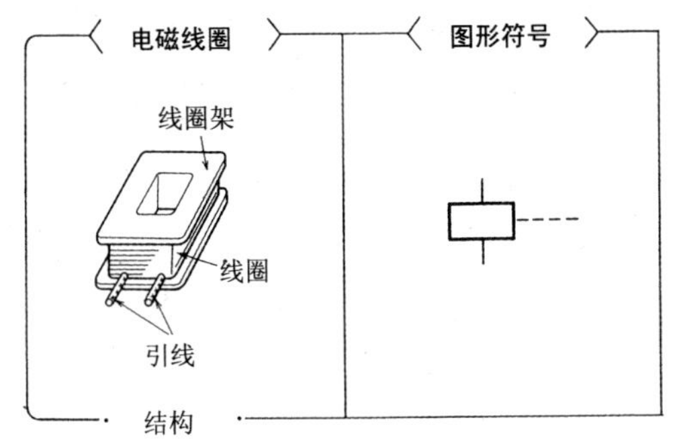

图 4.11 电磁线圈的图形符号

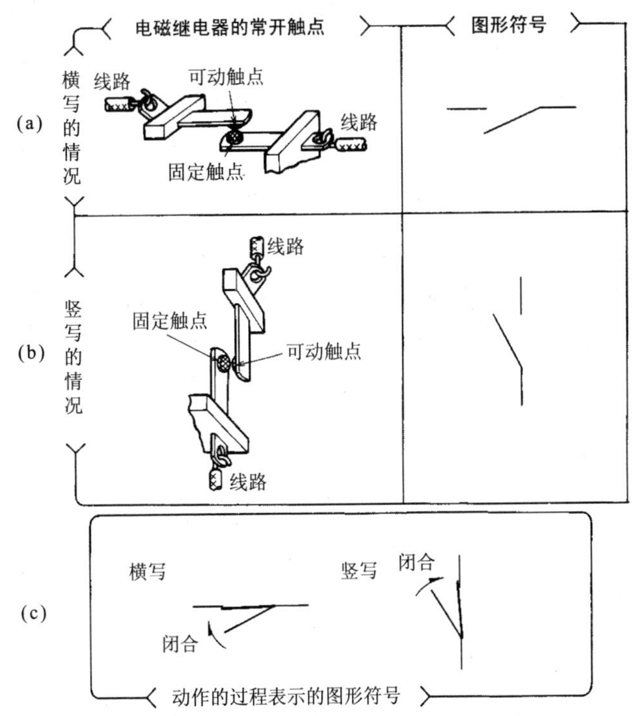

图 4.12 电磁继电器常开触点的图形符号

表示电磁继电器常开触点动作过程的图形符号如图 4.12(c)所示。

7. 电磁继电器激磁/消磁时常开触点的动作

将电灯接在电磁继电器常开触点上,按下按钮开关则电灯点亮,松开按钮开关则电灯熄灭。根据这样的电灯闪光电路来说明电磁继电器激磁/消磁时常开触点的顺序动作。

• 电磁继电器常开触点的动作步骤(激磁)

从按下按钮开关 PBS 电磁继电器开始动作,到电灯 L 点亮这一过程中的动作步骤,用顺序图表示如图 4.13 所示,具体动作步骤如下:

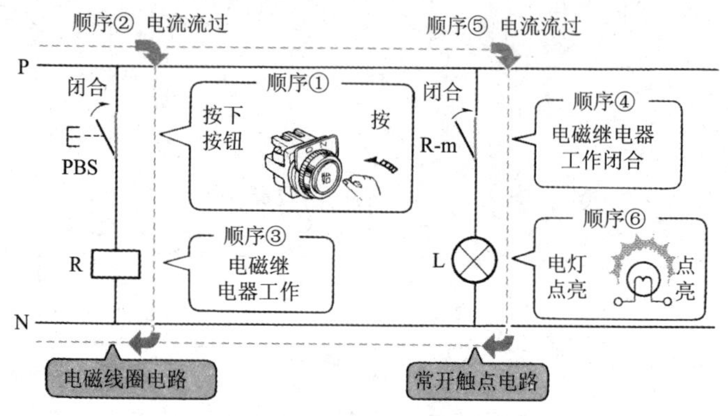

图 4.13　电磁继电器常开触点的动作步骤

① 按下按钮开关 PBS,常开触点闭合。

② PBS 的常开触点闭合,电磁线圈电路中有电流流过。

③ 电磁线圈电路中有电流流过,电磁继电器开始动作。

④ 电磁继电器开始动作,常开触点 R-m 闭合。

⑤ 常开触点 R-m 闭合,常开触点电路中有电流流过。

⑥ 常开触点电路中有电流流过,电灯 L 点亮。

• 电磁继电器常开触点的复位步骤(消磁)

从按着开关的手脱离、电磁继电器复位到电灯 L 熄灭这一过程用顺序图表示,如图 4.14 所示,具体动作步骤如下:

① 按下按钮开关 PBS 的手脱离,常开触点断开。

② PBS 的常开触点断开,电磁线圈电路中没有电流流过。

③ 电磁线圈电路中没有电流流过,电磁继电器复位。

④ 电磁继电器复位,常开触点 R-m 断开。

⑤ 常开触点 R-m 断开,常开触点电路中没有电流流过。

⑥ 常开触点电路中没有电流流过,电灯 L 熄灭。

• 流程图和时序图

基于电磁继电器常开触点的电灯闪光回路的流程图如图 4.15 所示。

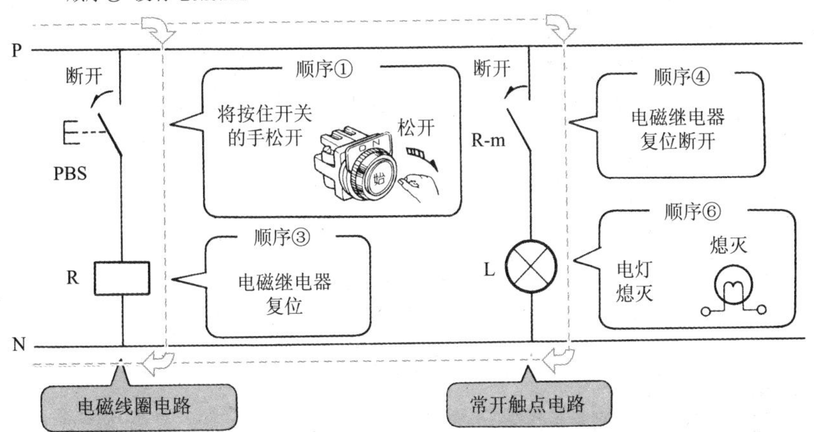

图 4.14 电磁继电器的常开触点的复位步骤

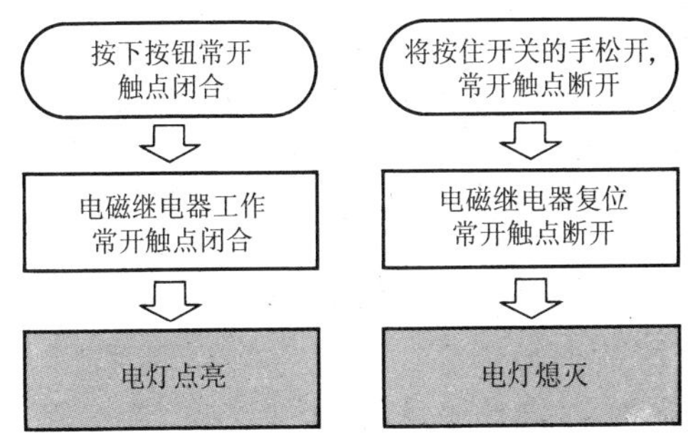

(a) 常开触点动作流程图 (b) 常开触点复位流程图

图 4.15 基于电磁继电器常开触点的电灯闪光回路流程图

另外，用时序图表示电磁继电器的“动作”及“复位”的时间性变化，如图 4.16 所示。

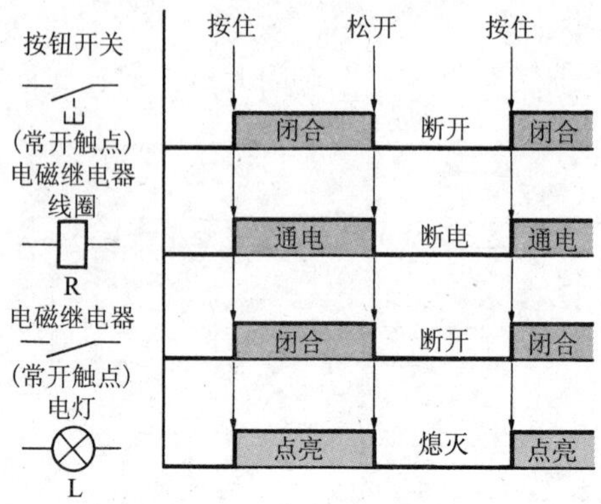

图 4.16 基于电磁继电器常开触点的电灯闪光回路的时序图

4.4 电磁继电器的常闭触点

1. 电磁继电器的常闭触点

如图 4.17(a)所示,在电磁继电器的线圈中没有电流流过(把这叫做复位状态)时,可动触点和固定触点接触,电路处于闭合状态;当线圈中有电流流过(把这叫做动作状态)时,可动触点和固定触点分开,处于开路状态,电磁继电器的常闭触点就是起到这样一种作用的触点。

也就是说,把电磁继电器处于原始状态时闭合的触点称为常闭触点。

2. 电磁继电器激磁时的动作方式

如图 4.18 所示,当电流从具有常闭触点的电磁继电器的线圈的端子 A 流向端子 B 时,铁心、磁铁及可动铁片形成的磁电路中有磁力线通过,就形成了电磁铁。

所以,铁心和可动铁片的 N 极和 S 极之间就产生力的作用,可动铁片被吸引到铁心上。可动铁片由于吸引力的作用受到向下的力,和与其连在一起的可动触点一起向下运动,与固定触点分离。

从而,当电磁继电器动作于激磁状态时,端子 C 和端子 D 之间的电路处于开路(OFF)状态。

(a) 复位状态

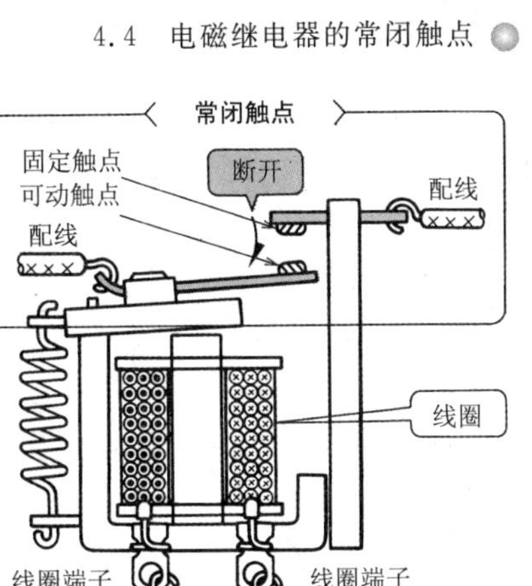

(b) 动作状态

图 4.17　电磁继电器的常闭触点的还原状态和动作状态

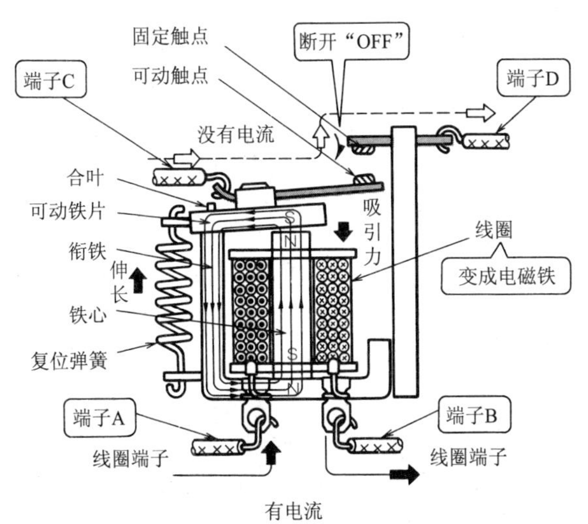

图 4.18　电磁继电器激磁时的动作原理(常闭触点的情况)

3. 电磁继电器消磁时的还原方式

如图 4.19 所示,切断电磁继电器的线圈中的电流,铁心就不再是电磁铁,从而无法吸引可动铁片。所以,可动铁片以合叶为支点,在弹簧收缩产生的力的作用下向上运动。与可动铁片连在一起的可动触点就与固定触点接触。

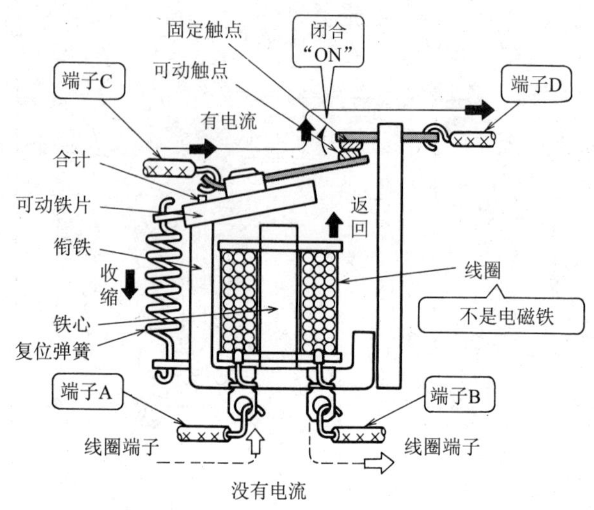

图 4.19　电磁继电器消磁时的复位原理(常闭触点的情况)

从而,当电磁继电器动作于消磁状态时,端子 C 和端子 D 之间的电路处于闭合(ON)状态。

4. 有常闭触点的电磁继电器的图形符号

有常闭触点的电磁继电器的图形符号如图 4.20 所示,是将电磁操作图形符号和"电磁继电器常闭触点"图形符号组合起来加以表示的。

5. 电磁继电器常闭触点的图形符号

电磁继电器的常闭触点的图形符号是用来表示当电磁线圈中没有电流流过时"闭合着的触点"的。

电磁继电器的常闭触点的图形符号如图 4.21 所示,实际流过电流的可动触点用一条向上倾斜的线段表示(横写时),与表示固定触点的(钩状)交叉,这就表示两者是断开的。电磁继电器常闭触点动作过程的图形符号如图 4.21(c)所示。

6. 电磁继电器激磁/消磁时常闭触点的动作

在电磁继电器常闭触点上接一个电灯,按下按钮开关则电灯熄灭,松开按钮开关则电灯点亮。根据这样的电灯闪光电路来说明电磁继电器激磁/消磁时常闭触点的动作方式。

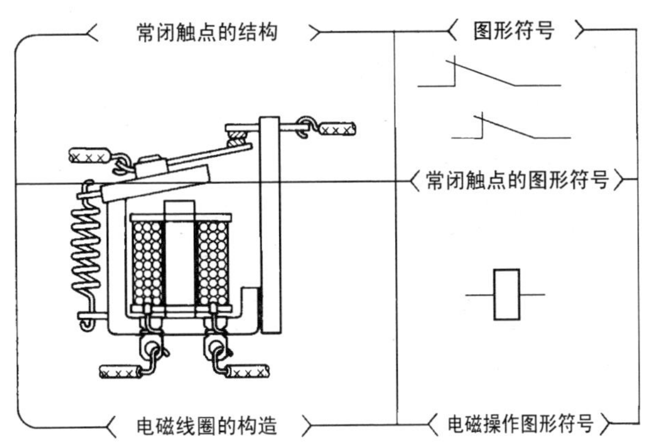

图 4.20 具有常闭触点的电磁继电器的图形符号的表示法

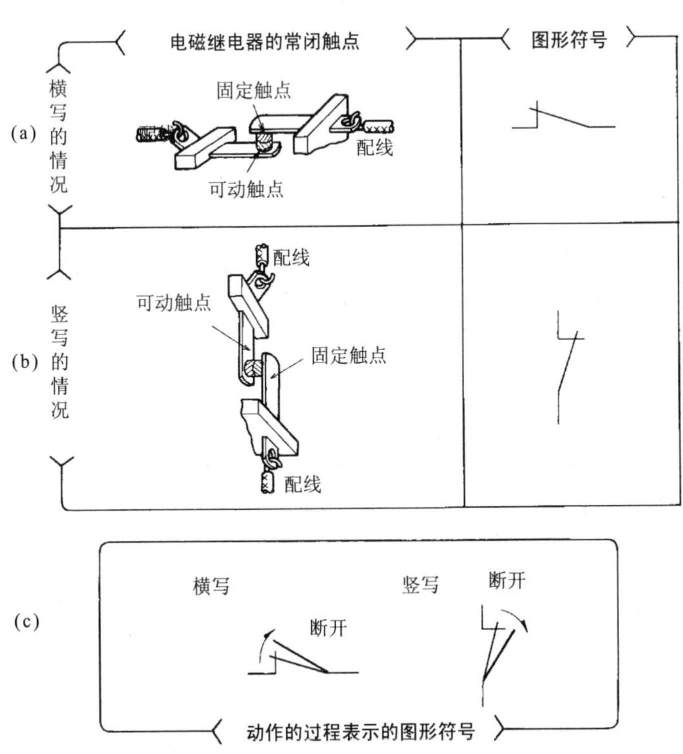

图 4.21 电磁继电器的常闭触点的图形符号表示法

- 电磁继电器常闭触点的动作步骤(激磁)

从按下按钮开关 PBS 电磁继电器开始动作,到电灯 L 熄灭这一过程的动作步骤如图 4.22 所示，具体动作步骤如下：

① 按下按钮开关 PBS，常开触点闭合。

② PBS 的常开触点闭合，电磁线圈电路中有电流流过。

③ 电磁线圈电路中有电流流过，电磁继电器开始动作。

④ 电磁继电器开始动作，常闭触点 R-b 断开。

⑤ 常闭触点 R-b 断开，常闭触点电路中没有电流流过。

⑥ 常闭触点电路中没有电流流过，电灯 L 熄灭。

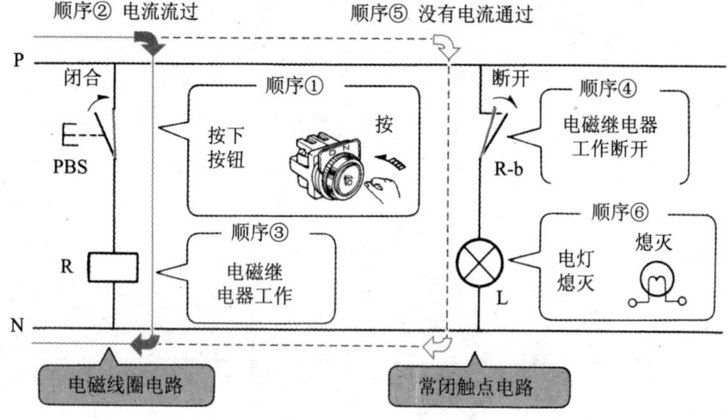

图 4.22　电磁继电器常闭触点的动作步骤

• 电磁继电器常闭触点的复位动作（消磁）

在电灯闪光电路中，将按着按钮的手脱离，电磁继电器复位到电灯 L 点亮这一过程用顺序图表示，如图 4.23 所示，具体动作步骤如下：

① 按下按钮开关 PBS 的手脱离，常开触点断开。

② PBS 的常开触点断开，电磁线圈电路中没有电流流过。

③ 电磁线圈电路中没有电流流过，电磁继电器复位。

④ 电磁继电器复位，常闭触点 R-b 闭合。

⑤ 常闭触点 R-b 闭合，常闭触点电路中有电流流过。

⑥ 常闭触点电路中有电流流过，电灯 L 点亮。

• 流程图和顺序图

基于电磁继电器常闭触点的电灯闪光电路的流程图如图 4.24 所示。

另外，用时序图表示电磁继电器的“动作”及“复位”随时间的变化，如图 4.25 所示。

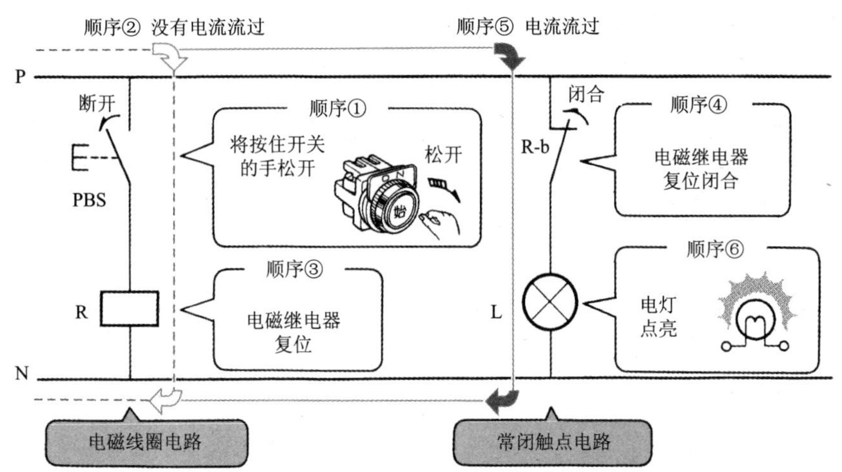

图 4.23　电磁继电器的常闭触点的复位步骤

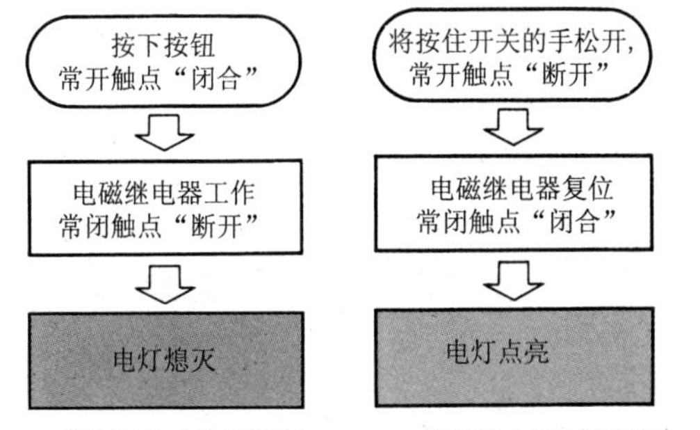

图 4.24　基于电磁继电器常闭触点的电灯闪光电路流程图

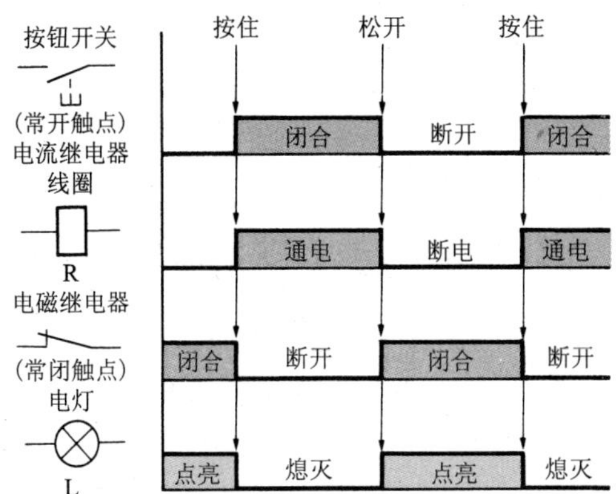

图 4.25　基于电磁继电器常闭触点的电灯闪光电路的时序图

4.5 电磁继电器的转换触点

1. 电磁继电器转换触点的定义

如图 4.26(a)所示，常开触点和常闭触点组合起来共用一个可动触点，具有这种结构的触点就叫做电磁继电器转换触点。所以，在具有转换触点的电磁继电器的电磁线圈中没有电流流过的复位状态下，常开触点处于“开路”，常闭触点“闭路”，当电磁线圈中有电流流过，即处于动作状态时，如图 4.26(b)所示，相互共用的可动触点向下移动，常开触点“闭路”，常闭触点“开路”。电磁继电器的转换触点就是这样实现了转换电路的功能。

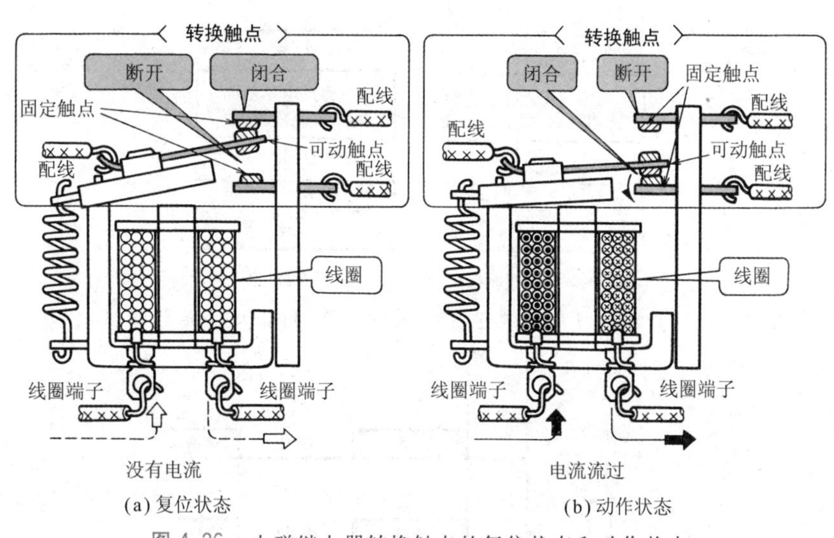

(a) 复位状态　　(b) 动作状态

图 4.26　电磁继电器转换触点的复位状态和动作状态

2. 电磁继电器激磁时的动作方式

如图 4.27 所示，当电流从具有常开触点的电磁继电器的线圈的端子 A 流向端子 B 时，铁心、磁铁及可动铁片形成的磁电路中有磁力线通过，形成了电磁铁。所以，铁心和可动铁片的 N 极和 S 极之间就产生力的作用，可动铁片被吸引到铁心上。可动铁片由于吸引力的作用受到向下的力，于是和与其连在一起的可动触点一起向下运动，与固定触点分开的同时与固定触点接触。从而，端子 C 和端子 D 之间的电路就处于开路（OFF）状态，端子 C 和端子 E 之间的电路就处于闭合（ON）状态，把具有这样动作方式的触点叫做转换触点。

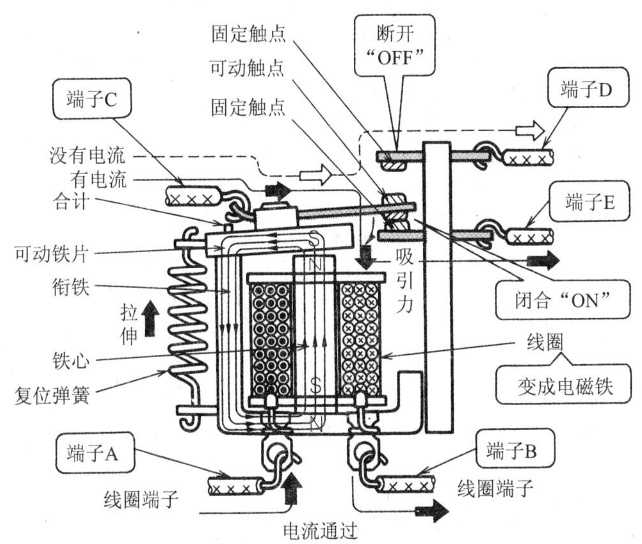

图 4.27 电磁继电器激磁时的动作原理（转换触点的情况）

3. 电磁继电器消磁时的复位方式

如图 4.28 所示，切断电磁继电器的线圈中的电流，铁心就不再是电磁铁，从而无法吸引可动铁片。所以，可动铁片以合叶为支点，在复位弹簧收缩产生的力的作用下向上运动。与可动铁片连在一起的可动触点就与固定触点分开，与固定触点接触。从而，端子 C 和端子 E 之间的电路就处于开路（OFF）状态，端子 C 和端子 D 之间的电路就处于闭合（ON）状态。

4. 有转换触点的电磁继电器的图形符号

有转换触点的电磁继电器的图形符号如图 4.29 所示，是将电磁操作图形符号和"电磁继电器转换触点"图形符号组合起来加以表示的，其他结构上的关联全部忽略。

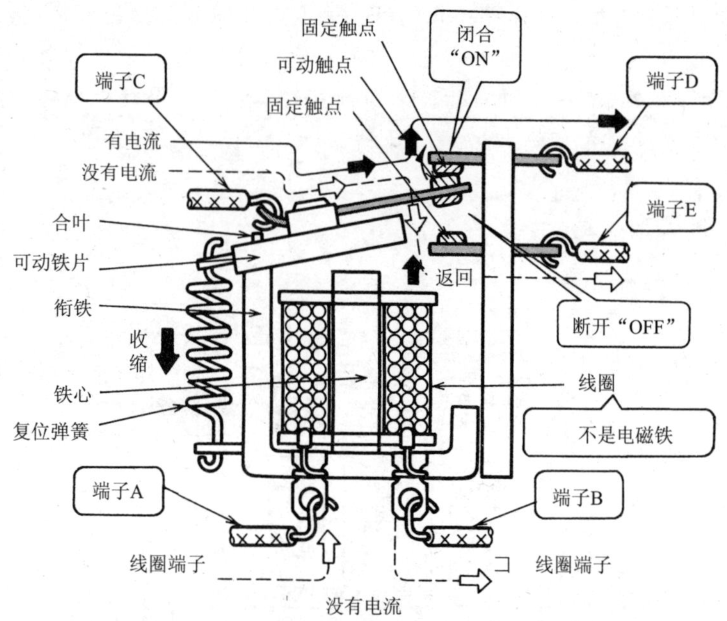

图 4.28　电磁继电器消磁时的复位方法(转换触点的情况)

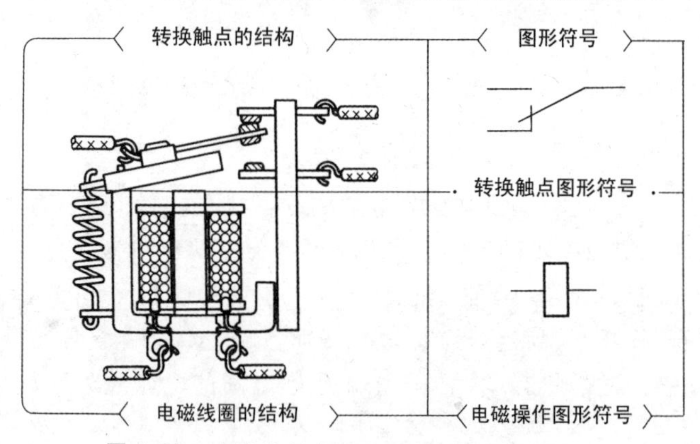

图 4.29　有转换触点的电磁继电器的图形符号

5. 电磁继电器转换触点的图形符号

电磁继电器的转换触点是由共有一个可动触点的常开触点部分和常闭触点部分组成的,所以它的图形符号如图 4.30 所示,由共有一条斜线表示的可动触点的常开触点和常闭触点组合加以表示的。

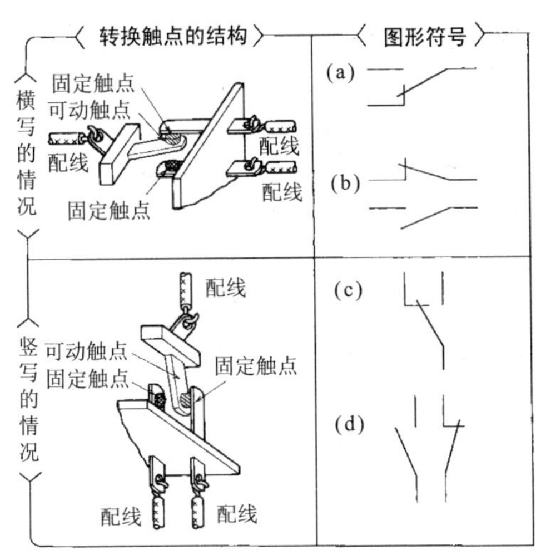

图 4.30　电磁继电器的转换触点的图形符号

6. 电磁继电器激磁/消磁时转换触点的动作

在电磁继电器转换触点上接一个红灯和一个绿灯，按下按钮开关则红灯点亮，绿灯熄灭；松开按钮开关则红灯熄灭，绿灯点亮。根据这样的电灯闪光电路来说明电磁继电器激磁/消磁时转换触点的动作方式。

• 电磁继电器转换触点的动作步骤（激磁）

从按下按钮开关 PBS 电磁继电器开始动作到红灯 RL 点亮，绿灯 GL 熄灭，这一过程用顺序图表示如图 4.31 所示，具体动作步骤如下：

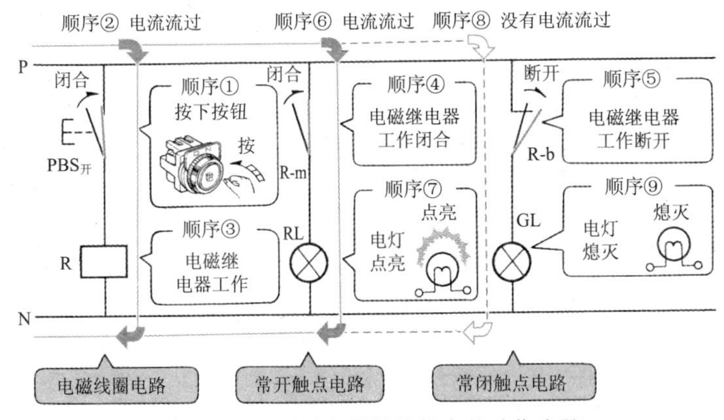

图 4.31　电磁继电器转换触点的动作步骤

① 按下按钮开关 PBS，常开触点闭合。

② PBS 的常开触点闭合，电磁线圈电路中有电流流过。

③ 电磁线圈电路中有电流流过，电磁继电器开始动作。

④ 电磁继电器开始动作，常开触点 R-m 闭合。

⑤ 电磁继电器开始动作，常闭触点 R-b 断开。

⑥ 常开触点 R-m 闭合，常开触点电路中有电流流过。

⑦ 常开触点电路中有电流流过，红灯 RL 点亮。

⑧ 常闭触点 R-b 断开，常闭触点电路中没有电流流过。

⑨ 常闭触点电路中没有电流流过，绿灯 GL 熄灭。

注意：顺序④和顺序⑤同时进行；顺序⑥和顺序⑦同时进行；顺序⑧和顺序⑨同时进行。

• 电磁继电器转换触点的复位动作（消磁）

在电灯闪光电路中，松开开关，电磁继电器复位，红灯 RL 熄灭，绿灯 GL 点亮，这一过程用顺序图表示如图 4.32 所示，具体动作步骤如下：

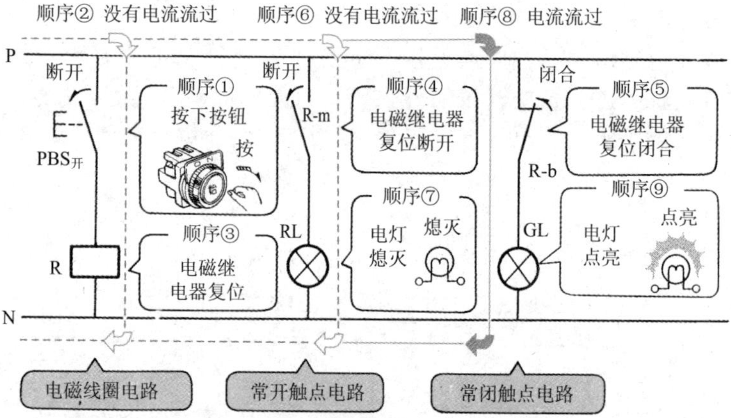

图 4.32　电磁继电器转换触点的复位动作

① 将按下按钮开关 PBS开 的手脱离，常开触点断开。

② PBS开 的常开触点断开，电磁线圈电路中没有电流流过。

③ 电磁线圈电路中没有电流流过，电磁继电器复位。

④ 电磁继电器复位，常开触点 R-m 断开。

⑤ 电磁继电器复位，常闭触点 R-b 闭合。

⑥ 常开触点 R-m 断开，常开触点电路中没有电流流过。

⑦ 常开触点电路中没有电流流过，红灯 RL 熄灭。

⑧ 常闭触点 R-b 闭合，常闭触点电路中有电流流过。

⑨ 常闭触点电路中有电流流过,绿灯 GL 点亮。

注意:顺序④和顺序⑤同时进行;顺序⑥和顺序⑦同时进行;顺序⑧和顺序⑨同时进行。

• 流程图和时序图

基于电磁继电器转换触点的电灯闪光电路的流程图如图 4.33 所示。

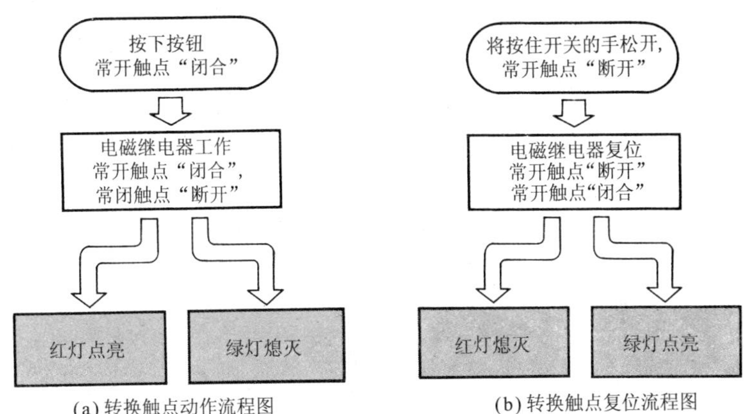

图 4.33 基于电磁继电器转换触点的电灯闪光电路的流程图

表示电磁继电器"动作"及"复位"随时间变化的时序图见图 4.34。

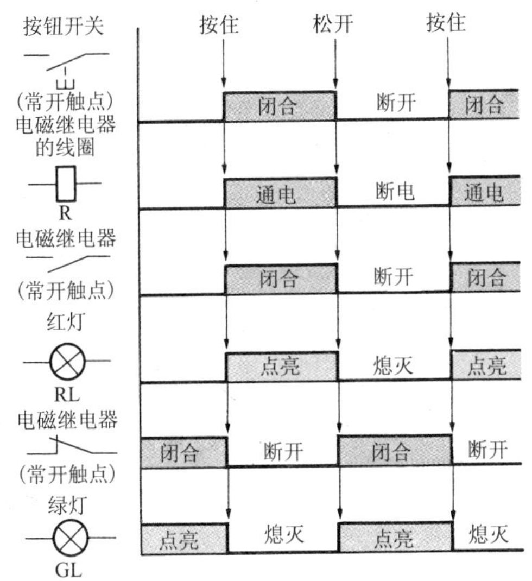

图 4.34 基于电磁继电器转换触点的电灯闪光电路的时序图

第5章

电磁接触器的结构、动作和图形符号

5.1 电磁接触器的组成

电磁接触器是利用电磁铁对铁片的吸引力来完成触点开闭功能的器件，与第 4 章所讲到的电磁继电器的动作原理完全相同。

但是，电磁接触器与电磁继电器相比，其开关电路用在具有极大电流的电力电路中，要求其结构必须经得起频繁的开闭操作。

1. 电磁接触器的原理结构

电磁接触器由于要进行大电流电路的开闭动作，作为其动作动力源头的电磁铁的构造与电磁继电器有很大不同。

如图 5.1 所示，两个呈罗马字 E 形状的铁心 A 和铁心 B 相向放置，

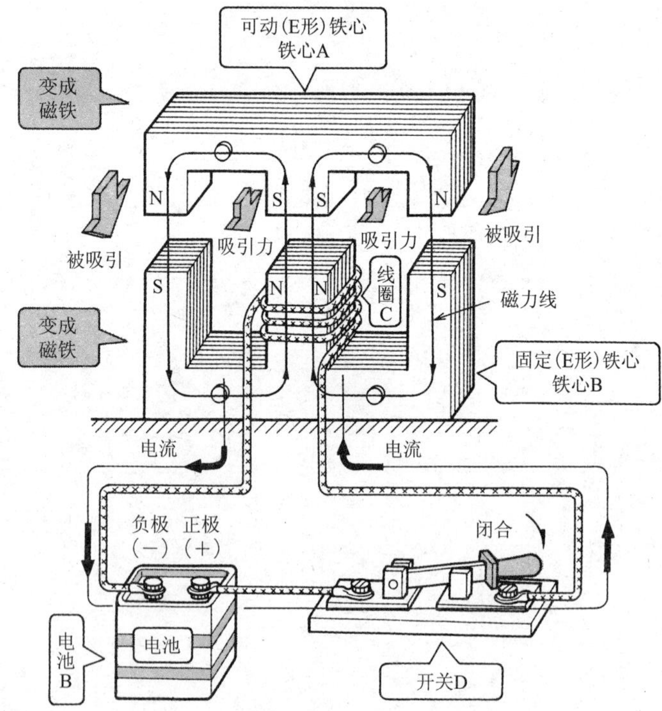

图 5.1　用于电磁接触器的 E 形铁心的功能

铁心 B 中间的腿上缠着电磁线圈 C。并且，电磁线圈 C 通过开关 D 与电池 B 连接。

现在，闭合 D，则 C 中有电流流过，A 和 B 都变成电磁铁。这时，A 与 B 相向的部分就如同 N 极和 S 极一样，变成磁性相反的磁极，由于磁性相反的磁极相互吸引，A 与 B 之间产生吸引力。这时将 B 固定，A 由于吸引力就会向下移动。于是，把 A 叫做可动铁心，把 B 叫做固定铁心。

如图 5.2 所示，在铁心 A 即可动铁心上连接可动触点 F，与固定触点 G 组合构成触点(所示为常开触点)，同时连接还原弹簧 H。当电磁线圈中没有电流，可动铁心 A 和固定铁心 B 之间没有吸引力，由于弹簧 H 的作用力，A 及 F 向上移动，回到原来的位置，F 与 G 分离开——这就是弹簧 H 的所起到作用。

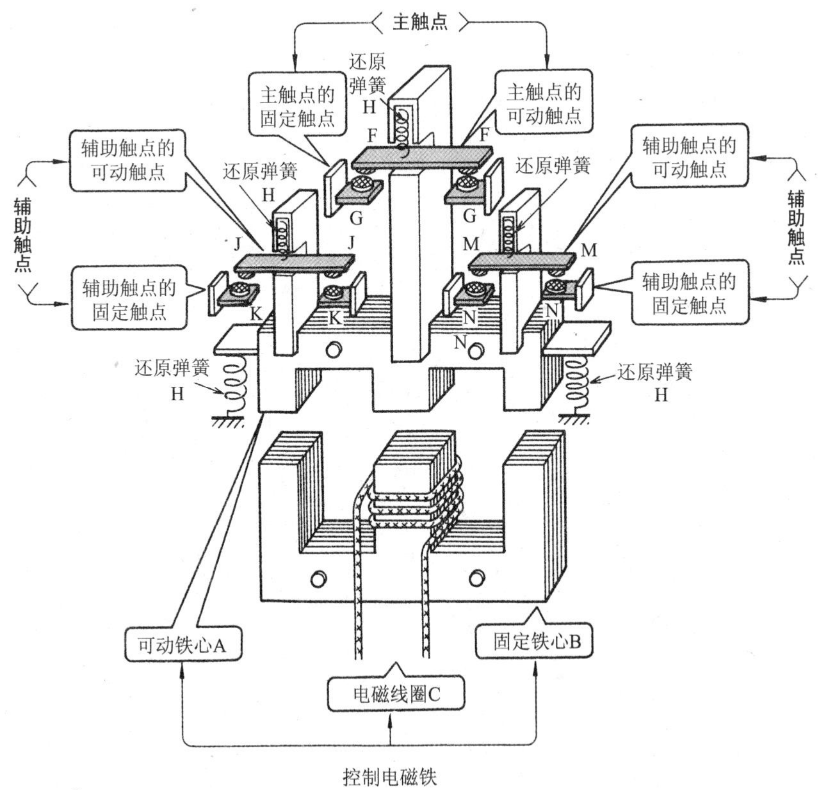

图 5.2 电磁接触器的原理结构图(柱塞式)

在 A 的两侧还有可动触点 J 和固定触点 K 及可动触点 M 和固定触点 N 两组触点，把 J，K 和 M，N 叫做电磁接触器的辅助触点，与电磁继电器的触点相同，是为完成小电流开关功能而设的触点。

与此相对，把 F，G 叫做电磁接触器的主触点，是完成像电动机电路这样的大电流开关功能、安全的具有大电流容量的触点，并且把这种结构叫做电磁接触器的柱塞式结构。

2. 电磁接触器的动作方式

电磁接触器上连接有开关 D 和电池 B，电磁接触器的动作如图 5.3 所示，具体动作步骤如下：

① 闭合开关 D。

② 电磁线圈电路闭合，电磁线圈 C 中有电流流过。

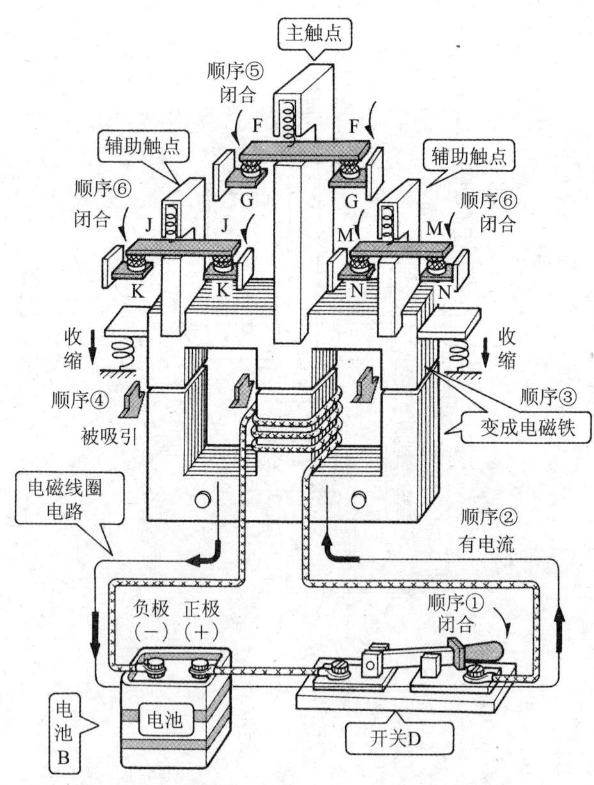

图 5.3　电磁接触器的动作原理图（工作情况）

③ C 中有电流流过，可动铁心 A 和固定铁心 B 变成电磁铁。

④ A 和 B 变成电磁铁，A 被 B 吸引，受到向下的力。

⑤ A 受到向下的力，作为主触点的可动触点 F 一起向下移动，F 与固定触点 G 接触。

⑥ A 受到向下的力，作为辅助触点的 2 组可动触点 J 和 M 也一起向下移动，与固定触点 K，N 接触闭合。

如上所述，电磁接触器的线圈中有电流流过，变成电磁铁，固定铁心吸引可动铁心，由于这个吸引力对可动铁心的联动作用，主触点及辅助触点受到向下的力，主触点（常开触点的情况）闭合的同时，辅助触点（常开触点的情况）也闭合，把这叫做电磁接触器的“动作”。

5.2 电磁接触器的实际结构

1. 电磁接触器和电磁接触器触点

图 5.4 所示是实际的电磁接触器（柱塞式）的外观图。为了说明电磁接触器的动作方式，需要将电磁线圈置于激磁（有电流）或消磁（没有电流）的状态，这时可动铁心（称为柱塞）在电磁线圈内部直线运动，从而带动与可动铁心连接的触点结构部分进行开关操作，这也就是实际的电磁接触器的结构。

如前所述，电磁接触器的触点结构部分包括大电流容量的主触点和与电磁继电器触点相同的小电流容量的辅助触点，把其中的主触点叫做电磁接触器触点。

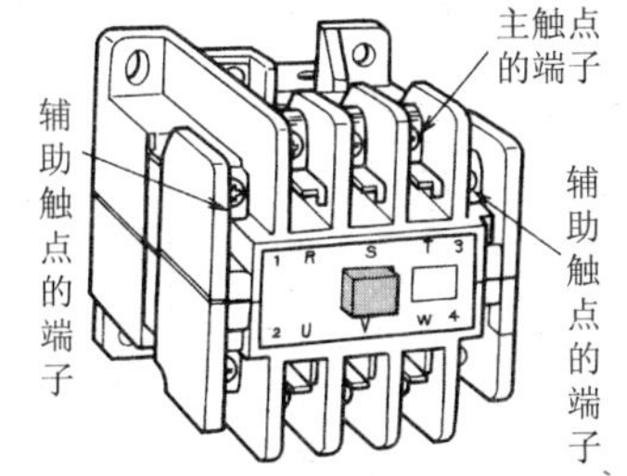

图 5.4 电磁接触器（柱塞式）的外观图

2. 电磁接触器的内部结构

图 5.5 所示为电磁接触器的内部结构。电磁接触器是由主触点与辅助触点组成的触点结构部分和可动铁心与固定铁心组成的控制电磁铁部分构成，在树脂膜制框架的上侧是触点结构部分，下侧是操作电磁铁部分。

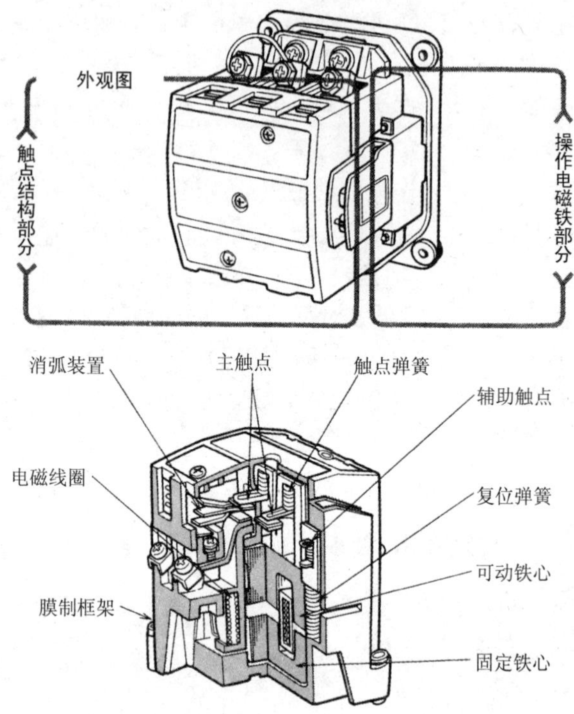

图 5.5 电磁接触器(柱塞式)的内部结构图

固定触点拧在树脂膜制框架上,另外,可动触点与触点弹簧共同与可动铁心联动。所以,当可动铁心被固定铁心吸引时,主触点及辅助触点的可动触点就和固定触点接触而闭合(闭合触点情况)。

电磁接触器的主要组成部分如下:

① 膜制框架。由合成树脂压制,起到安装各构成部件的作用。

② 电磁线圈。在线圈架上缠上数圈绝缘线做成线圈,当这个线圈中有电流时,电磁线圈起到使铁心变成电磁铁的作用。

③ 消弧装置。呈放射状安装几片强磁性板材,起到消除在主触点断开时产生的电弧(称为消弧)的作用。

④ 主触点。在主电路电流控制部分,可动触点与固定触点成对组合在一起。触点材料使用了具有接触电阻稳定性好,抗电弧性强等特点的银的特殊合金。

⑤ 触点弹簧。依靠弹簧的力推动主触点的可动触点,从而获得与固定触点相接触的压力。

⑥ 辅助触点。与电磁继电器触点相同，是指保持原始状态或者控制联锁装置等操作电路的电流开闭的触点。

⑦ 还原弹簧。电磁线圈消磁后，由于此弹簧的作用，使受重力作用而与固定铁心接触的可动铁心回到上方。

⑧ 铁心。固定铁心与可动铁心被相向放置，固定铁心由于电磁线圈的作用变成电磁铁，从而吸引可动铁心。

5.3 电磁接触器的图形符号

1. 电磁接触器触点的图形符号

作为电磁接触器主触点的电磁接触器触点，由于要控制大电流的开闭，所以用与电磁继电器触点不同的图形符号加以表示。

如图 5.6 所示，电磁接触器触点的图形符号是在表示电力用触点的常开触点图形符号、常闭触点图形符号中的固定触点图形符号的线段的前端，加上一个表示触点功能的图形符号来表示。

2. 电磁接触器的图形符号

电磁接触器是由触点结构部分和操作电磁铁部分构成的，如图 5.7 所示，其图形符号是将支撑结构部分、保护部分等的机械上的关联部分忽略掉来表示。

在触点结构部分中，位于其中央的 3 个主触点 R-U，S-V，T-W 和左侧的辅助触点 7-8，11-12 以及右侧的辅助触点 13-14，15-16，用电磁接触器触点以及电磁继电器触点（继电器触点）的图形符号表示，同时在控制电磁铁部分中，忽略可动铁心及固定铁心，只用电磁操作图形符号（JIS 图形符号）和电磁线圈图形符号（JIS 旧图形符号）表示电磁线圈 MC。作为电磁接触器的图形符号，将这些表示主触点、辅助触点以及电磁线圈的图形符号组合起来加以表示。

另外，主触点以及辅助触点的图形符号表示的是电磁线圈中没有电流流过的状态，即常开触点为开路，常闭触点为闭合的状态。

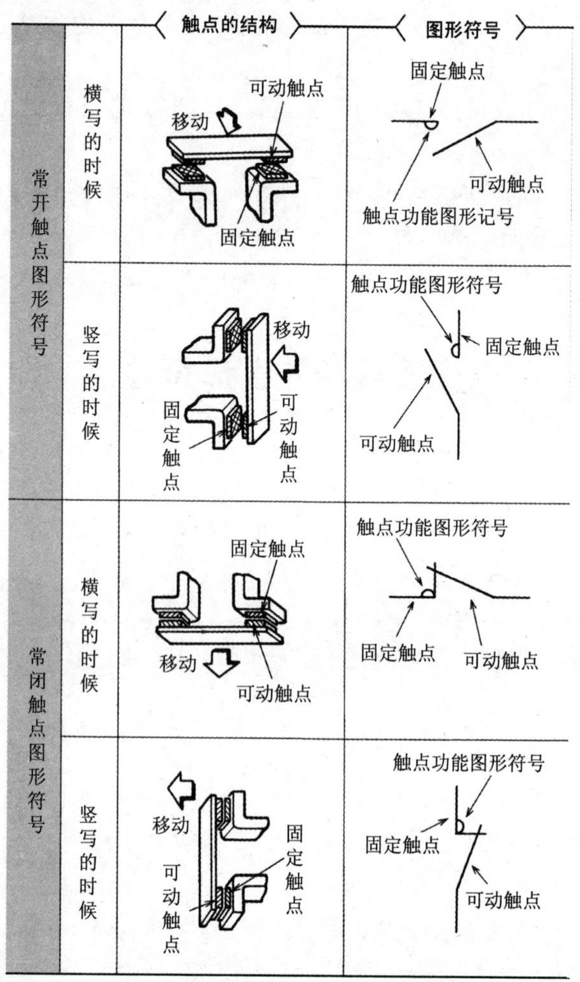

图 5.6　电磁接触器常开触点及常闭触点的图形符号

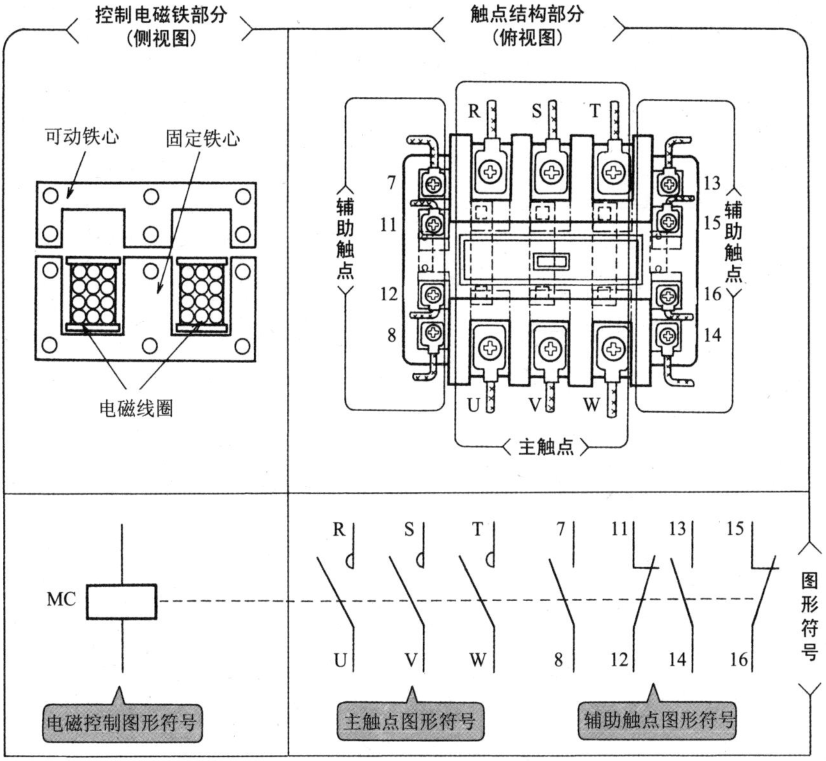

图 5.7 电磁接触器的图形符号

5.4 电磁接触器的动作和复位

1. 电磁接触器的动作方式

如图 5.8 所示，当电磁接触器的电磁线圈中有电流流过时，在固定铁心和可动铁心之间有磁力线通过，形成磁电路，由于固定铁心变成电磁铁，所以可动铁心被固定铁心吸引。由于这个吸引力的作用，与可动铁心机械联动的主触点及辅助触点受到向下的力，主触点闭合的同时，辅助触点中的常开触点闭合，常闭触点断开，这就是电磁接触器的“动作”。

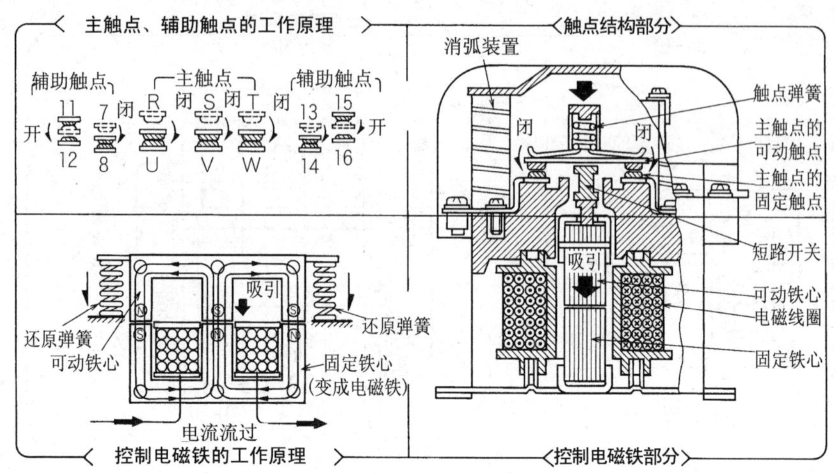

图 5.8　电磁接触器的动作原理

当电磁接触器动作时，主触点闭合，辅助常开触点也闭合，辅助常闭触点断开。

在本书中，表示电磁接触器动作过程的图形符号是用不同灰度的线段组合加以表示，如图 5.9 所示。

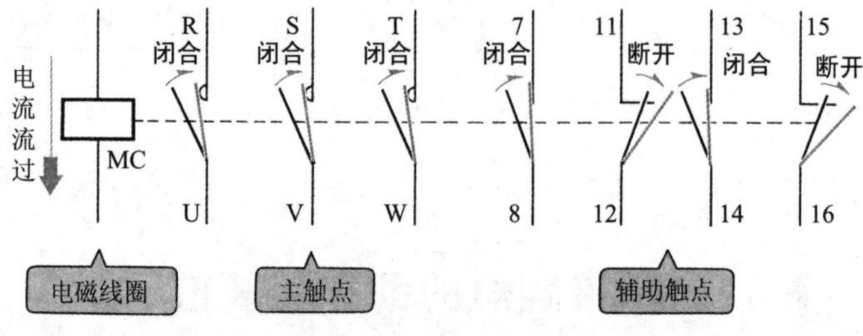

图 5.9　电磁接触器动作时的图形符号

2. 电磁接触器的复位方式

如图 5.10 所示，当电磁接触器的电磁线圈中没有电流流过时，磁力线消失，固定铁心就不再是电磁铁，从而可动铁心无法被固定铁心吸引，可动铁心在还原弹簧力的作用下向上移动。

当可动铁心向上移动时，与可动铁心机械联动的主触点及辅助触点的可动触点也一起向上移动，主触点断开的同时，在辅助触点中，常开触点断开，常闭触点闭合，这就是电磁接触器的“复位”。

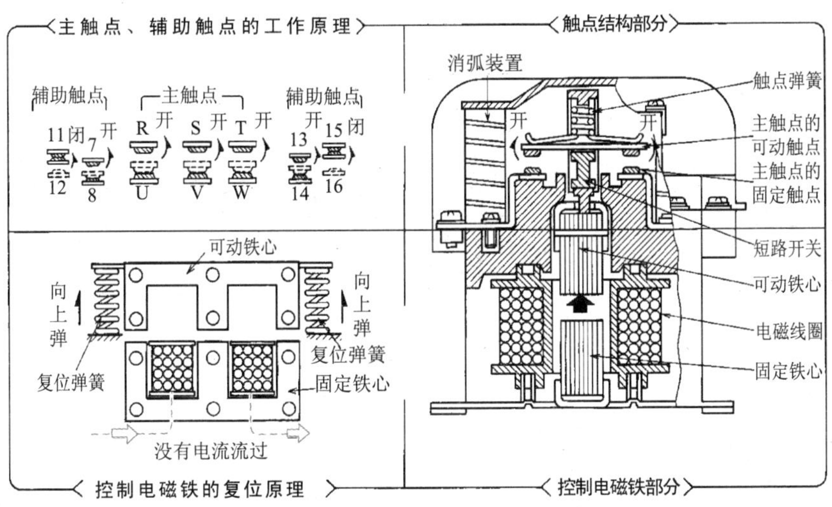

图 5.10　电磁接触器的复位原理

当电磁接触器复位时，主触点断开，辅助常开触点也断开，辅助常闭触点闭合。

在本书中，表示电磁接触器复位过程的图形符号是用不同灰度的线段组合加以表示，如图 5.11 所示。

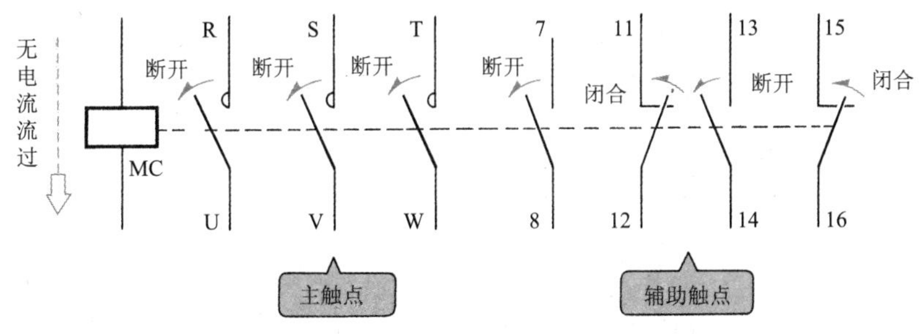

图 5.11　电磁接触器复位时的图形符号

5.5 电磁开闭器的图形符号和动作

1. 电磁开闭器的定义

如图 5.12 所示，电磁开闭器是将电磁接触器和热敏继电器加以组合而构成的一种器件。

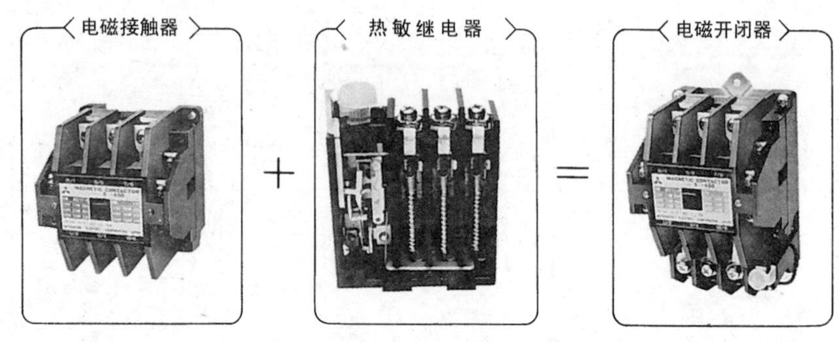

图5.12　把电磁接触器与热敏继电器组合而成的器件叫做电磁开闭器

在电磁开闭器中，当连接在电磁接触器主触点上的主电路中的电流超过预定值(热敏继电器的设定值)时，热敏继电器就开始动作，电磁线圈电路被切断，主触点电路被断开。所以，电磁开闭器具有保护电动机等不被过电流烧毁的功能。

2. 电磁开闭器的图形符号

如图5.13所示，组成电磁开闭器的热敏继电器一般是由加热器和双金属组成的加热器部分以及靠双金属的弯曲来动作的触点部分构成的。

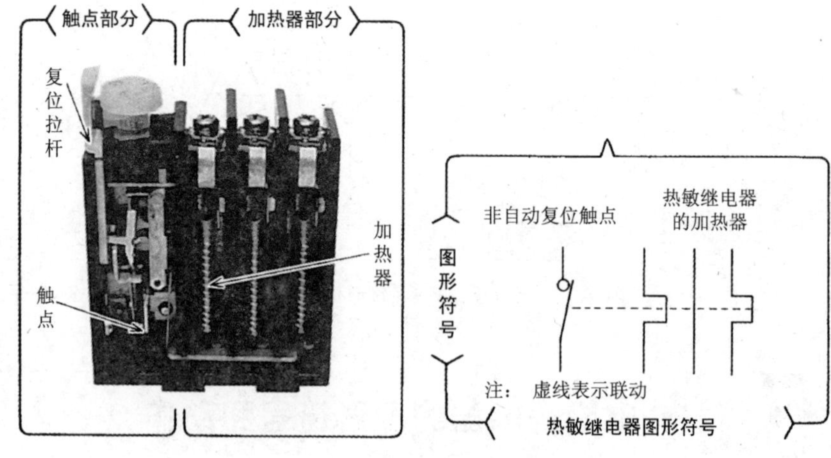

图5.13　热敏继电器及其图形符号

在加热器部分的三相电路中，分三相都是加热器和仅两相是加热器两种，在仅两相是加热器的情况下，剩余的一相用导体短路，加热器的图形符号(热继电器的操作图形符号)仅表示出两相,剩下的一相用导线的图形符号表示。

另外,触点复位是靠手动操作复位拉杆来实现的,所以触点部分用非自动复位的触点图形符号来表示。

从而,热敏继电器的图形符号是由加热器(热继电器的操作图形符号)和非自动复位触点的图形符号组合来加以表示的。

如图 5.14 所示,电磁开闭器的图形符号是由电磁接触器和热敏继电器组合而成。

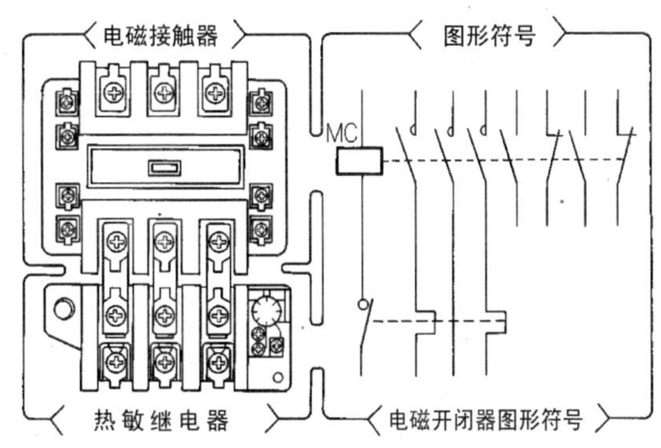

图 5.14　电磁开闭器(电磁接触器和热敏继电器的组合)的图形符号

所以,最终的图形符号就是在电磁开闭器的主触点中组合热敏继电器加热器的图形符号,以及在电磁接触器的电磁线圈中组合热敏继电器的触点(非自动复位触点)图形符号。

3. 有过电流时电磁开闭器的动作

如图 5.15 所示,当在电磁开闭器的主触点电路中有超过热敏继电器的设定值以上的过电流流过时,其动作步骤如下:

① 主触点电路中有过电流,加热器 THR 被加热。

② 加热器 THR 被加热,当双金属弯曲到一定程度,就使触点结构联动起来,热敏继电器的常闭触点(非自动复位触点)THR 断开。

③ 热敏继电器的常闭触点断开,电磁开闭器的电磁线圈 MC 中没有电流,电磁开闭器复位。

④ 电磁开闭器复位,主触点 MC 断开。

⑤ 电磁开闭器复位,辅助常开触点断开,辅助常闭触点闭合。

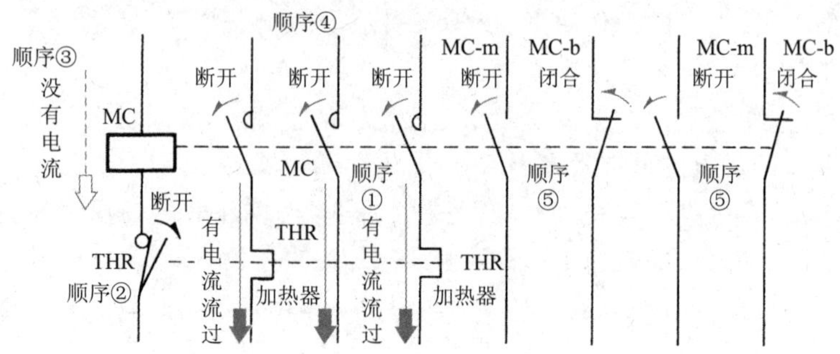

图 5.15　电磁开闭器中有过电流流过时的动作

如上所述，当在电磁开闭器的主触点电路中有超过热敏继电器的设定值以上的过电流时，可以自动动作，切断过电流，起到保护作用，所以可以说在电动机电路中必须要用到电磁开闭器。

第6章

定时器的结构、动作和图形符号

6.1 定时器的分类

1. 定时器的定义

通常在电磁继电器中，当电磁线圈中有电流时，其触点往往都在瞬间闭合或断开。这里所说的定时器，与电磁继电器不同，当给它电力或机械的输入时，在经过预先设定好的时限后，其触点才闭合或者断开，可以说是人为的产生时间延迟的继电器。

所以，将定时器的触点叫做延时触点。延时触点包括定时动作触点和断开延迟触点。

2. 定时器的种类

根据产生时间差的不同方法，把定时器分为电动机驱动定时器、电子式定时器、阻尼式定时器等。

图 6.1　电动机驱动定时器的外观图

• 电动机驱动定时器

这种定时器是以同步电动机的电源频率成一定比例的转速作为时限的基准，由离合器、减速齿轮组合而成，其特点是动作稳定，适合设定长时间的时限。图 6.1 所示是电动机驱动定时器的一个外观图。

• 电子式定时器

这种定时器利用电容器的充放电特性，用半导体检测、放大电容器两端的电压，使电磁继电器动作，由于机械式的动作部件较少，所以寿命较长，适用于高频率且定时时间短的场合。

图 6.2 所示是电子式定时器的一个外观图。

• 阻尼式定时器

这种定时器利用空气、油等流体的阻尼产生时限，将此定时器与电磁线圈组合来进行触点的开闭，适用于对动作时限要求不高的场合。

图 6.3 所示是阻尼式定时器中的一种——空气式定时器（又叫气动

定时器)的外观图。

图 6.2 电子式定时器的外观图

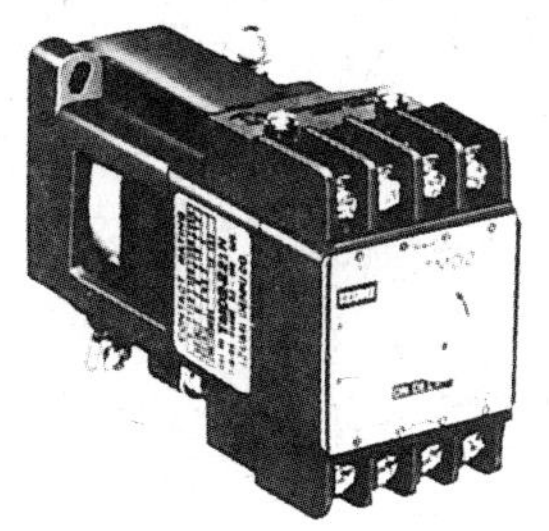

图 6.3 空气式定时器的外观图

6.2 电动机驱动定时器

1. 电动机驱动定时器的动作方式

图 6.4 所示是电动机驱动定时器内部构造的一个例子。从给这种定时器外加电压至达到设定时限后延时触点开闭的动作步骤如下：

① 在定时器的插口端子 2 号和 7 号上外加额定电压，离合器线圈被激磁，可动铁片被离合器吸引。

② 在定时器的插口端子 2 号和 7 号上外加额定电压，华伦电机启动。

③ 可动铁片被吸引，与其联动的瞬时触点闭合。

④ 离合器由于可动铁片的吸引而动作，华伦电机的驱动力通过齿轮群传递给输出轴。

⑤ 输出轴的旋转盘在旋转的同时将复位发条卷起。

⑥ 设定时间过后，旋转盘紧压凸轮回转，凸轮和杠杆的结合分离后，与杠杆联动的延时触点执行开闭动作。

⑦ 如果延时触点断开，华伦电机的激磁电路就断开，华伦电机停止动作。

⑧ 即使华伦电机停止动作，由于可动铁片仍处于被吸引的状态，延时触点也会保持刚刚转换后的状态。

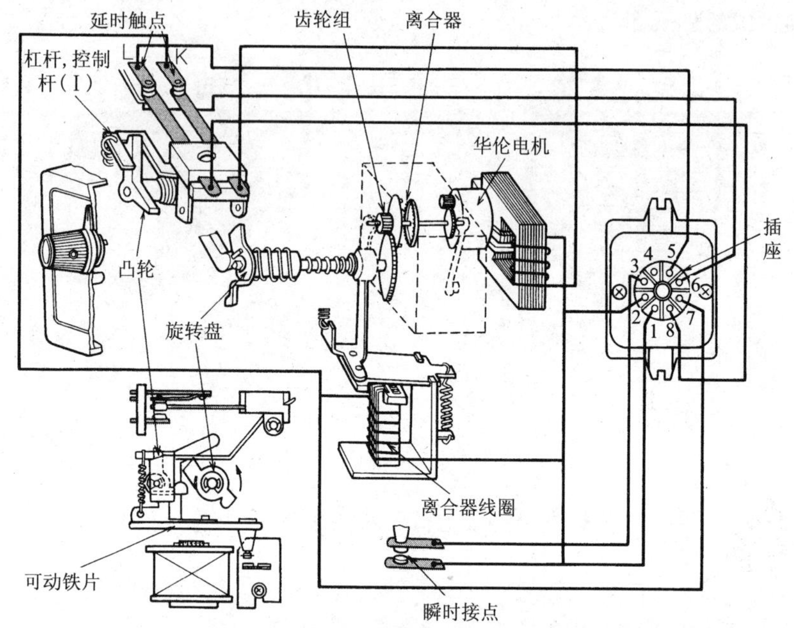

图 6.4　电动机驱动定时器的内部结构

⑨ 去掉在定时器的插口端子 2 号和 7 号上外加的额定电压,由于离合器线圈分离,回转的各个部分又还原到开始的状态,准备下一次的动作。

2. 电动机驱动定时器的内部连接图

将图 6.4 所示的电动机驱动定时器内部构造的电路用电气用图形符号的连接图加以表示,如图 6.5 所示。

在电动机驱动定时器中,控制电源电路和延时触点电路在电气上是独立的。

• 电源的连接方法

定时器的控制电源接在背面的插口端子 1 号和 7 号上。

• 延时触点电路的连接方法

在背面的插口端子 6 号和 8 号上接负载,一般处于开路状态的定时动作常开触点在经过设定时限后就会闭合。另外,端子 5 号和 8 号上接负载,一般处于闭合状态的定时动作常闭触点在经过设定时限后就会断开。

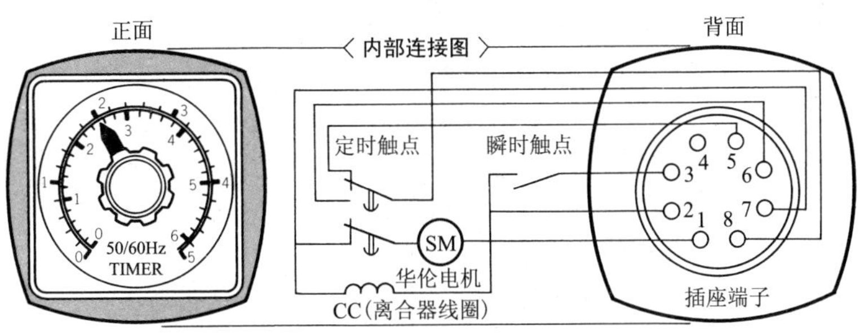

图 6.5 电动机驱动定时器的内部连线图

6.3 电子式定时器

1. 电子式定时器的动作方式

在电容器 C 和电阻 R 构成的电路中，合上开关 S，电容器通过电阻以电源 E 来充电时，电容器两端的充电电压如图 6.6 所示。另外，在电容器处于充电状态时，合上开关 S，通过电阻放电时的电容器两端的放电电压如图 6.7 所示。

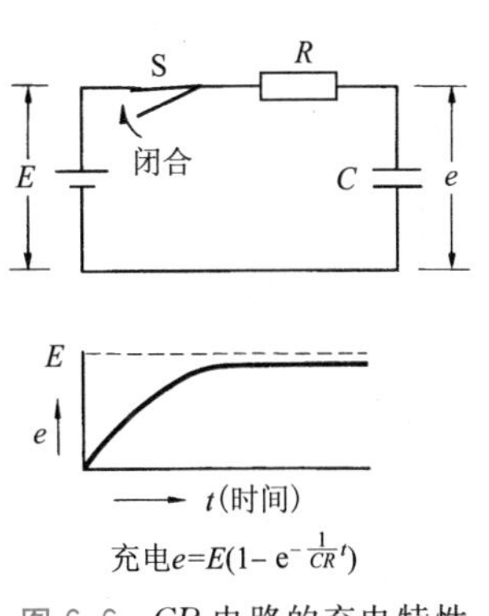

图 6.6 CR 电路的充电特性

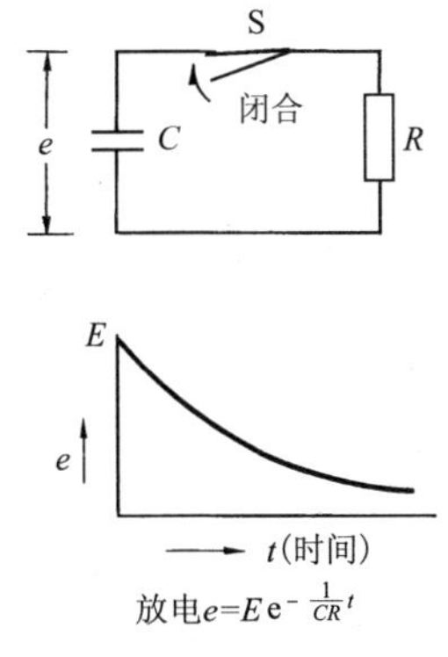

图 6.7 CR 电路的放电特性

如上所述，电容器通过电阻充电或放电时，在两端端子电压的变化过程中就产生了时间的延迟。所以，电子式定时器就是利用电容器 C 和电阻 R 构成的 CR 电路的充放电特性产生时间延迟，来完成电磁继电器触点的开闭的。

图 6.8 所示是电子式定时器的基本电路。瞬时按下按钮开关，由于电路中几乎没有电阻，电容器 C 马上充电至电源电压 E，这个电压加在晶体三极管 Tr_1 的基极上，电磁继电器 R 动作，输出触点切换。这时即使松开按钮开关，由于电容器 C 还残留着电荷，电磁继电器 R 继续动作。

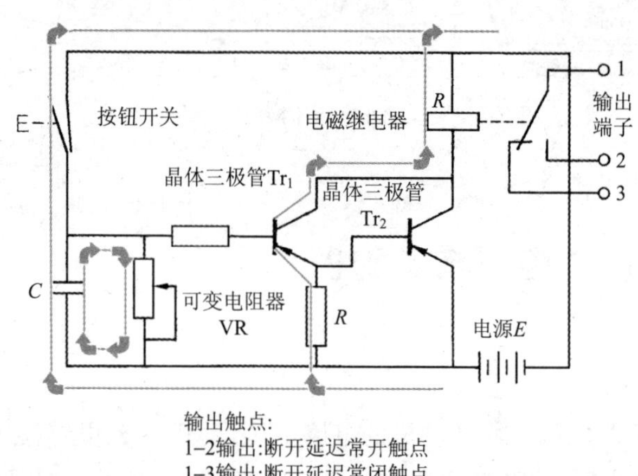

图 6.8　电子式定时器基本电路

由于电容器 C 残留有电荷，所以通过可变电阻器 VR 放电，当低于某个电压值时，电磁继电器 R 复位，输出触点回到原始状态。电磁继电器还原的时间就是定时器的延迟时间。

如上所述，把在定时器复位时能产生时间延迟的定时器的输出触点叫做断开延迟触点。实际的电子式定时器是用半导体检测放大电容器两端的电压使电磁继电器动作，其电路构成如图 6.9 所示。

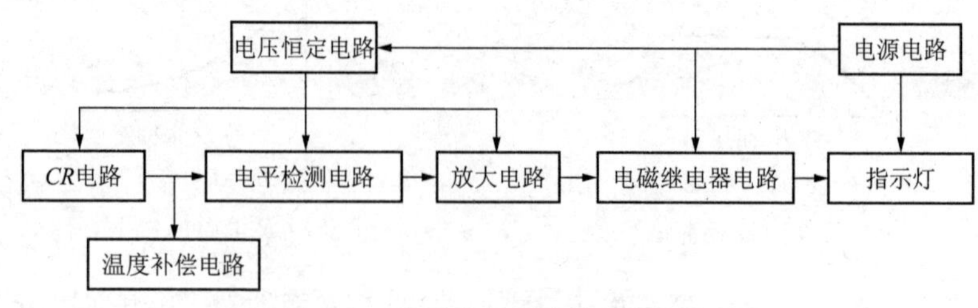

图 6.9　电子式定时器的电路构成

2. 时限的设定方法

电子式定时器的动作时间是根据由可变电阻器 VR 电阻值的变化导致电容器的放电或者充电时间的变化来确定的。

如图 6.10 所示，旋转位于电子式定时器前面的旋钮，将“设定指针”对准“刻度盘”上所要的时限就可以了。

例如，将设定指针对准刻度盘上 5s 的地方，这个定时器的时间延迟就是 5s。

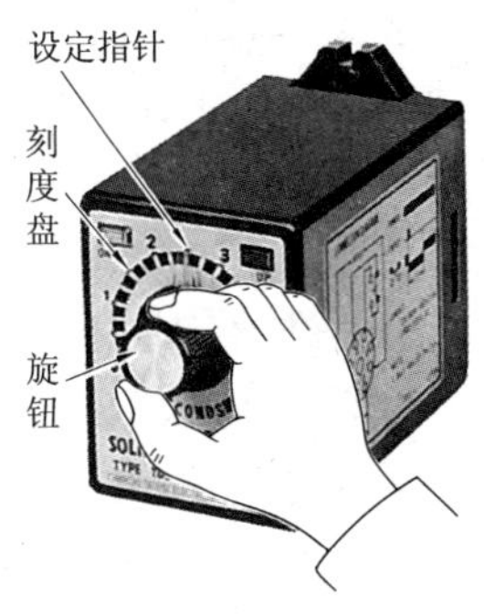

图 6.10　电子式定时器时限的设定方法

6.4 空气式定时器

在控制线圈上外加输入信号(电压)，空气式定时器(气压式定时器)依靠流进橡皮手用吹风器的空气产生时间延迟，进行触点的开闭。

1. 空气式定时器的组成

空气式定时器由磁铁部分、定时结构部分、触点部分组成，图 6.11 是其内部结构的一个例子。

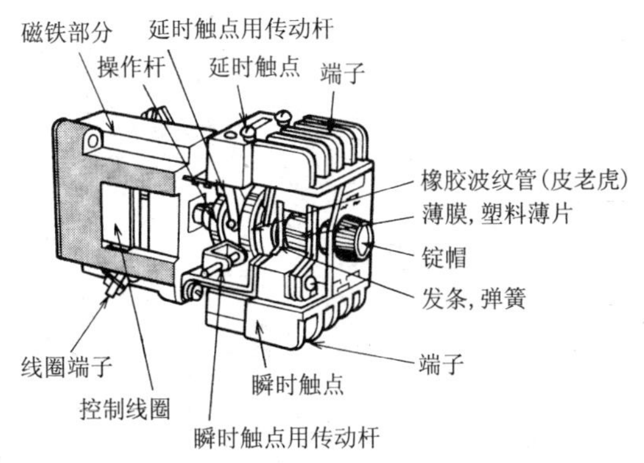

图 6.11　空气式定时器的结构图

• 磁铁部分

磁铁部分由控制线圈和可动铁心、固定铁心等部分构成，为定时结构部分提供能量。

• 定时结构部分

定时结构部分是使空气流入以产生时限的部分，由可以改变容积而使空气流出、流入的橡胶波纹管和控制空气流入量的针阀组成。

• 触点部分

触点部分由基于微动开关的瞬时触点和延时触点组成，定时结构部分和磁铁部分相互联动。

2. 空气式定时器（定时动作方式）的动作方式

当定时器的控制线圈被激磁后，定时动作开始，产生时间延迟，当激磁结束后，定时器瞬时复位到初始的状态，把这种动作方式叫做定时动作方式。

在处于定时动作方式的空气式定时器中，当控制线圈中没有电流流过时其内部结构如图 6.12 所示。

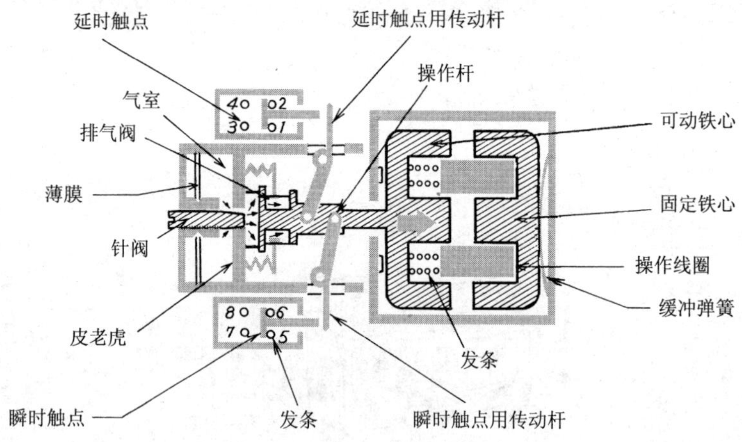

图 6.12　定时工作方式空气式定时器的内部结构图（操作线图未激磁的情况）

下面对处于定时动作方式的空气式定时器的动作方式进行说明。

• 控制线圈中没有电流流过（未激磁）

可动铁心被释放，橡胶波纹管被操作杆压缩，传动杆和开关都处于不动作的状态。

• 控制线圈中有电流流过(激磁)

控制线圈被激磁后,可动铁心被向箭头方向吸引,操作杆缩回,直接连接在操作杆上的瞬时触点传动杆立刻开始动作,瞬时触点反向旋转,触点 5-6 断开,触点 7-8 闭合。

操作杆缩回后,橡胶波纹管由于内置发条的弹力开始膨胀,空气通过薄膜,针阀慢慢得流进橡胶波纹管。流进足够的空气后,延时触点开始动作,触点 1-2 断开,触点 3-4 闭合。

由此可见,从控制线圈中流过电流开始,到橡胶流纹管流进足够的空气,延时触点开始动作的这段时间就是“时间延迟”。

• 切断控制线圈中电流(消磁)

切断控制线圈的电流后,可动铁心被释放,操作杆被拉出。橡皮手用吹风器通过排气阀将内部的空气完全放出而被压缩,同时,延时触点和瞬时触点复位到无动作状态。

6.5 定时动作触点的图形符号和动作

1. 定时动作(瞬时复位)触点的定义

定时动作(瞬时复位)触点是指,定时器动作时具有时间延迟,而复位时是瞬时复位的触点,包括定时动作常开触点和定时动作常闭触点。

定时动作常开触点是指定时器动作时具有时间延迟并且闭合的触点;定时动作常闭触点是指定时器动作时具有时间延迟并且断开的触点。

2. 定时动作触点的图形符号

定时动作触点的图形符号是在表示电磁继电器触点(继电器触点)的可动触点的线段上加上表示动作时具有的时间延迟功能的图形符号(图形符号:⇒)而构成的。

如图 6.13 所示,定时动作常开触点的图形符号是在电磁继电器触点的图形符号中,表示可动触点的线段的下侧(横写的场合)或左侧(竖写的场合)加上表示动作时具有的时间延迟功能的图形符号而构成的。

如图 6.14 所示，定时动作常闭触点的图形符号是在电磁继电器触点的图形符号中，表示可动触点的线段的下侧或左侧加上表示动作时具有的时间延迟功能的图形符号而构成的。

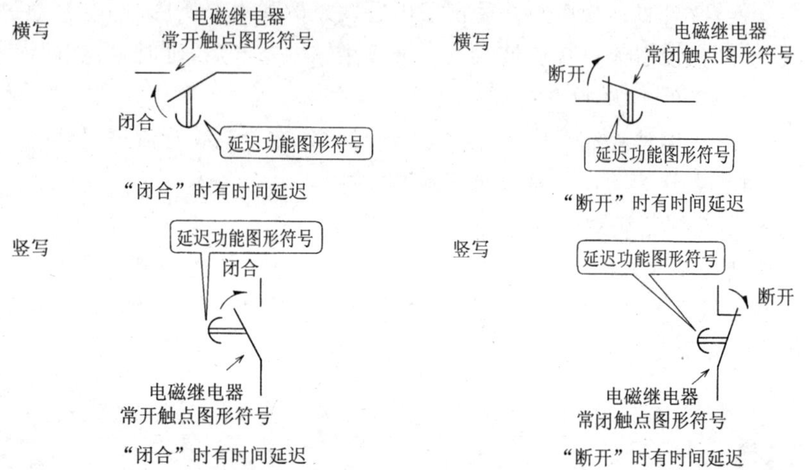

图 6.13　定时动作常开触点的图形符号　图 6.14　定时动作常闭触点的图形符号

3. 有定时动作触点的定时器的图形符号

定时器的图形符号是由驱动部分以及它的延时触点的图形符号组合加以表示的。一般情况下，定时器的驱动部分的图形符号是借用动作装置图形符号或者电磁线圈的图形符号。所以，如图 6.15 所示，有定时动作触点的定时器的图形符号的表示方法与电磁继电器图形符号相同。

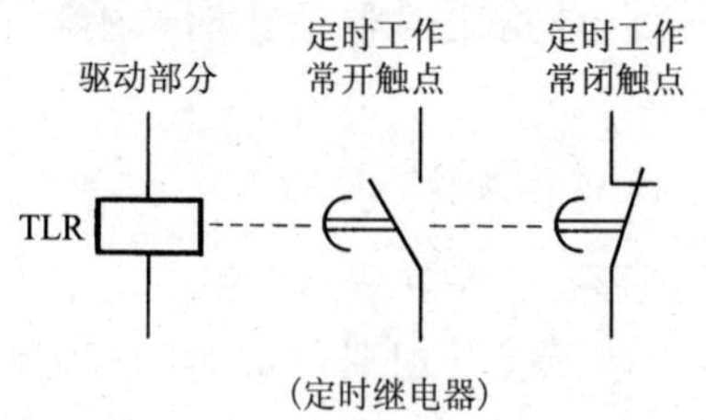

图 6.15　具有定时工作触点的定时器(定时继电器)图形符号

于是，为了同普通的电磁继电器图形符号加以区分，在动作装置图形符号的旁边，或者在表示驱动部分的圆圈中标注 TLR 以示区别。

4. 定时动作触点的动作方式

图 6.16 所示是利用有定时动作(瞬时复位)触点的定时器 TLR 组成的电灯闪光电路的实际配线图。

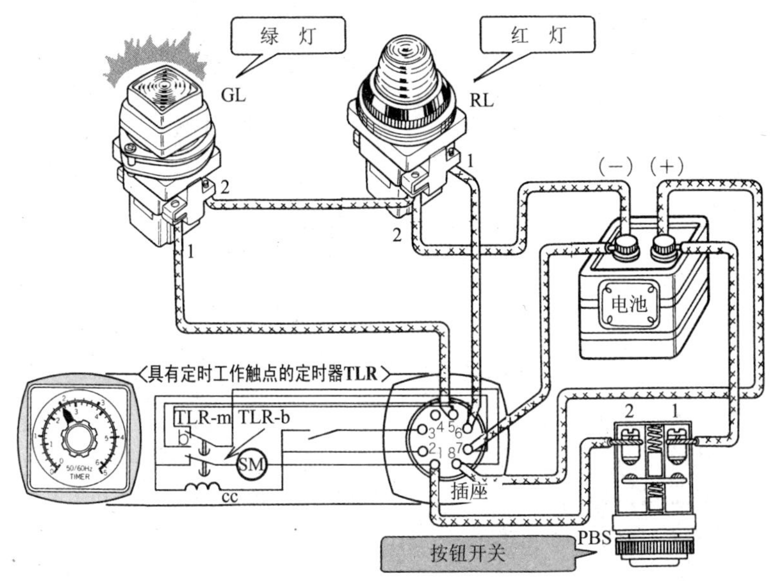

图 6.16 利用有定时工作触点的定时器组成的灯泡闪光电路的实际配件图

在此电路中,在定时器的定时动作常开触点 TLR-m 上接上红灯 RL,在定时动作常闭触点 TLR-b 上接上绿灯 GL,把定时器的设定时限定为 2min,使指针指向刻度盘 2min 的地方。

下面将图 6.16 所示的电灯闪光电路的实际配线图转化成顺序图,对定时动作(瞬时复位)触点的顺序动作加以说明。

• 定时器通电

按下开关使定时器通电时,如图 6.17 所示,即使按下按钮开关 PBS,将定时器通电(驱动部分有电流流过),定时动作触点 TLR-m,TLR-b 也不会立刻切换,具体动作步骤如下:

① 按下回路[A]的按钮开关 PBS,其常开触点闭合。

② PBS 闭合,定时器的驱动部分 TLR 有电流流过,定时器通电。

③ 回路[B]的定时动作常闭触点 TLR-b 闭合,绿灯 GL 点亮。

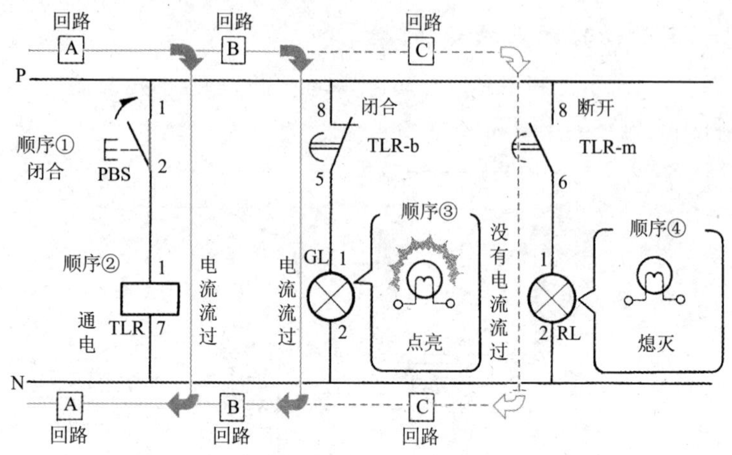

图 6.17　按下按钮定时器通电时的顺序工作图

④ 回路C的定时动作常开触点 TLR-m 断开，红灯 RL 熄灭。

• 经过设定时限

经过设定时限 2min 后，如图 6.18 所示，从按下开关的瞬间开始，到经过了定时器设定时限的 2min 后，定时动作触点 TLR-m 和 TLR-b 发生切换，具体动作步骤如下：

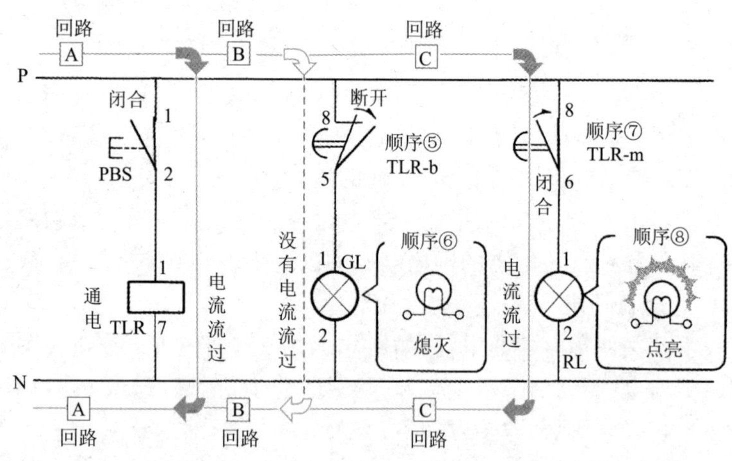

图 6.18　经过设定时限(2min)后的顺序工作图

⑤ 经过了定时器设定时限的 2min 后，回路B的定时动作常闭触点 TLR-b 断开。

⑥ TLR-b 断开，回路B中没有电流流过，绿灯 GL 熄灭。

⑦ 经过了定时器设定时限的 2min 后，回路C的定时动作常开触点 TLR-m 闭合。

⑧ TLR-m 闭合，回路C中有电流流过，红灯 RL 点亮。

注意：顺序⑤和顺序⑦同时进行。

• 定时器断电

如图 6.19 所示，使按下开关的手脱离，定时器瞬间断电（没有电流），复位，定时动作触点 TLR-m 和 TLR-b 发生切换，具体动作步骤如下：

⑨ 将按下按钮开关 PBS 的手脱离，其常开触点断开。

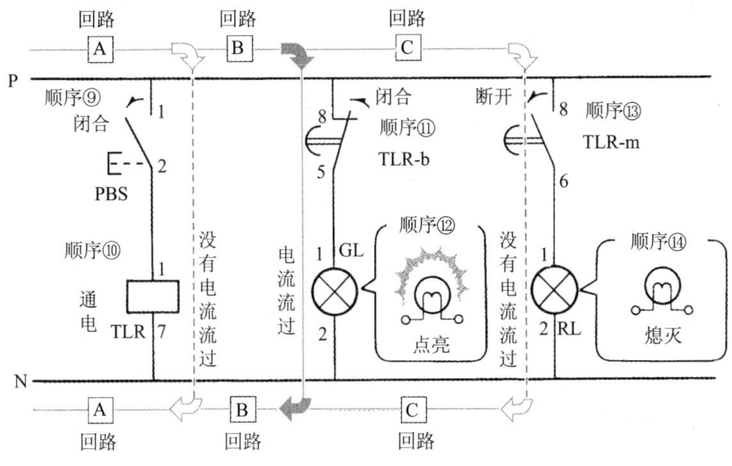

图 6.19 定时器断电时的顺序工作图

⑩ PBS 断开，回路A的定时器驱动部分 TLR 中没有电流流过，定时器断电。

⑪ 定时器断电，回路B的常闭触点 TLR-b 立刻复位闭合。

⑫ TLR-b 闭合，回路B中有电流流过，绿灯 GL 点亮。

⑬ 定时器断电，回路C的常开触点 TLR-m 立刻复位断开。

⑭ TLR-m 断开，回路C中没有电流流过，红灯 RL 熄灭。

注意：顺序⑪和顺序⑬同时进行。

至此，这个电路又返回到按下按钮开关 PBS 前的状态。

• 时序图

在利用有定时动作（瞬时复位）触点的定时器组成的电灯闪光电路中，把顺序动作的时间经过用时序图来表示，如图 6.20 所示。

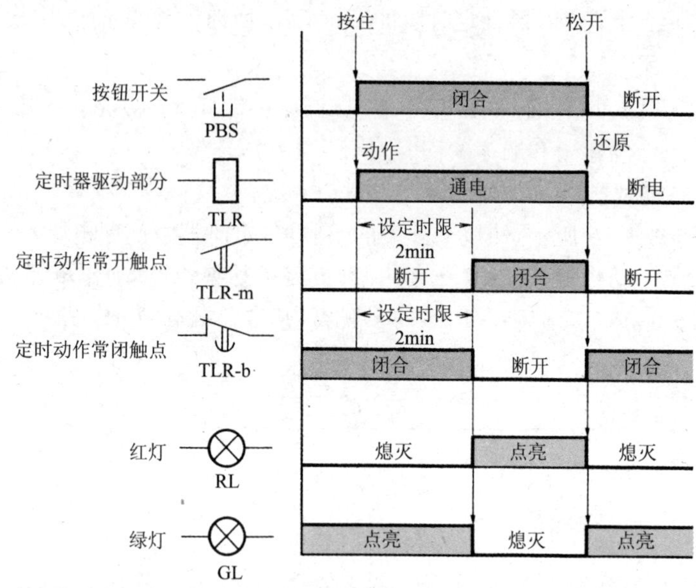

图 6.20　利用有定时工作触点的定时器组成的灯泡闪光电路的时序图

第7章

电路实际布线图及顺序图

7.1 电动机现场和远程操作的启停控制电路

1. 实际布线图

图 7.1 表示的是一种实际布线图的例子，它通过对电动机的现场和远程操作来启动和控制停止电路，它表明在对一台电动机进行启动和停止控制时，可以在电动机附近设置现场控制盘进行控制，也可以在离电动机很远处设置控制盘进行控制，即可以从两处进行操作控制。

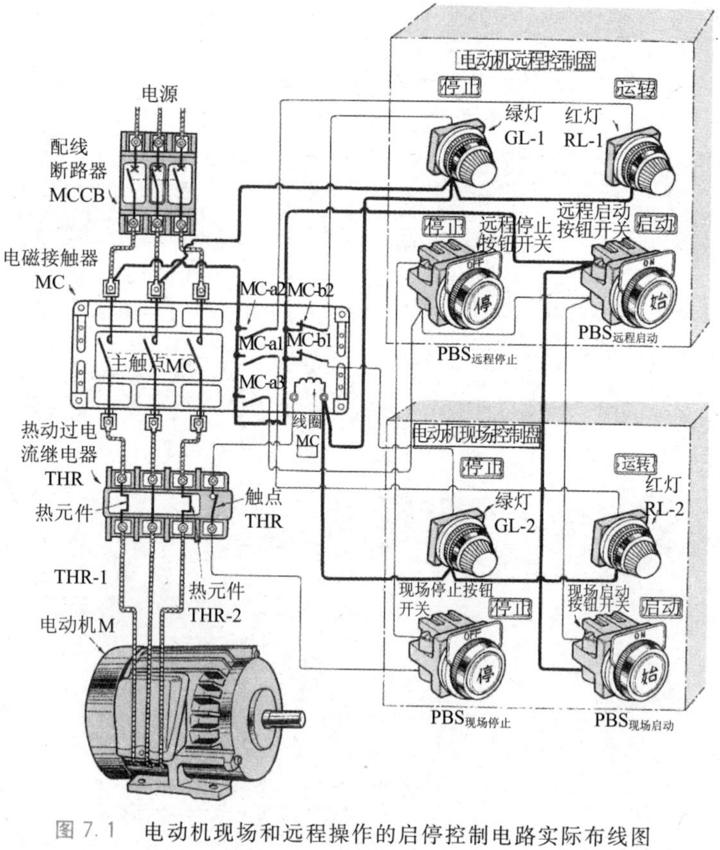

图 7.1　电动机现场和远程操作的启停控制电路实际布线图

2. 顺序图

把电动机现场和远程操作的启停控制电路实际布线图改画成顺序图,如图 7.2 所示。

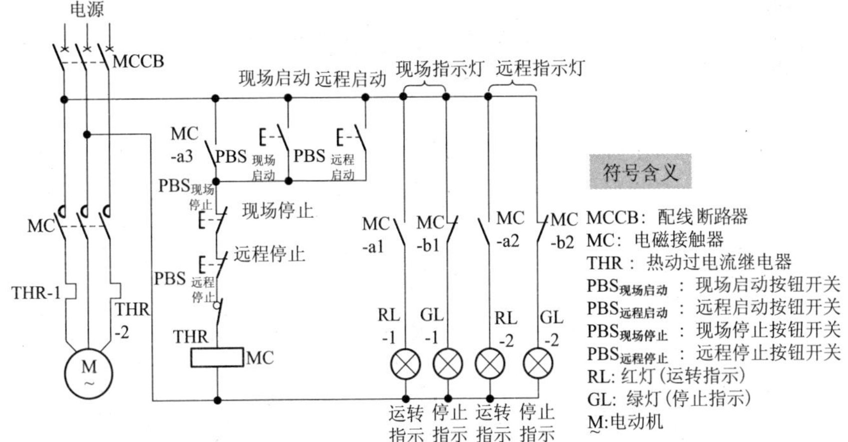

图 7.2 电动机现场和远程操作的启停控制电路顺序图

电动机处于运转状态时,在现场和远程这两种控制盘上将点亮红灯;而电动机处于停止状态时,在现场和远方这两种控制盘上将点亮绿灯。

现场和远程不管是哪一方运转造成了电动机过负载,只要热动过电流继电器运行,电磁接触器就会恢复,此时电动机都将停止运转。

3. 在现场和远程对电动机进行操作

在现场和远处对电动机进行操作时,不管是采用哪一种按钮开关,都能进行启动和停止操作。其中,因为启动按钮是常时“开路”的,停止按钮是常时“闭路”的,所以启动按钮是并联连接的,而停止按钮则是串联连接的。

这样一来,无论是按压现场或远程中的哪一个启动按钮,电动机均可启动;在停止时,不管是按压哪一个停止按钮,也是完全相同的,因此,现场与远程一定是以同等条件进行控制的。

电动机的现场和远程操作电路,可以应用在从两端对传送带进行启动和停止控制的情况中,也可以应用在从工作场地和办事处两处发出警笛等情况中。

在从三个以上的地点对电动机进行操作时,若把启动按钮全都与自保触点并联连接，把停止按钮全都与自保触点串联连接，则是一种理想的方案。

7.2 电容启动电动机正反转控制电路

1. 实际布线图

图 7.3 表示了一个电容启动电动机正反转控制电路实际布线图。

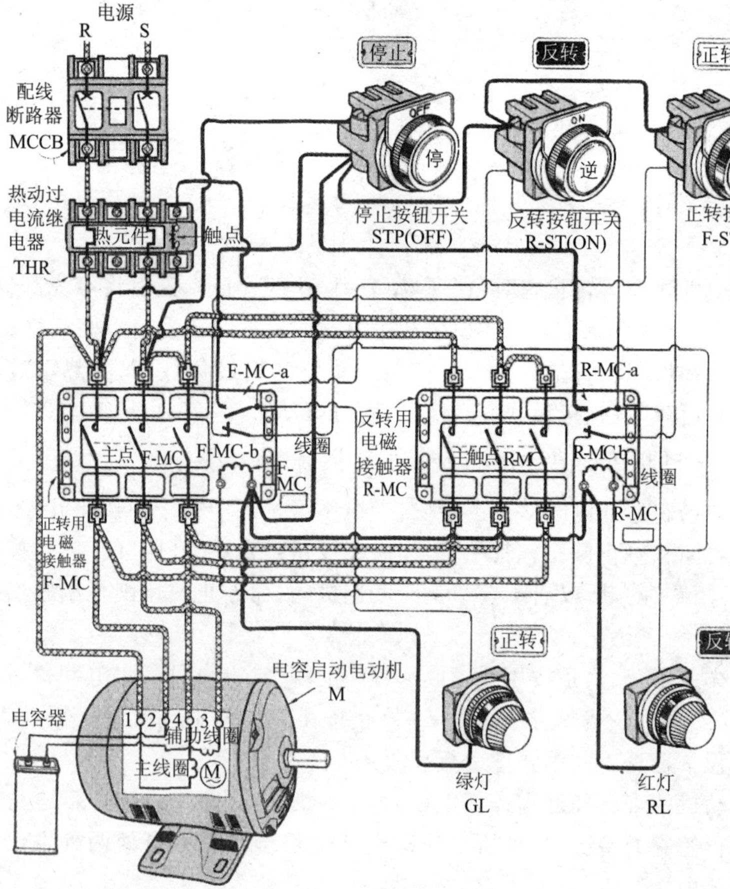

图 7.3　电容启动电动机正反转控制电路实际布线图

在这个例子中，在电容启动电动机的正转与反转电路的转换中，采用了正转用F-MC和反转用R-MC两个电磁接触器，利用各自的按钮开关可以进行正转、反转和停止操作。

2. 顺序图

把电容启动电动机正转与反转控制电路实际布线图改画成顺序图，如图 7.4 所示。

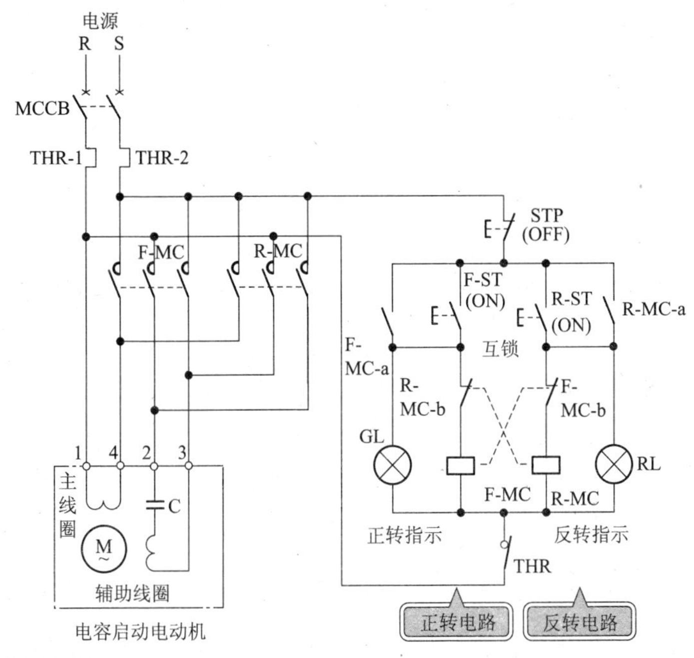

符号含义

MCCB：配线断路器
THR：热动过电流继电器
F-MC：正转电磁接触器
R-MC：反转电磁接触器
STP：停止按钮开关
F-ST：正转按钮开关
R-ST：反转按钮开关
GL：绿灯
RL：红灯
M：电容启动电动机
C：启动电容器

图 7.4　电容启动电动机正转与反转控制电路顺序图

3. 电容启动电动机的正转与反转方法

所谓电容启动电动机，就是除了主线圈以外还设置了辅助线圈，并且把电容器连接到了辅助线圈上以便产生启动力矩的单相感应电动机，因为它利用单相电源进行驱动，所以它在家庭生活中得到了广泛应用，在工业中也获得了广泛应用。

在使电容启动电动机正向或反向旋转时，通过使连接电容器的辅助线圈相位相对于电源进行改变来实现。

7.3 电动机微动运转控制电路

1. 实际布线图

电动机的微动运转(蠕动)控制电路实际布线图如图7.5所示。电动机电路的直接开关由电磁接触器MC实施，并且这个电磁接触器除了连续运转用启动按钮$PBS_{启动}$和停止按钮$PBS_{停止}$以外，还将微动按钮$PBS_{微动}$组装在一起，以三联按钮开关的形式操作。

2. 顺序图

在电动机的启动和停止电路中，当按压启动按钮时电动机被启动，之后，即使手离开启动按钮，由于有自保回路，电磁接触器会继续被供电，电动机继续旋转。与此相对应，只有在按压微动按钮时电动机才运转，而当手离开微动按钮时，电动机将停止转动，这样的控制就称为“电动机微动运转”，也称为“蠕动”。

这种微动运转通常也称为选择转动，为了获得微小的机械运转，要进行一次短时间的操作或者进行反复操作，在确定车床中心和确认泵的旋转方向等情况中采用了这种控制方式。

把电动机微动运转控制电路实际布线图改画成图7.6所示的顺序图。在这个电路中，除了连续运转用的启动和停止按钮外，作为微动按钮，还采用了1a1b触点(a触点与b触点是联动的)，在对电磁接触器通电的同时，自保电路打开。因此，在电动机微动运转时红灯点亮。

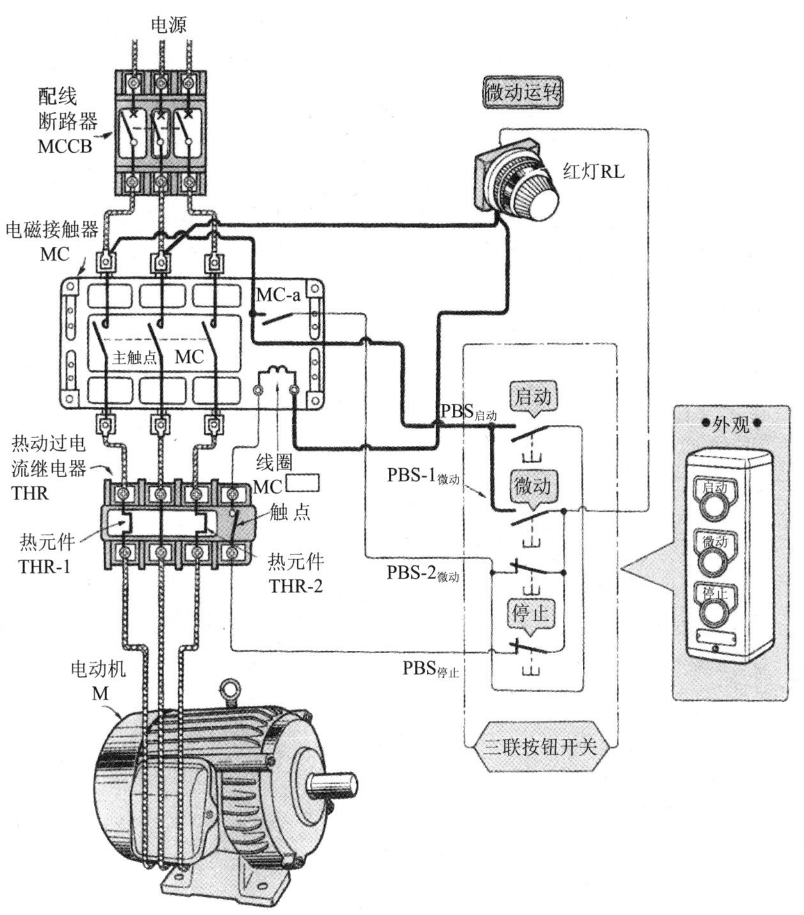

图 7.5 电动机微动运转控制电路实际布线图

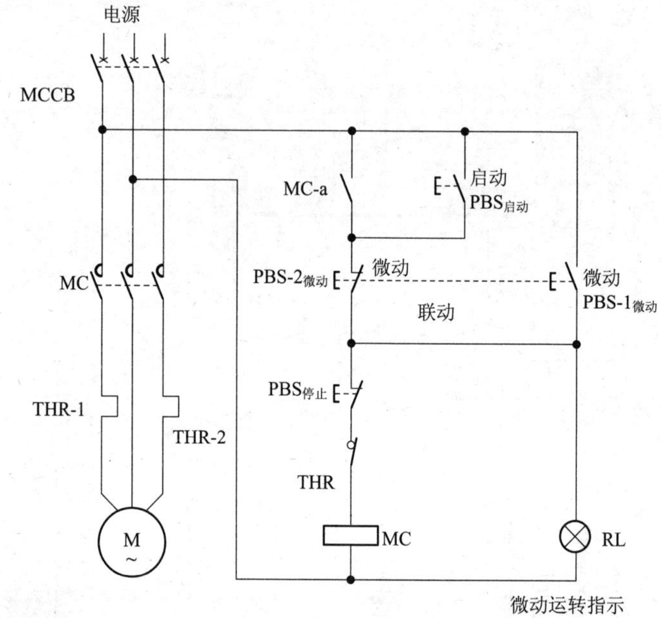

符号含义

MCCB:配线断路器	PBS-1微动:微动按钮开关
MC:电磁接触器	PBS-2微动:微动按钮开关
THR:热动过电流继电器	PBS停止:停止按钮开关
PBS启动:启动按钮开关	RL:红灯

图 7.6　电动机微动运转控制电路顺序图

7.4 电动机反接制动控制电路

1. 实际布线图

图 7.7 所示为电动机反接制动控制电路实际布线图。当电动机反接制动时,按压制动按钮使电动机由正转向反转变换,由此产生制动作用。为了避免正转用电磁接触器与反转用电磁接触器同时投入运行会产生危险,中间经过了延时继电器。只有在其运转时间超过了延迟以后才采用反接制动继电器(速度开闭器)自动地转换到反转电路。

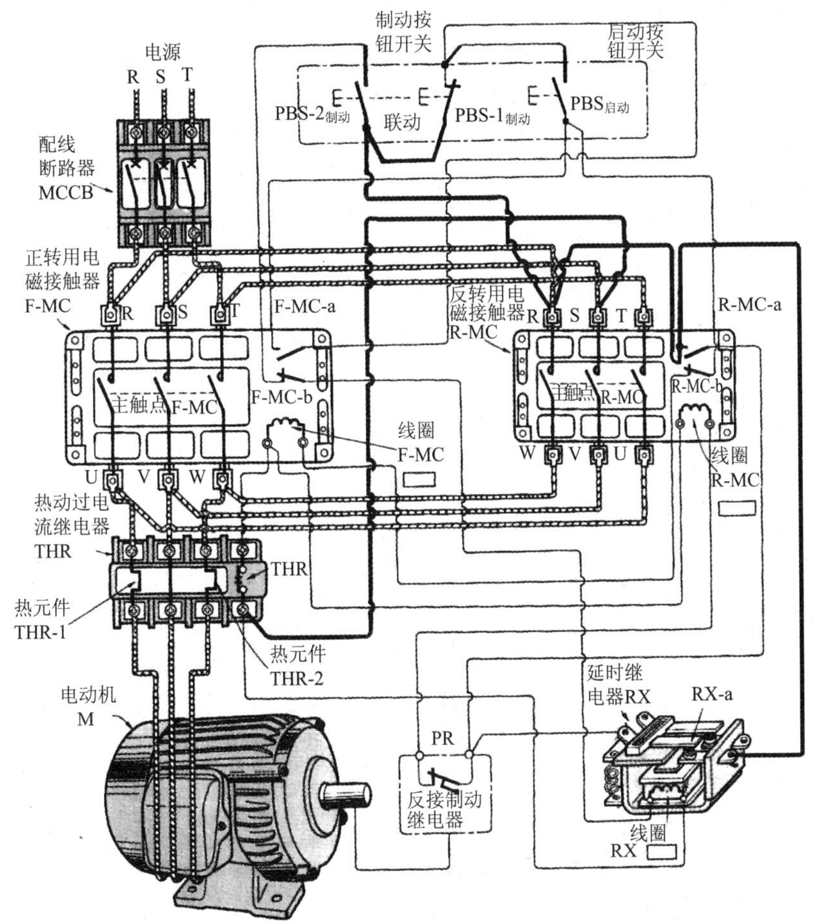

图 7.7　电动机反接制动控制电路实际布线图

2. 顺序图

在三相感应电动机中，电动机输入端中的任何两端进行交换时，电动机都将反向旋转。利用这个关系，当想要使正向旋转的电动机停止时，可以对电动机施加反向电压，于是在产生了反向力矩时就会强制性地使电动机迅速地停止下来，这就是所谓电动机的反接制动或称为反向力矩制动。

把电动机反接制动控制电路实际布线图改画成顺序图，如图 7.8 所示。

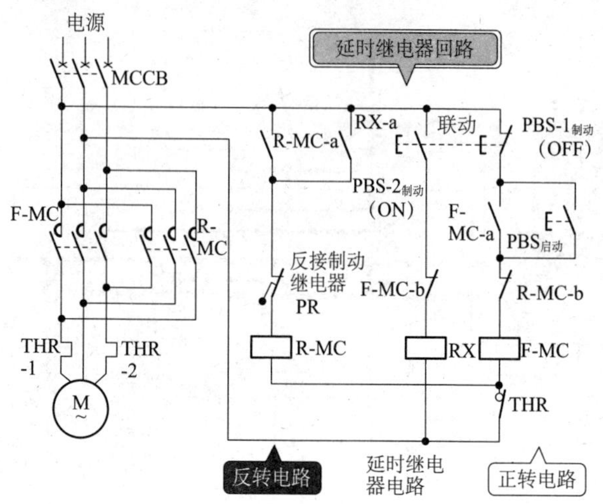

符号含义

MCCB:配线断路器	F-MC:正转用电磁接触器
R-MC:反转用电磁接触器	PBS-1制动:反接制动按钮开关(联动)
THR:热动过电流继电器	PBS-2制动:反接制动按钮开关(联动)
PBS启动:启动按钮开关	RX:延时继电器
PR:反接制动继电器	

图 7.8　电动机反接制动控制电路的顺序图

3. 延时继电器的功能

在电动机的正反转控制中，停止按压正转中的停止按钮并且突然按压反转按钮，电动机并不会立即反向转动，而是处于反接制动之中。因为是从正转立即使其反转的，所以正转用电磁接触器 F-MC 与反转用电磁接触器 R-MC 会同时投入运行，存在着发生电源短路事故的危险。但是在反接制动时，在按压反接制动按钮使正转电路打开的同时，延时继电器也开始运行。由于这个延时继电器作用，如果反转电路闭合，则其运行时间只能发生在延时以后，因此，就可以避免 F-MC 和 R-MC 同时投入运行。

7.5 由光电开关组成的防盗报警装置

1. 实际布线图

图 7.9 所示是由光电开关组成的防盗报警装置实际布线图。

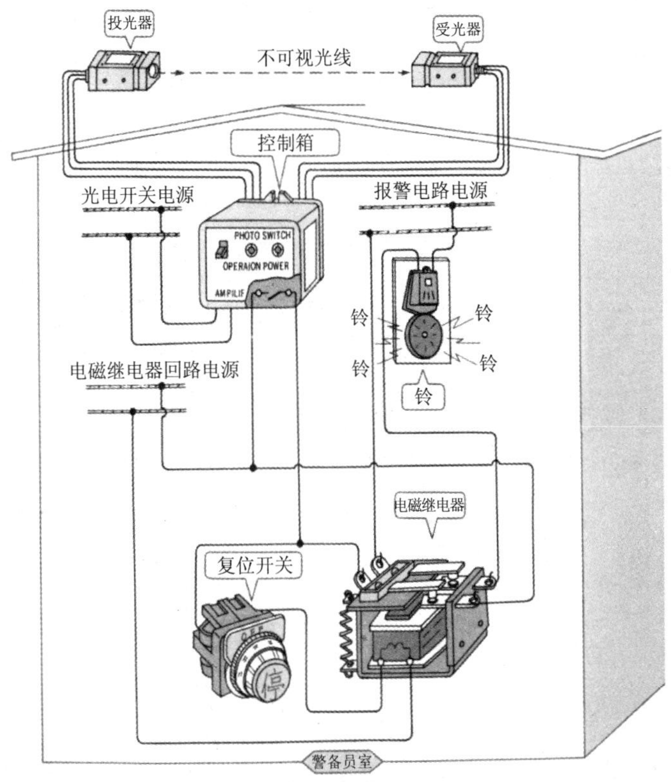

图 7.9 防盗报警装置的实际布线图

在工场、仓库等的入口处设置肉眼看不到的红外线光墙，当有人或物通过时因红外线被遮挡使光不连续，从而引起电气信号的变化拉响警报铃，通知各处的警卫人员，这就达到监视夜间不法侵入者的目的。

2. 顺序图

图7.10所示是防盗报警装置的顺序图。

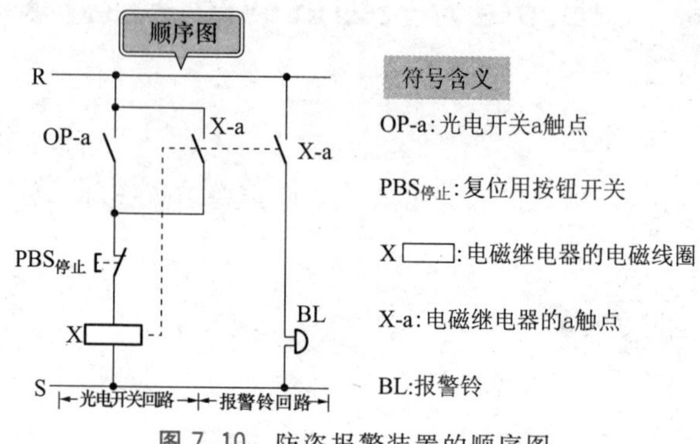

图7.10 防盗报警装置的顺序图

7.6 采用温度开关的报警电路

1. 实际布线图

对于提供加热蒸气,使箱内温度上升的温度控制装置来说,图7.11表示的是一种采用温度开关的报警电路的例子。在这个电路中,当箱内温度达到某一温度(温度开关的设定温度)以上时,温度开关运行,蜂鸣器发出响声报警。

2. 顺序图

把采用温度开关的报警电路实际布线图改画成顺序图,如图7.12所示。

在这个电路中,当箱内温度上升到温度开关43T的设定温度以上时,温度开关运行,报警蜂鸣器鸣叫,发出报警信号。接着,当按压按钮开关$PBS_{启动}$时,蜂鸣器停止鸣叫,同时变换成红灯RL点亮,发出报警指示。

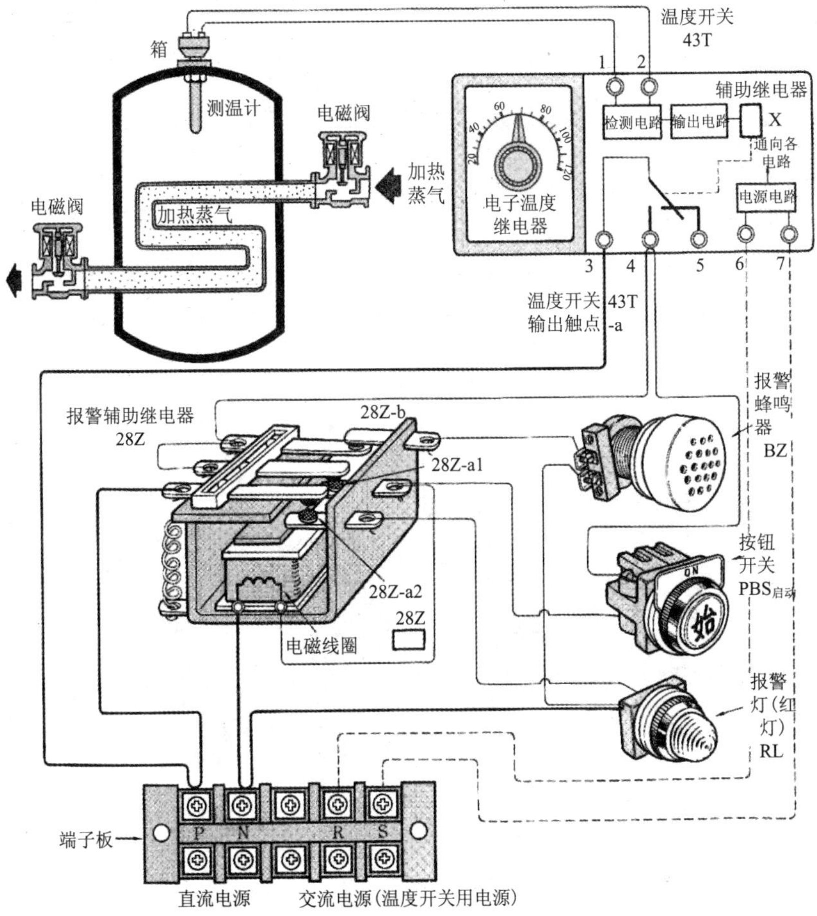

温度开关
43T
箱
测温计
电磁阀
加热
蒸气
加热蒸气
电磁阀
1
2
辅助继电器
检测电路
输出电路
X
通向各
电路
电源电路
电子温度
继电器
3
4
5
6
7
温度开关 43T
输出触点 -a
报警辅助继电器
28Z
28Z-b
28Z-a1
28Z-a2
28Z
电磁线圈
报警
蜂鸣
器
BZ
按钮
开关
PBS启动
报警
灯(红
灯)
RL
端子板
P
N
R
S
直流电源
交流电源(温度开关用电源)

图 7.11 采用温度开关的报警电路实际布线图

P
温度开关
触点
43T-a
28Z-b
BZ
N
PBS启动
28Z
28Z-a1
28Z-a2
RL

符号含义

43T-a:温度开关的a触点
BZ:报警蜂鸣器
28Z:报警辅助继电器
RL:红灯

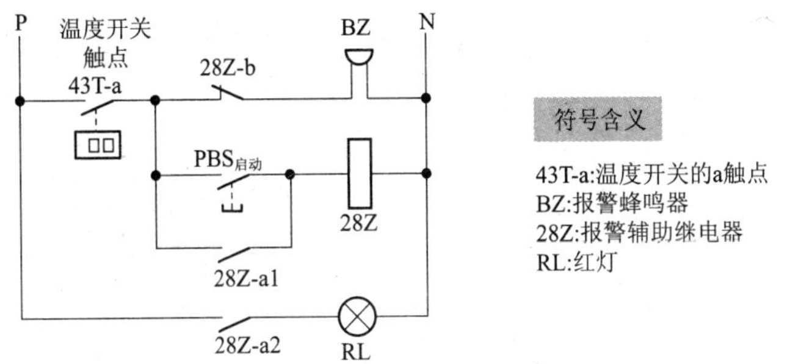

图 7.12 采用温度开关的报警电路顺序图

7.7 三相加热器的温度控制电路

1. 实际布线图

图 7.13 表示的是一种三相加热器温度控制电路的实际布线图，其中采用了两个温度开关对作为热源的三相加热器进行开关控制，并且在电

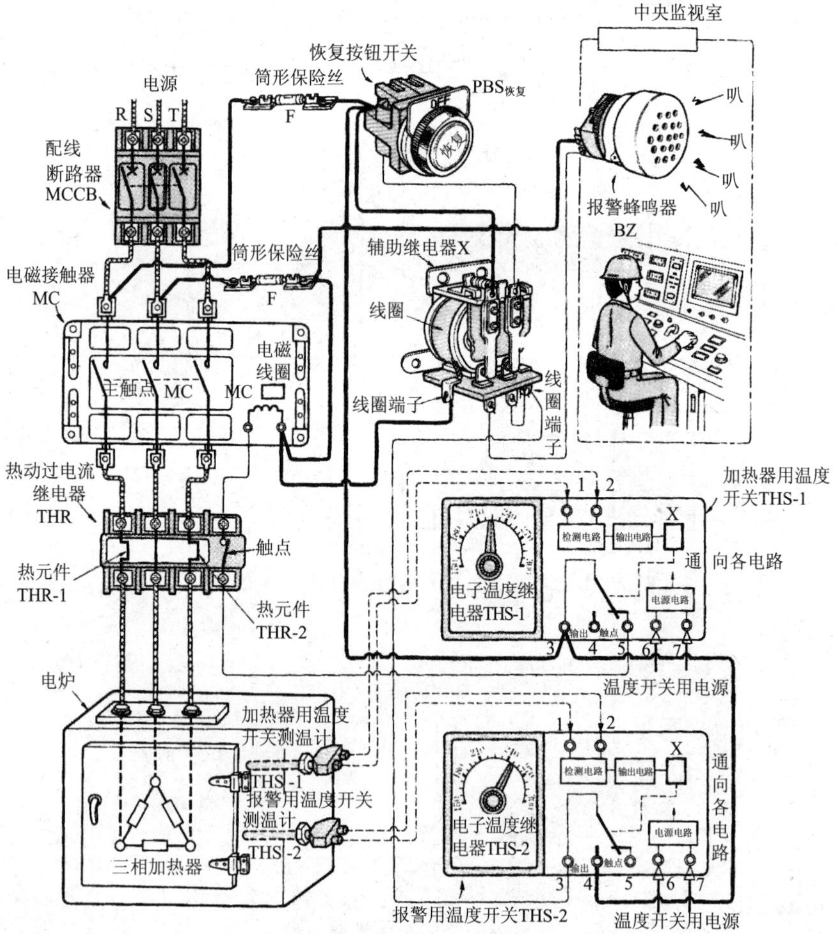

图 7.13 三相加热器温度控制电路实际布线图

炉内的温度保持一定的同时，在温度变到规定温度以上时，令报警蜂鸣器发出鸣叫。

2. 顺序图

将三相加热器温度控制电路实际布线图改画成顺序图，如图 7.14 所示。

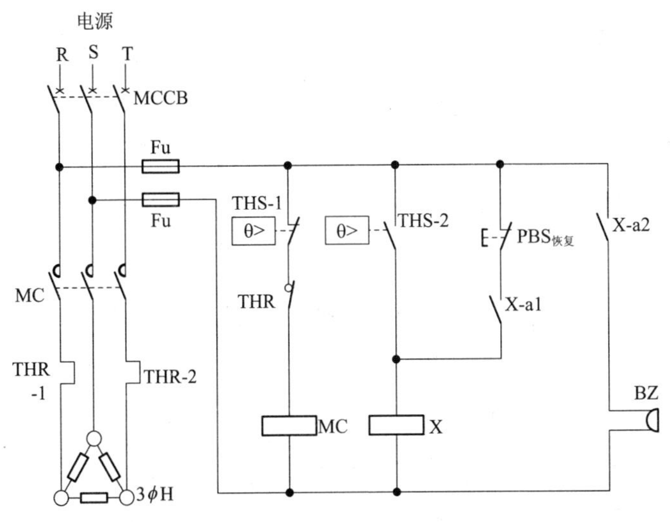

符号含义

MCCB:配线断路器　　MC:电磁接触器
THR:热动过电流继电器　　3ϕH:三相加热器
THS-1:加热器用温度开关　　THS-2:报警用温度开关
$PBS_{恢复}$:恢复按钮开关　　X:辅助继电器
BZ:报警蜂鸣器

图 7.14　三相加热器温度控制电路顺序图

当炉内温度达到加热器用温度开关 THS-1 的控制设定点温度以上时，温度开关 THS-1 运行，其 b 触点打开，电磁接触器 MC 被恢复，加热器电路切断，因此加热器停止加热。而当炉内温度下降时，温度开关 THS-1 恢复使电磁接触器运行，因此加热器进行加热。

当炉内温度达到报警用温度开关 THS-2 的报警点温度以上时，温度开关 THS-2 运行，其 a 触点闭合，报警蜂鸣器鸣叫发出报警信号。而且即使在温度下降时，在按压恢复按钮开关 $PBS_{恢复}$ 之前报警蜂鸣器都会持续鸣叫。

7.8 采用压力开关的报警电路

1. 实际布线图

对于储藏压缩空气的储藏罐来说，当罐内的压力达到某一规定的压力以上时，安全和监视用压力开关便运行，蜂鸣器开始鸣叫，发出报警信号。图 7.15 表示的就是这样一种报警电路的实际布线图。

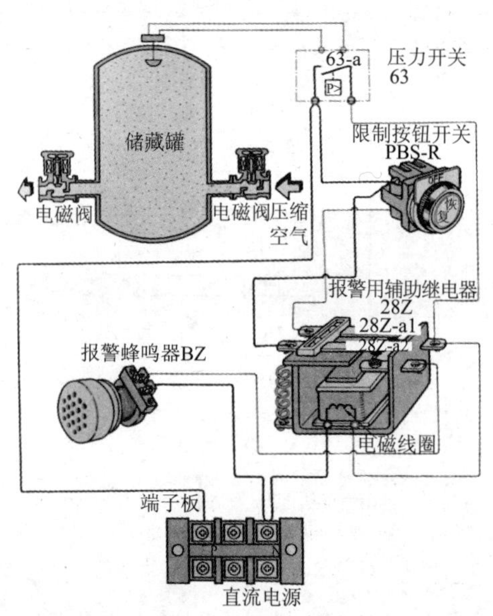

图 7.15　采用压力开关的报警电路实际布线图

2. 顺序图

把采用压力开关的报警电路实际布线图改画成顺序图，如图 7.16 所示。

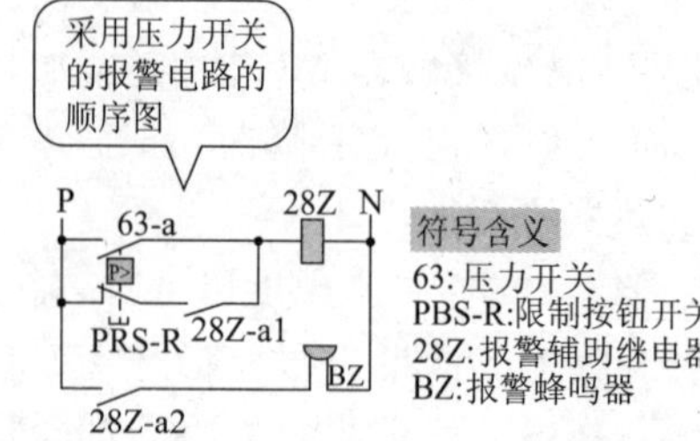

图 7.16　采用压力开关的报警电路顺序图

7.9 压缩机压力控制电路(手动和自动控制)

1. 压缩机的压力控制

• 压力监视和报警电路

将压力开关与报警器组合,当压力变到压力开关的设定压力以上(以下)时,控制系统的触点运行并发出警报,这种电路称为压力监视和报警电路。

• 压力和电磁阀控制电路

将压力开关、电磁阀和报警器组合起来,在控制系统中,当压力变到压力开关的设定压力以上(以下)时,关闭(打开)电磁阀,同时发出报警信号,这种电路称为报警电路。

• 压缩机的压力控制电路

把两个压力开关与压缩机组合起来。当压力上升时,电动机停止运转,压缩机停止工作;当压力下降时,电动机开始运转,压缩机开始工作,这种电路称为压缩机运转电路。

图 7.17 所示是压缩空气设备的实际设备图。

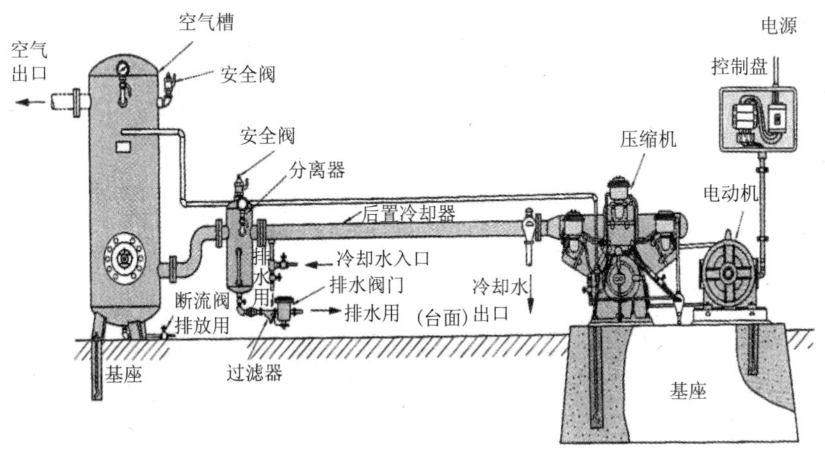

图 7.17 压缩空气设备的实际设备图

2. 实际布线图

压缩机压力控制电路如图 7.18 所示。在图 7.18 中，把两个压力开关和压缩机组合到了一起，以保持空气槽内的压力一定。

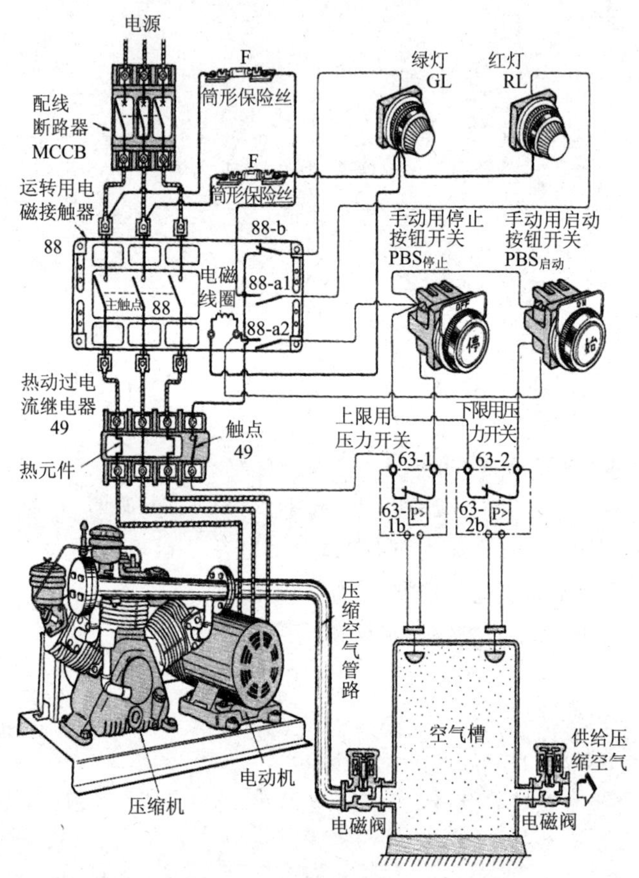

图 7.18　压缩机压力控制电路实际布线图

3. 顺序图

压缩机压力控制电路实际布线图可以改画成图 7.19 所示的顺序图。

开关压缩机驱动电动机 M 的电磁接触器 88 的操作方法有两种。一种是在手动运转时通过启动按钮开关 $PBS_{启动}$ 和停止按钮开关 $PBS_{停止}$ 来进行，另一种是在自动运转时通过下限用压力开关 63-2 和上限用压力开关 63-1 检测出空气槽内的压力后进行操作。而且，在压缩机运转时红灯

RL 点亮，停止时绿灯 GL 点亮。

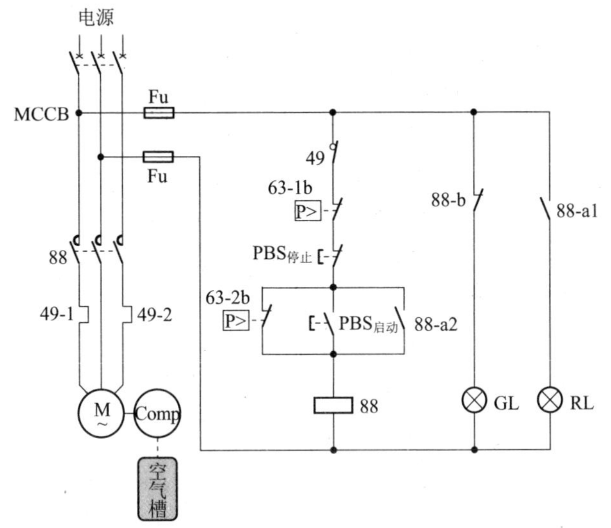

符号含义

63-1b: 上限用压力开关　　PBS启动:手动用启动按钮开关

63-2b: 下限用压力开关　　PBS停止:手动用停止按钮开关

88: 运转用电磁接触器　　M~: 压缩机驱动电动机

图 7.19　压缩机压力控制电路顺序图

7.10 蜂鸣器定时鸣叫电路

1. 实际布线图

图 7.20 表示一个采用定时运转电路的蜂鸣器鸣叫电路的实际布线图。它是一种基于时间控制的基本电路。在这个电路中，当按压启动按钮开关时，蜂鸣器只在一定的时间(定时器整定的时间)内鸣叫，当经过了这个时间以后，蜂鸣器会自动地停止鸣叫。

所谓定时运行电路，就是只在由定时器整定的时间内使负载处于运行状态的电路，也称为间隔运行电路。蜂鸣器的其他一些警笛定时鸣叫电路，包括应用在传送带上的定时运转电路和自动售货机上根据时间控制售货量的电路。

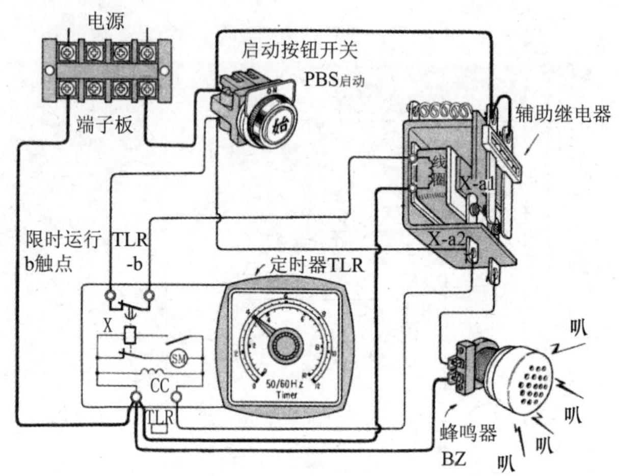

图 7.20　蜂鸣器定时鸣叫电路实际布线图

2. 顺序图

蜂鸣器定时鸣叫电路如图 7.21 所示。

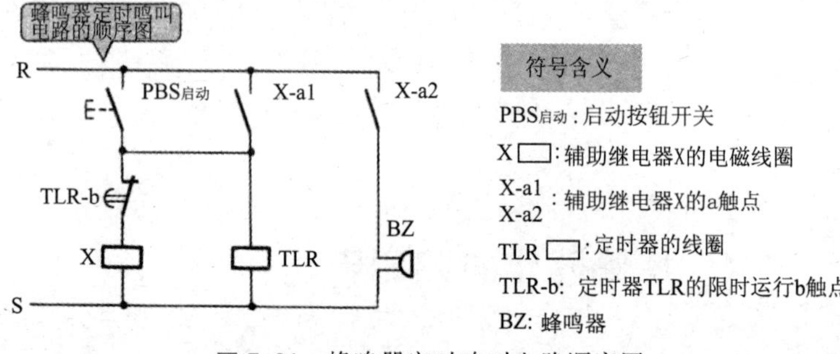

图 7.21　蜂鸣器定时鸣叫电路顺序图

7.11 电动送风机延迟运行电路

1. 电动送风机的实际设备图

电动送风机的实际设备图如图 7.22 所示，控制盘中只安排了电磁接触器、过电流继电器和启动与停止按钮开关，通过在控制盘中增加定时器和辅助继电器可以进行电动送风机的延迟运行控制。

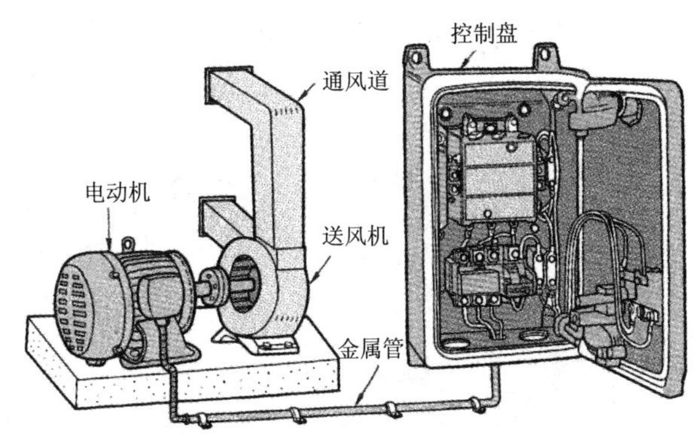

图 7.22 电动送风机的实际设备图

2. 实际布线图

图 7.23 示出了电动送风机延迟运行电路实际布线图，它是一种基于定时器的时间控制基本电路。在这个电路中，按压启动按钮开关施加输入信号并且经过一定时间（定时器的整定时间）以后，被启动的电动送风机会自动地开始运转。

3. 顺序图

将电动送风机延迟运行电路的实际布线图改画成顺序图，如图 7.24 所示。所谓电动送风机就是用电动机进行驱动的送风机。

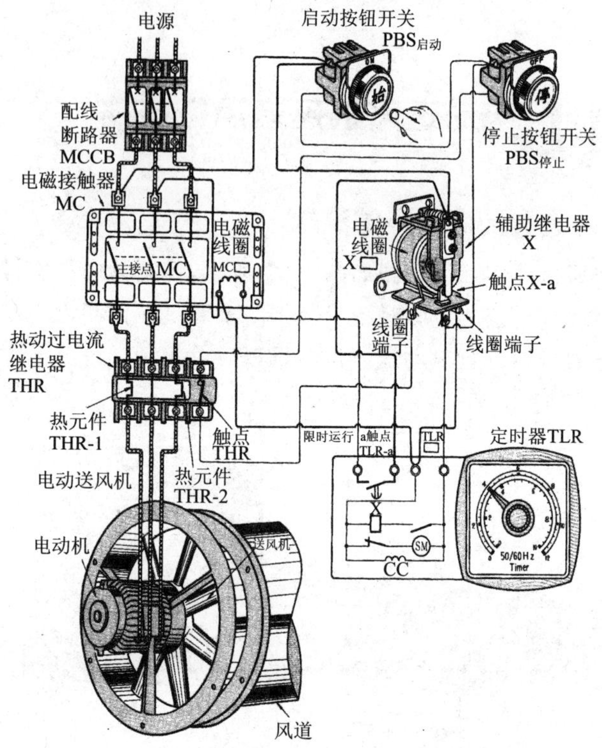

图 7.23 电动送风机延迟运行电路实际布线图

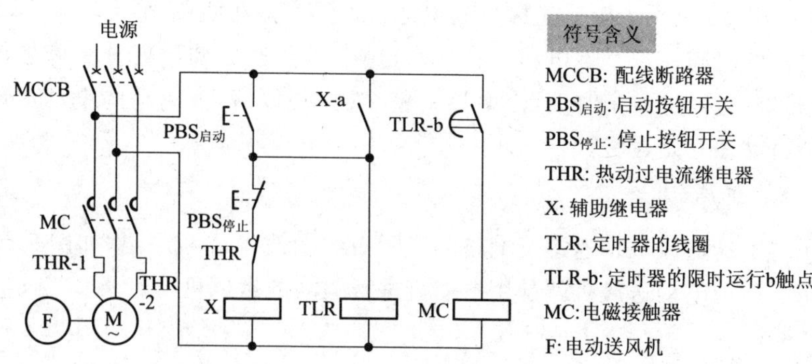

图 7.24 电动送风机延迟运行电路顺序图

7.12 采用无浮子液位继电器的供水控制电路

1. 供水电路的实际设备图

供水电路的实际设备图如图 7.25 所示。

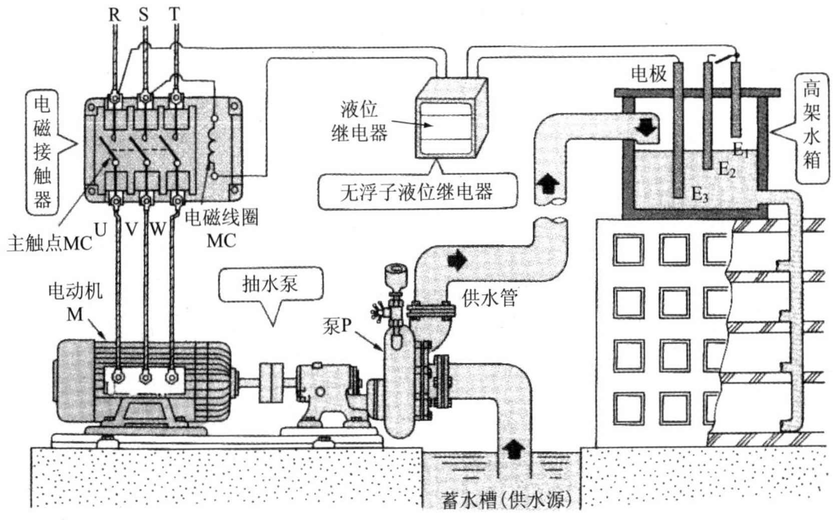

图 7.25 供水设备的实际设备图

2. 实际布线图

图 7.26 表示了采用无浮子液位继电器的供水控制电路实际布线图。它利用电动泵从供水源向供水箱抽水,并且利用无浮子液位继电器对水箱中的液位进行检测,从而实现供水控制设备的自动化控制。

3. 顺序图

图 7.27 是由采用无浮子液位继电器的供水控制电路实际布线图改画成的顺序图。

因为若把交流 200V 电压直接加到无浮子液位继电器的电极之间是危险的,所以利用变压器把电压降低到 8V。

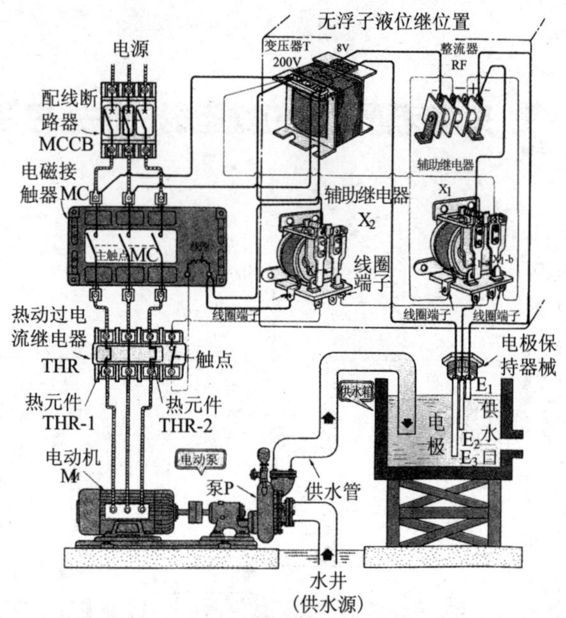

图 7.26　采用无浮子液位继电器的供水控制电路实际布线图

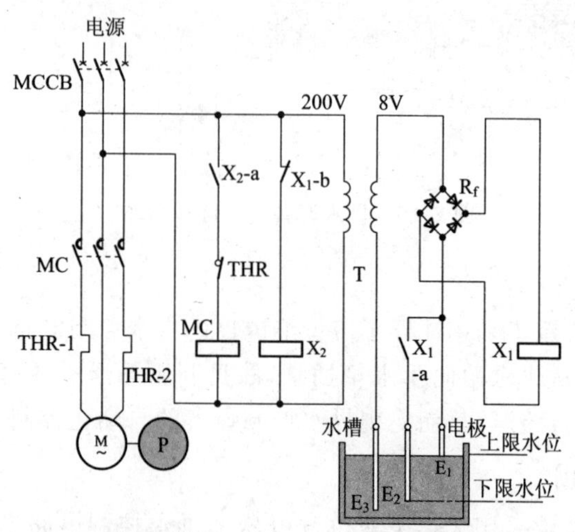

符号含义	T: 变压器　$E_1 \cdot E_2 \cdot E_3$:无浮子液位继电器的电极 R_f: 整流器　M-P: 电动泵

图 7.27　采用无浮子液位继电器的供水控制电路顺序图

4. 水箱水位与电动泵的启动及停止方法

水箱水位与电动泵的启动及停止方法如图 7.28 所示。

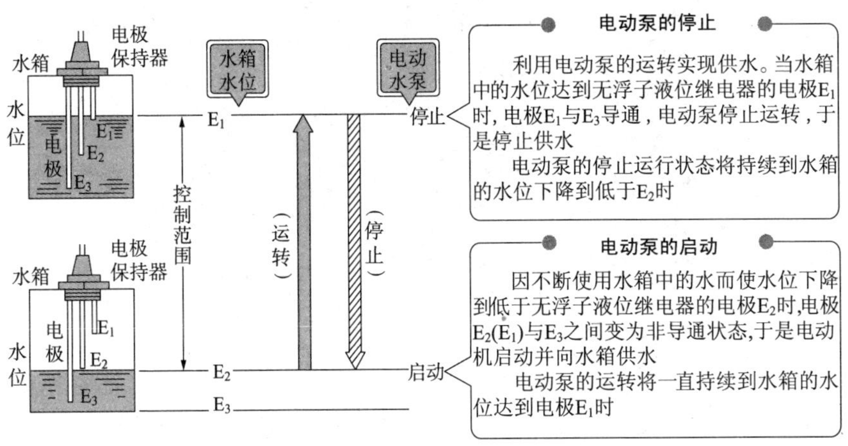

图 7.28 水箱水位与电动泵的启动及停止方法

7.13 带有缺水报警功能的供水控制电路

1. 实际布线图

图 7.29 示出了带有缺水报警功能的供水控制电路实际布线图。在这个电路中采用了无浮子液位继电器(缺水报警型)，在对供水箱进行自动供水的同时，当供水箱的液位缺水时，蜂鸣器发出鸣叫报警，电动泵自动停止，从而防止了因过负荷引起的烧损。

2. 顺序图

图 7.30 表示的是带有缺水报警功能的供水控制电路顺序图。

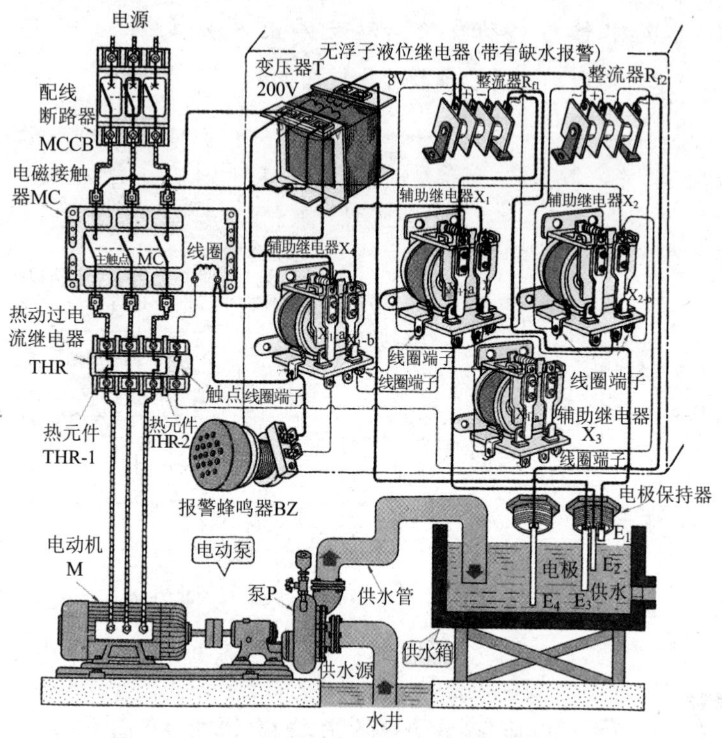

图 7.29 带有缺水报警功能的供水控制电路实际布线图

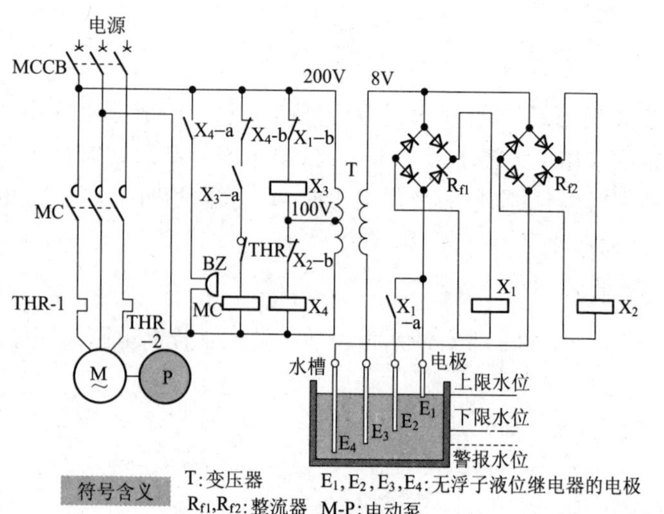

符号含义 T:变压器 R_{f1},R_{f2}:整流器 E_1,E_2,E_3,E_4:无浮子液位继电器的电极 M-P:电动泵

图 7.30 带有缺水报警功能的供水控制电路顺序图

7.14 采用无浮子液位继电器的排水控制电路

1. 实际布线图

图 7.31 示出了采用无浮子液位继电器的排水控制电路实际布线图，它担负着利用电动泵从排水箱中将水抽出来进行排放的任务，并且利用无浮子液位继电器对水箱的液位自动地进行控制。

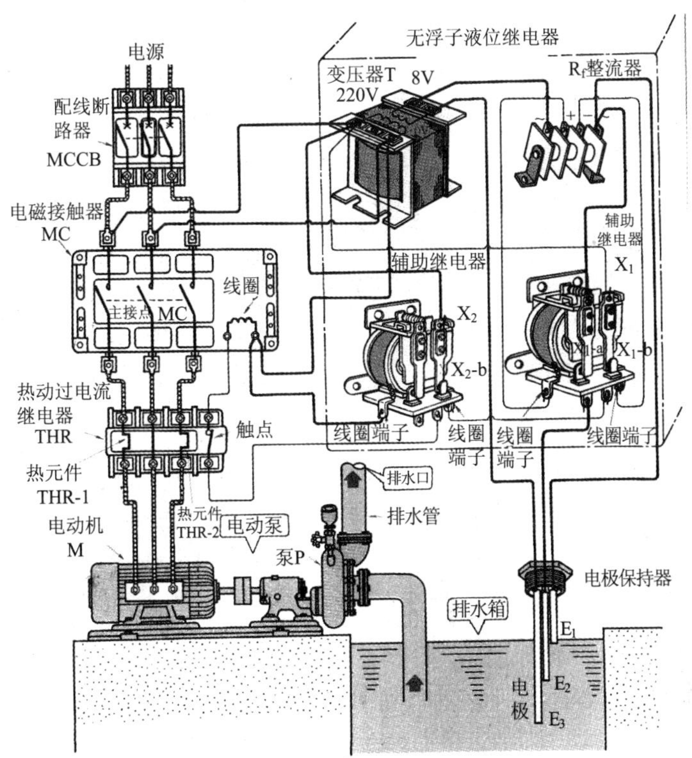

图 11.31 采用无浮子液位继电器的排水控制电路实际布线图

2. 顺序图

图 7.32 是采用无浮子液位继电器的排水控制电路顺序图。

因为把交流 200V 的电压直接加到无浮子液位继电器的电极之间是

危险的，所以利用变压器把它降低到 8V。

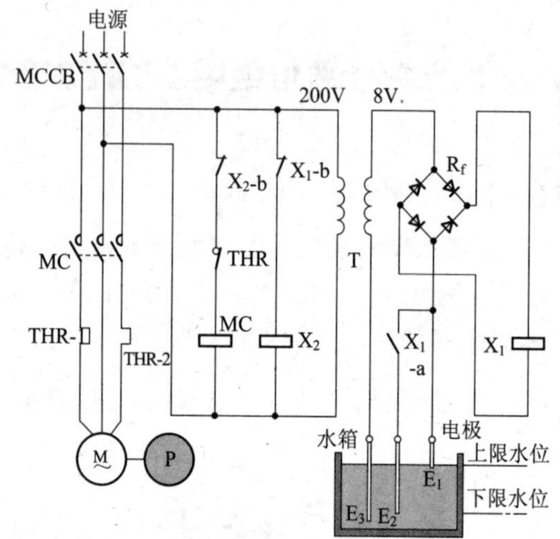

图 7.32　采用无浮子液位继电器的排水控制电路顺序图

3. 排水箱水位与电动泵的启动和停止方法

排水箱水位与电动泵的启动和停止方法如图 7.33 所示。

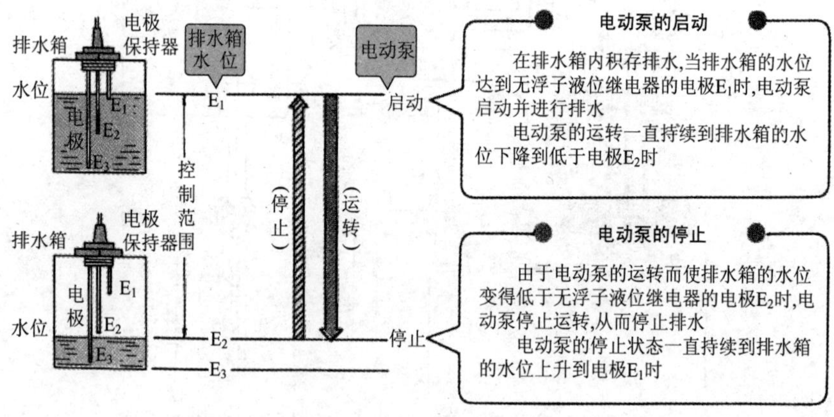

图 7.33　排水箱水位与电动泵的启动和停止方法

7.15 带有涨水报警功能的排水控制电路

1. 实际布线图

图 7.34 表示的是带有涨水报警功能的排水控制电路实际布线图。在这个电路中，利用无浮子液位继电器(异常涨水警报型)，在进行排水箱自动排水的同时，一旦排水箱发生异常涨水，在液位变高的情况下，蜂鸣器会发出鸣叫报警。

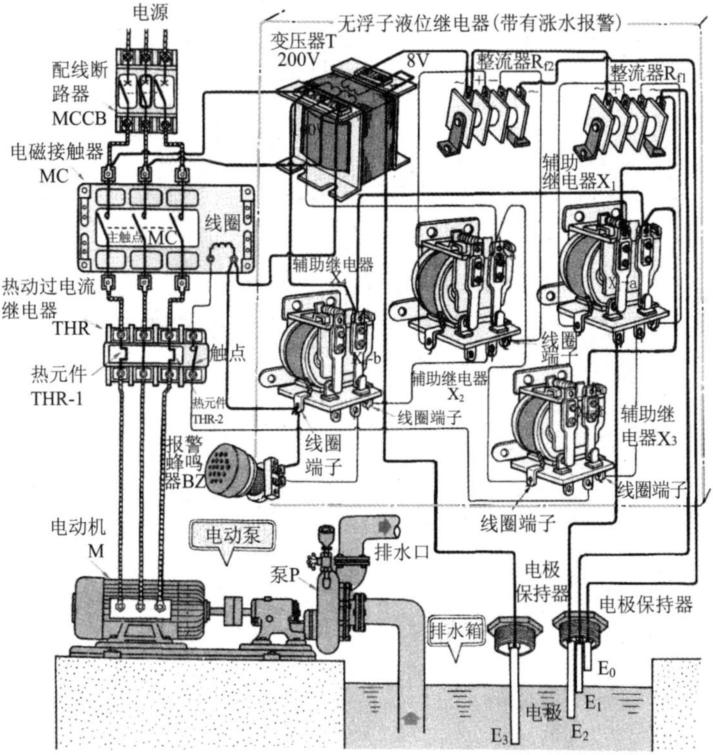

图 7.34 带有涨水报警功能的排水控制电路实际布线图

2. 顺序图

图 7.35 表示的是带有涨水报警功能的排水控制电路顺序图。

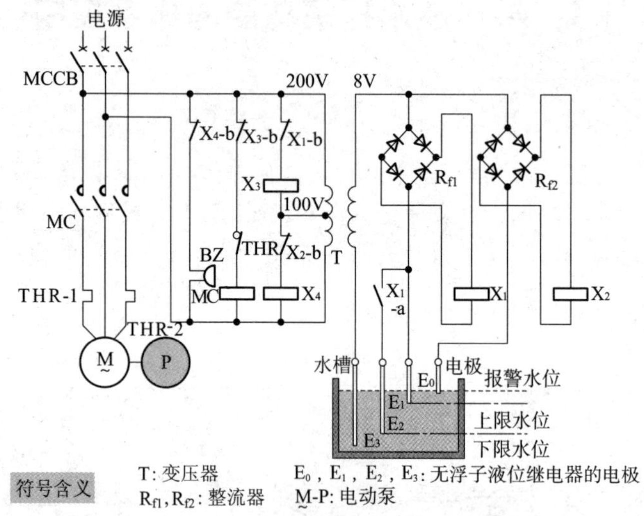

图 7.35　带有涨水报警功能的排水控制电路顺序图

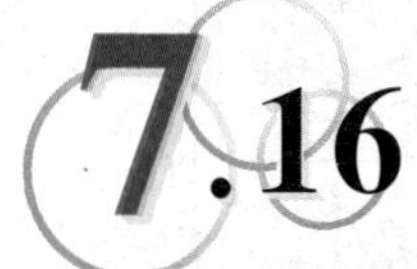

7.16 传送带暂时停止控制电路

1. 实际布线图

为了对传送带上的部件在特定位置上进行安装，可以采用传送带暂时停止控制电路，实际布线图如图 7.36 所示。

2. 顺序图

图 7.37 表示的是传送带暂时停止控制电路顺序图。

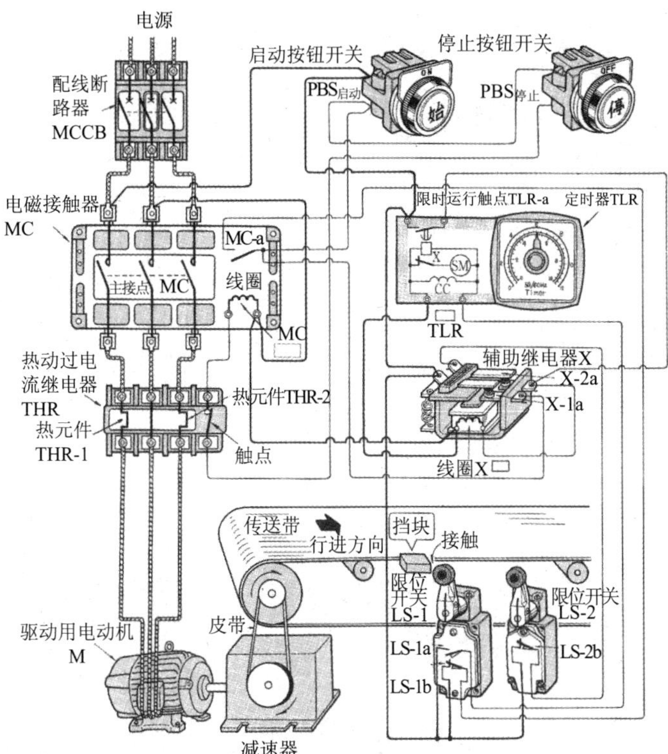

图 7.36 传送带暂时停止控制电路实际布线图

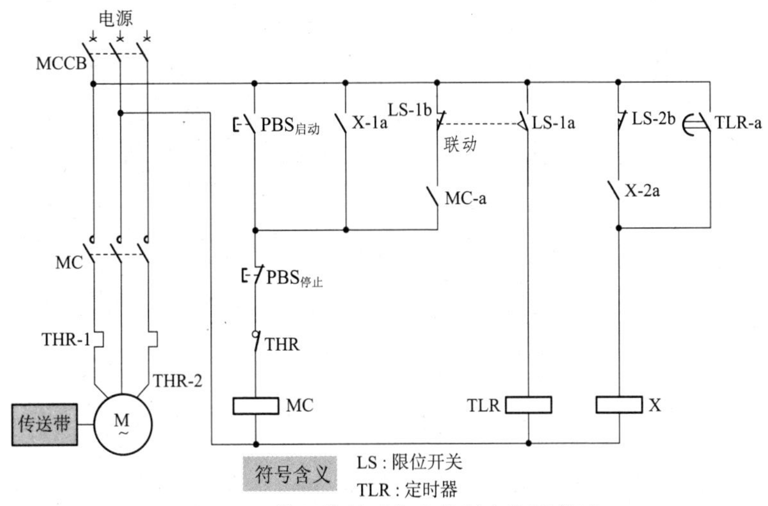

图 7.37 传送带暂时停止控制电路顺序图

7.17 货物升降机自动反转控制电路

1. 实际布线图

图 7.38 表示的是一种在作业场内一、二层之间使货物上升的升降机自动反转控制电路实际布线图。在这个电路中，当按压启动按钮开关 PBS-F启动时，货物升降机启动。当升降机到达二层时，由于限位开关 LS-2 的作用，升降机会停止运行。与此同时，定时器 TLR 被通电。当经过了设定时间以后，在其触点作用下，升降机会自动反转下降。而升降机下降到位于一层的限位开关 LS-1 时，升降机停止运行。

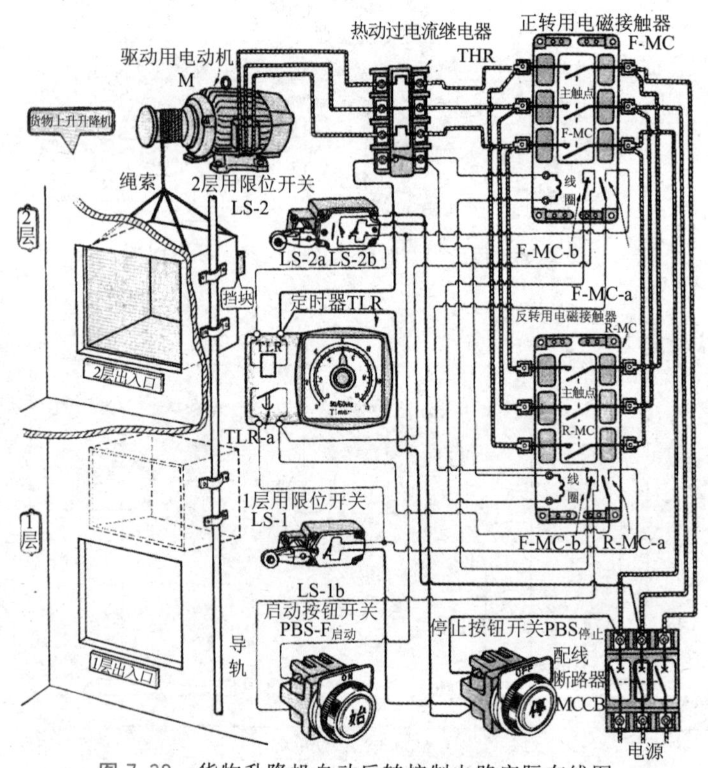

图 7.38　货物升降机自动反转控制电路实际布线图

2. 顺序图

图 7.39 表示的是货物升降机自动反转控制电路顺序图。

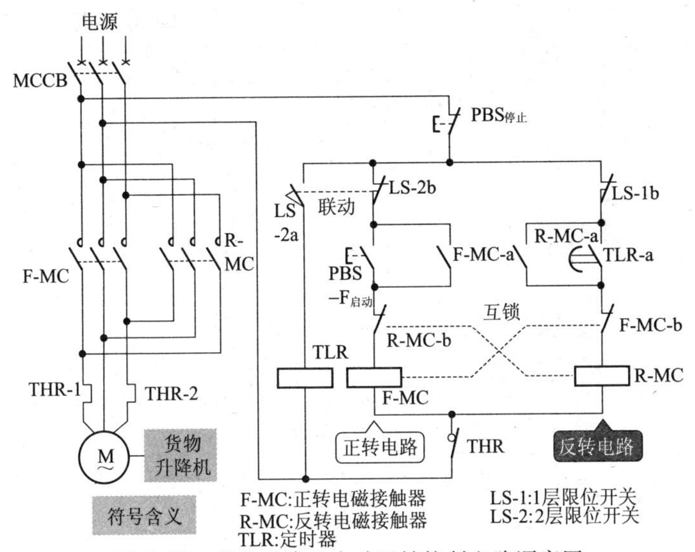

图 7.39 货物升降机自动反转控制电路顺序图

7.18 泵的反复运转控制电路

1. 实际布线图

图 7.40 表示的是泵的反复运转控制电路实际布线图。它能使泵在一定时间内运转并且自动停止，同时在停止了某时间段以后再度自动运转。

2. 顺序图

图 7.41 表示的是泵的反复运转控制电路顺序图。

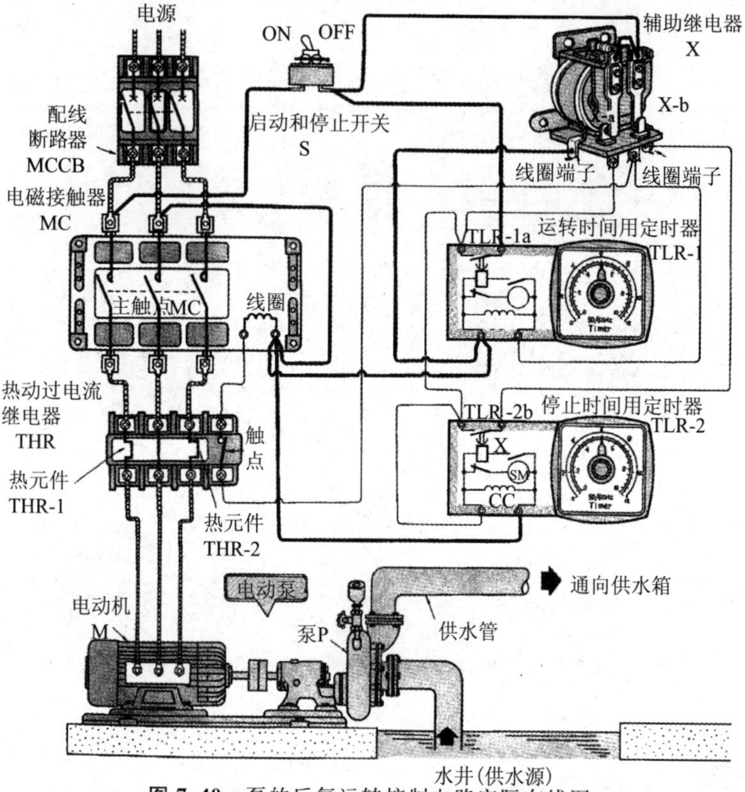

电源
ON
OFF
辅助继电器
X
配线
断路器
MCCB
X-b
启动和停止开关
S
线圈端子
线圈端子
电磁接触器
MC
运转时间用定时器
TLR-1a
TLR-1
主触点MC
线圈
热动过电流
继电器
THR
TLR-2b
停止时间用定时器
TLR-2
触
点
X
SM
CC
热元件
THR-1
热元件
THR-2
通向供水箱
电动泵
电动机
M
泵P
供水管
水井(供水源)

图 7.40　泵的反复运转控制电路实际布线图

电源
MCCB
S
X-b
TLR-1a
X-a
MC
THR
TLR-2b
THR-1
THR-2
TLR-1
MC
X
TLR-2
M
P
符号含义
TLR-1 : 运转时间用定时器
TLR-2 : 停止时间用定时器
M-P : 电动泵

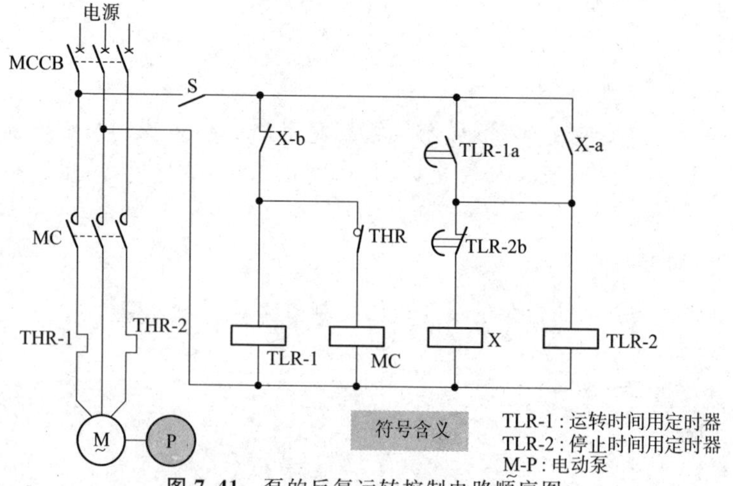

图 7.41　泵的反复运转控制电路顺序图

7.19 泵的顺序启动控制电路

1. 实际布线图

图 7.42 表示的是泵的顺序启动控制电路实际布线图。它表明当按压启动按钮时，在两台泵中，No. 1 泵开始启动，然后在经过一段时间后，No. 2 泵开始启动。

2. 顺序图

图 7.43 表示的是泵的顺序启动控制电路顺序图。

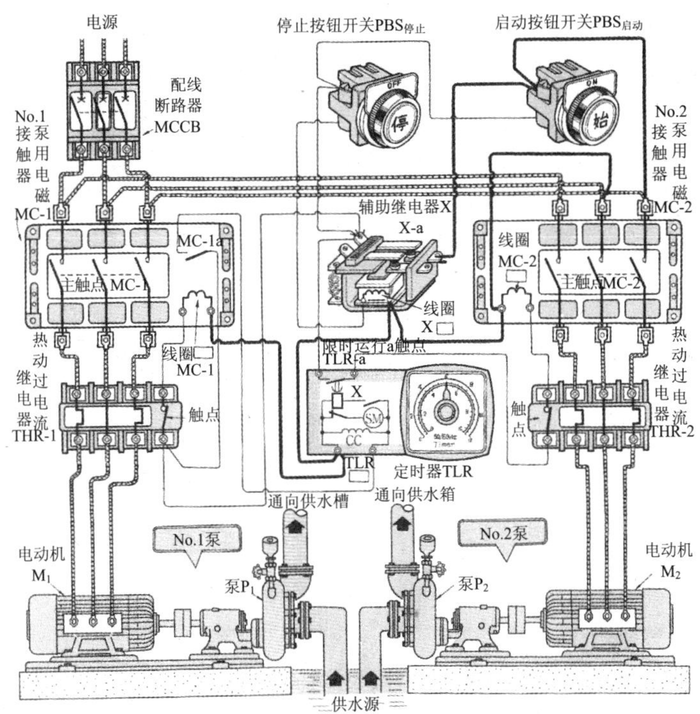

图 7.42　泵的顺序启动控制电路实际布线图

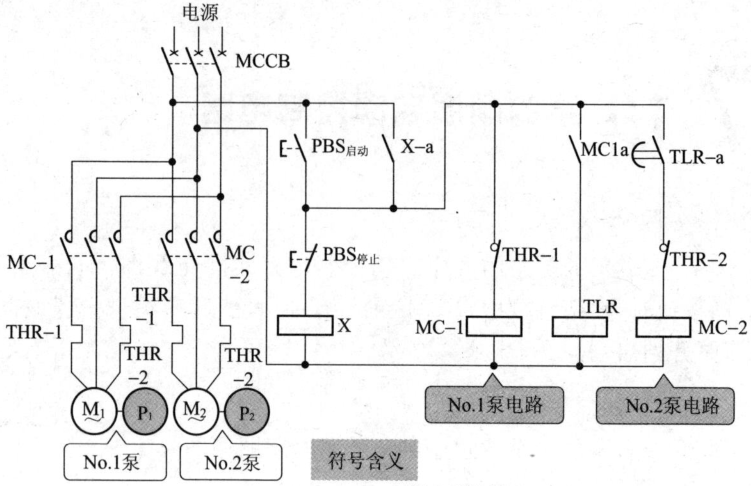

图 7.43　泵的顺序启动控制电路顺序图

第8章

自保持电路

8.1 复位优先的自保持电路

1. 自保持电路

所谓自保持电路，是指使用按钮开关，使电流在电磁继电器的线圈中通过，当按下按钮的手脱离时，电磁继电器复位，电磁继电器自身的触点被用于其他的励磁电路，形成一个连续动作的电路。

图 8.1 是复位优先的自保持电路实物连接图。图中将常闭触点停止用按钮开关 $PBS_{停止}$ 和常开触点启动用按钮开关 $PBS_{启动}$ 串联连接，作为 AND 电路，连接到电磁继电器 X 的电磁线圈 X 上，将 $PBS_{启动}$ 与电磁继电器 X 的常开触点 X-m 并联，作为 OR 电路。

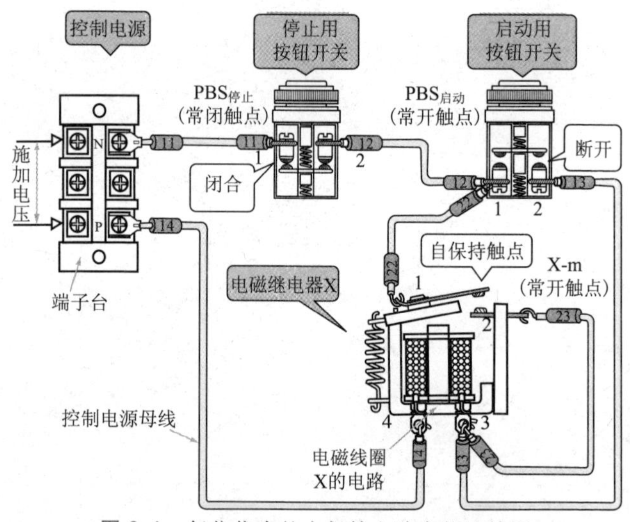

图 8.1　复位优先的自保持电路实物连接图

复位优先的自保持电路如图 8.2 所示，其顺序图如图 8.3 所示。

该电路由于以电磁继电器本身的常开触点保持了动作的连续，所以称为“自保持电路”。自保持电路是在电磁继电器、电磁接触器等的操作电路中必须使用的最基本的电路。

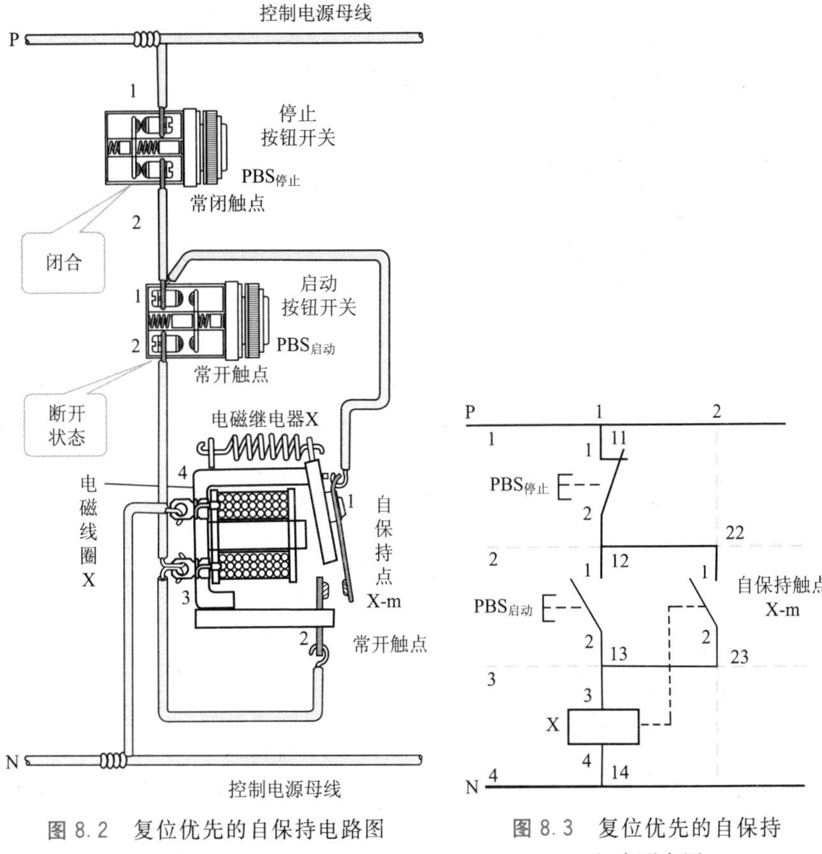

图 8.2　复位优先的自保持电路图

图 8.3　复位优先的自保持电路顺序图

2. 自保持电路的组合方法

• 电磁继电器启动电路

电磁继电器启动电路如图 8.4 所示，为了使电磁继电器动作，试着将常开触点的按钮开关 $PBS_{启动}$ 连接到电磁继电器的电磁线圈 X 电路中。

电磁继电器启动电路的动作如图 8.5 所示，当按下 $PBS_{启动}$ 时，电磁线圈 X 中有电流通过，电磁继电器 X 开始动作。但是，当将按下按钮的手脱离时，由于常开触点 $PBS_{启动}$ 自动复位断开，电磁线圈 X 中没有电流流过，电磁继电器 X 复位。为了使电磁继电器 X 连续长时间地动作，必须一直按着按钮，这种方法相当不便。

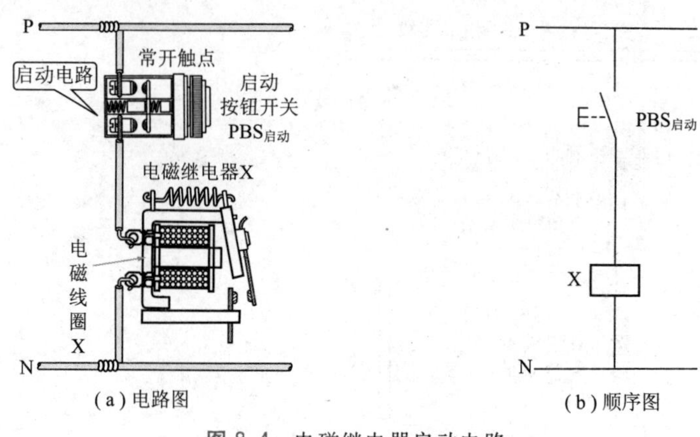

图 8.4　电磁继电器启动电路

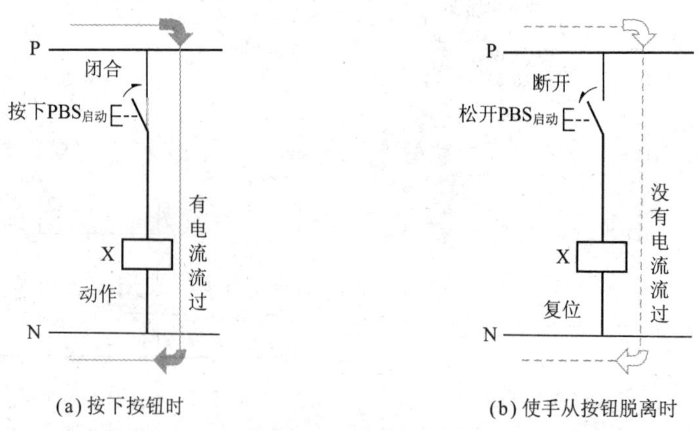

图 8.5　电磁继电器启动电路的动作

• 基于电磁继电器触点的保持电路

基于电磁继电器触点的保持电路如图 8.6 所示，将按钮开关 $PBS_{启动}$ 和电磁继电器 X 的常开触点X-m并联，构成 OR 电路。

基于电磁继电器触点的保持电路的动作如图 8.7 所示，按下 $PBS_{启动}$，在电磁线圈 X 中有电流通过，使电磁继电器 X 动作（图 8.7(a)），由于常开触点 X-m 闭合，即使按着按钮的手脱离（图 8.7(b)），通过电磁继电器的常开触点 X-m，电磁线圈 X 有电流流过，所以，电磁继电器 X 可以连续动作。

我们将用于此目的的电磁继电器 X 的常开触点 X-m 称为自保持触点。由于 $PBS_{启动}$ 起到了使电磁继电器 X 启动的作用，所以将其称为启动用按钮开关。

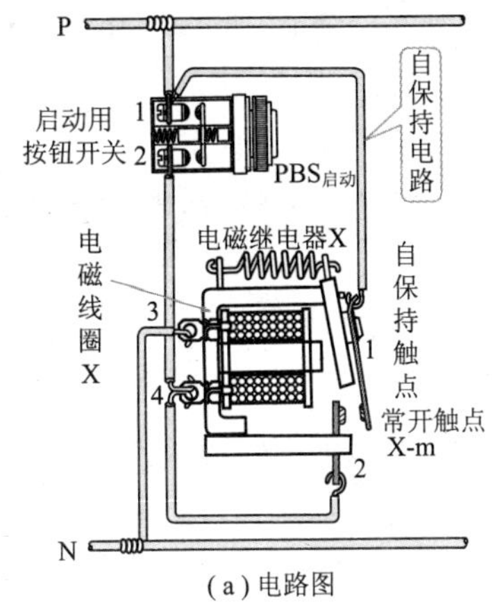

(a) 电路图

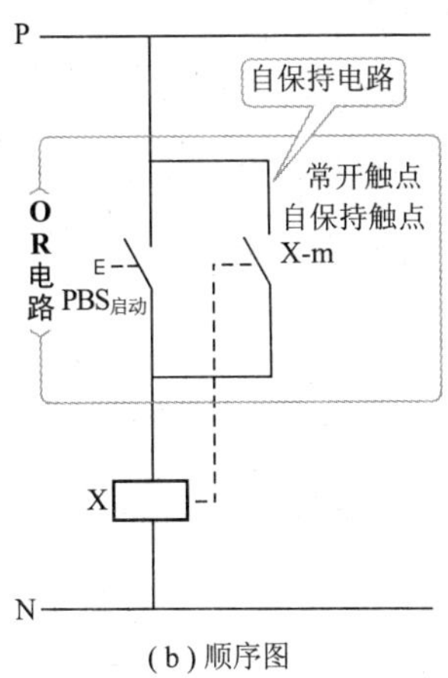

(b) 顺序图

图 8.6 基于电磁继电器触点的保持电路

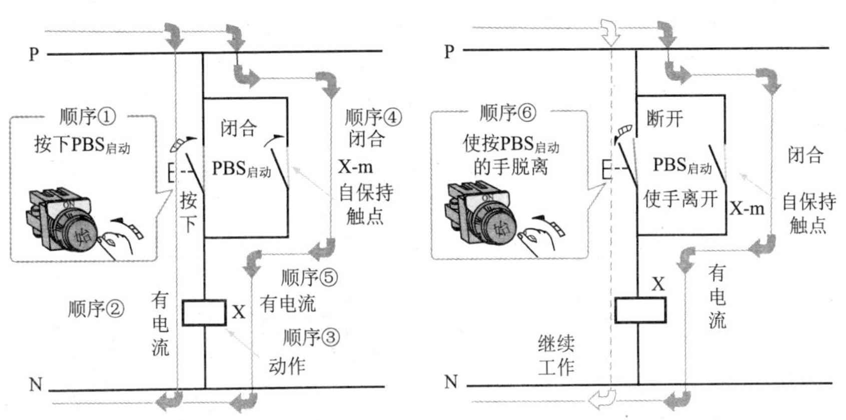

(a) 按下启动用按钮开关的情况 (b) 手脱离启动用按钮开关的情况

图 8.7 基于电磁继电器触点的保持电路的动作

- 电磁继电器停止电路

在图 8.6 所示的电路中，电磁继电器 X 虽然可以连续地动作，但不能复位。

参考前面的图 8.3，将保持电路与常闭触点停止用按钮开关 $PBS_{停止}$ 连接，构成 AND 电路，依靠该 $PBS_{停止}$ 的操作使电磁继电器复位。这样，在自保持电路中，将启动用按钮开关 $PBS_{启动}$ 和停止用按钮开关 $PBS_{停止}$ 作为输入触点，分别下达动作命令和复位命令。

3. 自保持的动作方法

有关自保持电路的顺序动作，如图 8.8 所示。下面，将对动作步骤进行说明：

① 按下回路[A]的启动用按钮开关 PBS。

② 常开触点闭合，回路[A]的电磁线圈 X 中有电流流过，电磁继电器 X 开始动作。

③ 自保持常开触点 X-m 闭合，通过电路[B]，电磁线圈 X 中有电流流过。

④ 松开 $PBS_{启动}$ 后，此常开触点复位断开。

⑤ 即使 $PBS_{启动}$ 断开，通过回路[B]的自保持常开触点 X-m，电磁线圈 X 中有电流流过，电磁继电器 X 将继续动作，该状态称为电磁继电器 X 的自保持。

4. 解除自保持的动作方法

在自保持状态中，按下停止用按钮开关 $PBS_{停止}$ 解除自保持，其动作如图 8.9 所示，具体动作步骤说明如下：

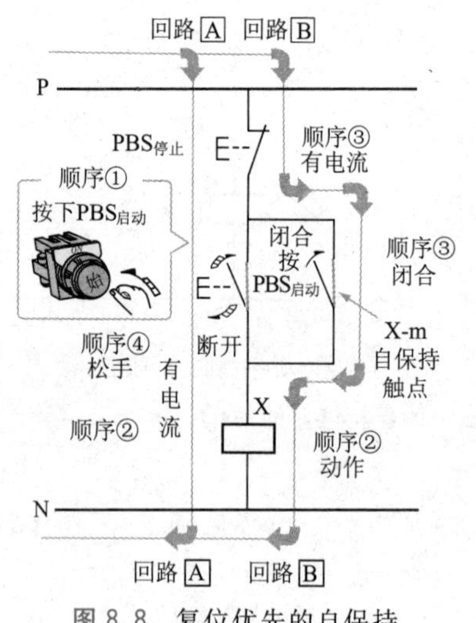

图 8.8　复位优先的自保持电路的自保持动作

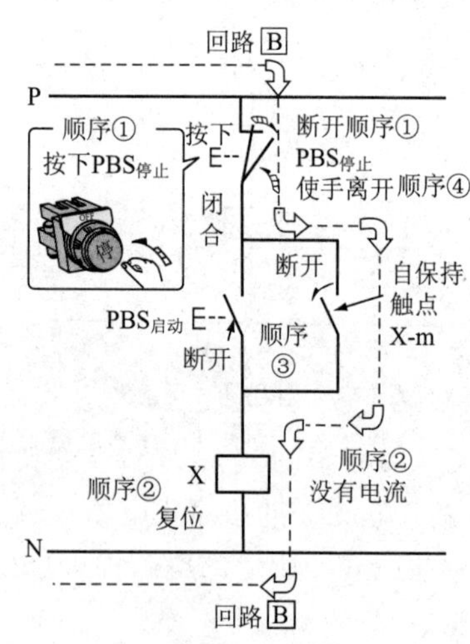

图 8.9　解除复位优先的自保持电路的自保持动作

① 按下电路[B]的停止用按钮开关 $PBS_{停止}$。

② 常闭触点断开,回路[B]的电磁线圈 X 中没有电流流过,电磁继电器 X 复位。

③ 回路[B]的自保持常开触点 X-m 断开。

④ 将按下 $PBS_{停止}$ 的手脱离,此常闭触点复位闭合。

⑤ 即使 $PBS_{停止}$ 闭合,由于自保持常开触点 X-m 和 $PBS_{启动}$ 都断开,电磁线圈 X 中没有电流流过,仍然为复位状态。将此状态称为电磁继电器 X 解除自保持。

可以说,此电路具有通过操作按钮开关,就可以将脉冲状的启动、停止信号变成连续的运转、停止信号的功能。

5. 基于电磁继电器触点的自保持电路

至此,介绍了使用作为下达动作命令和复位命令的输入触点的按钮开关 $PBS_{启动}$ 和 $PBS_{停止}$,但作为这里的输入触点,不一定必须使用按钮开关,用电磁继电器触点也可以。

图 8.10 表示的是基于电磁继电器触点的复位优先的自保持电路图。该图使用了代替下达动作命令的 $PBS_{启动}$ 的电磁继电器 Y 的常开触点 Y-m 和代替下达复位命令的 $PBS_{停止}$ 的电磁继电器 Z 的常闭触点 Z-b。

基于电磁继电器触点的复位优先的自保持电路顺序图如图 8.11 所示。

6. 动作命令和复位命令同时下达时的动作

下面说明一下在基于电磁继电器触点的复位优先的自保持电路中,动作命令和复位命令同时下达时的情况,如图 8.12 所示。

在该电路中,由于电磁继电器 X 的电磁线圈 X 的电路是由常开触点 Y-m 和常闭触点 Z-b 构成的 AND 电路,当下达复位命令的常闭触点 Z-b 动作断开时,即使下达动作命令的常开触点 Y-m 同时动作闭合,电磁线圈 X 中也不会有电流,电磁继电器 X 仍为复位状态。

① 按下回路[A]的启动用按钮开关 $PBS_{启动}$;按下回路[B]的停止用按钮开关 $PBS_{停止}$。

② 按下 $PBS_{启动}$ 后,常开触点闭合,电磁线圈 Y 中有电流流过,电磁继电器 Y 开始动作。按下 $PBS_{停止}$ 后,常开触点闭合,电磁线圈 Z 中有电流通过,电磁继电器 Z 开始动作。

③ 电磁继电器 Y 一动作，回路[C]的常开触点 Y-m 闭合。电磁继电器 Z 一动作，回路[C]的常闭触点 Z-b 断开。

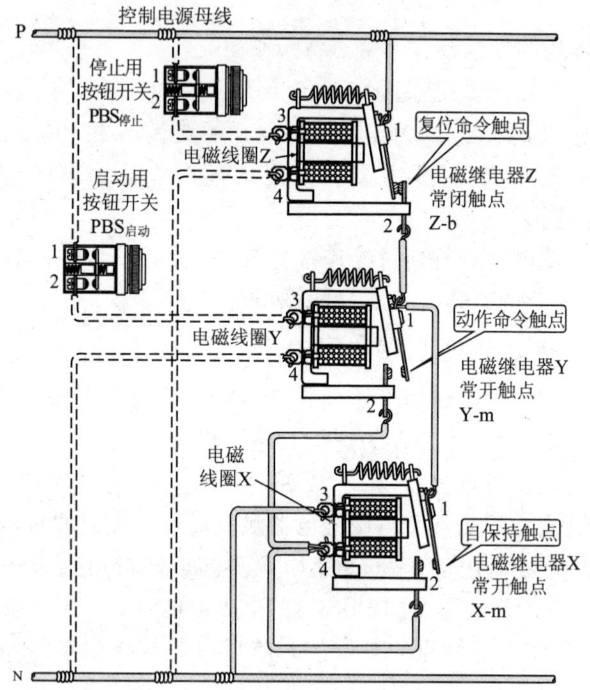

图 8.10　基于电磁继电器触点的复位优先的自保持电路图

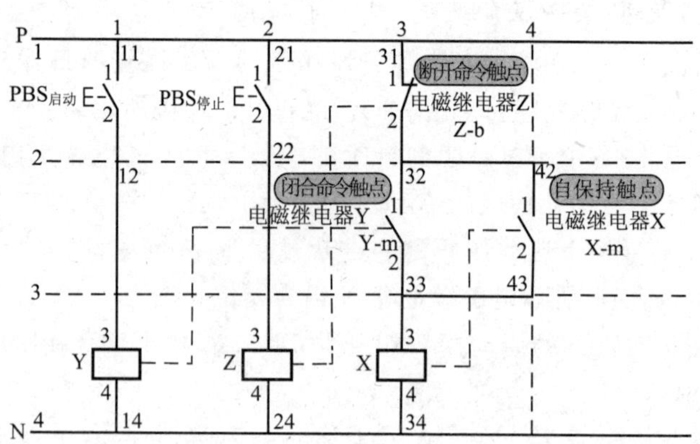

图 8.11　基于电磁继电器触点的复位优先的自保持电路顺序图

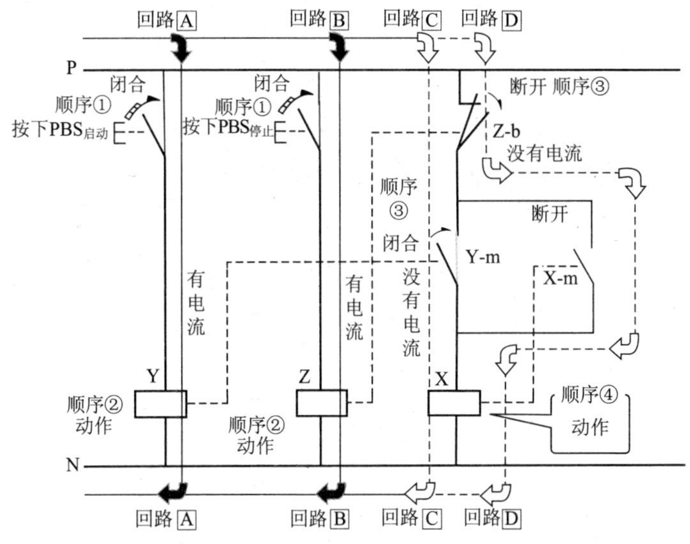

图 8.12 动作命令与复位命令同时下达时的动作

④ 在回路C中，由于常闭触点 Z-b 的断开，电磁线圈 X 中没有电流，电磁继电器 X 不动作；在回路D中，由于常闭触点 Z-b 及常开触点 X-m 断开，电磁线圈 X 中没有电流。

如上所述，在该电路中，与常开触点 Y-m“闭合”的动作命令相比，常闭触点Z-b“断开”的复位命令的优先级更高，因此，称为复位优先的自保持电路。

7. 时序图

基于按钮开关的复位优先的自保持电路时序图，如图 8.13 所示；基于电磁继电器触点的复位优先的自保持电路如图 8.14 所示。

另外，如图 8.11 所示，在使用作为输入触点的电磁继电器 Y 的常开触点Y-m和电磁继电器 Z 的常闭触点 Z-b 情况下，当这些触点分别动作时，与图 8.13 所示的时序图相同，但当常开触点 Y-m 和常闭触点 Z-b 同时动作时，如图 8.14 所示，常闭触点 Z-b 的“断开”引起的复位优先级更高。在图 8.13 中，$PBS_{启动}$和 $PBS_{停止}$同时按下时，由 $PBS_{停止}$引起的复位优先级更高（与图 8.14 相同）。

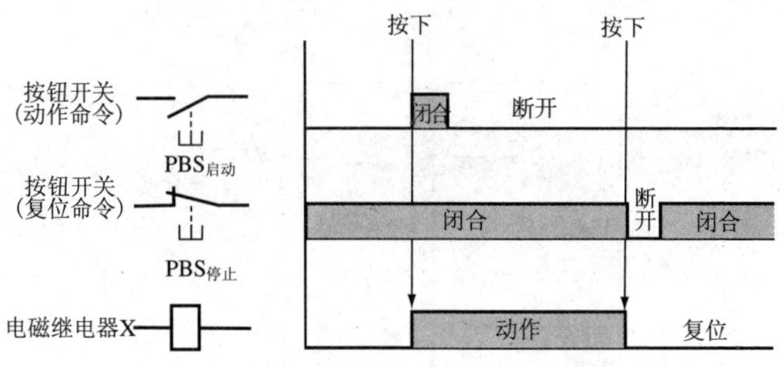

图 8.13 基于按钮开关的复位优先的自保持电路时序图

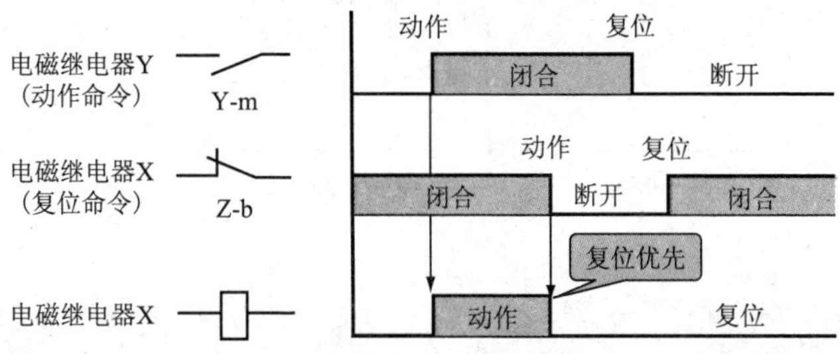

图 8.14 基于电磁继电器触点的复位优先的自保持电路时序图

8.2 动作优先的自保持电路

1. 实物连接图

图 8.15 所示为动作优先的自保持电路的实物连接图。常闭触点的停止用按钮开关 $PBS_{停止}$ 和电磁继电器 X 的自保持常开触点 X-m 构成 AND 电路，再与常开触点的启动用按钮开关 $PBS_{启动}$ 构成 OR 电路，连接到电磁线圈 X。

动作优先的自保持电路如图 8.16 所示，其顺序图如图 8.17 所示。

2. 自保持的动作方法

动作优先的自保持电路的自保持动作如图 8.18 所示。下面，将对此动作步骤进行说明：

① 按下回路[A]的启动用按钮开关 $PBS_{启动}$。

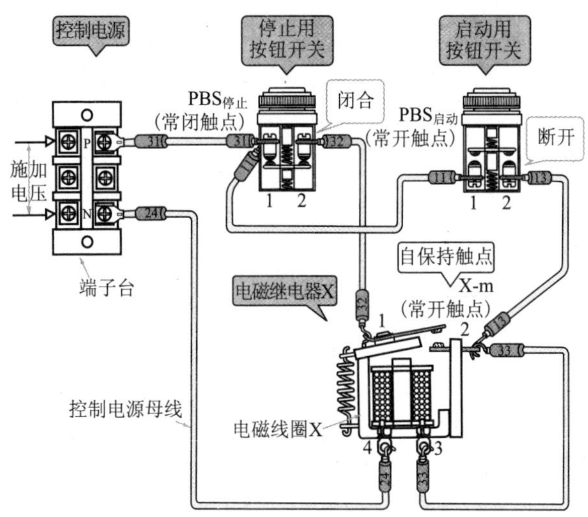

图 8.15 动作优先的自保持电路实物连接图

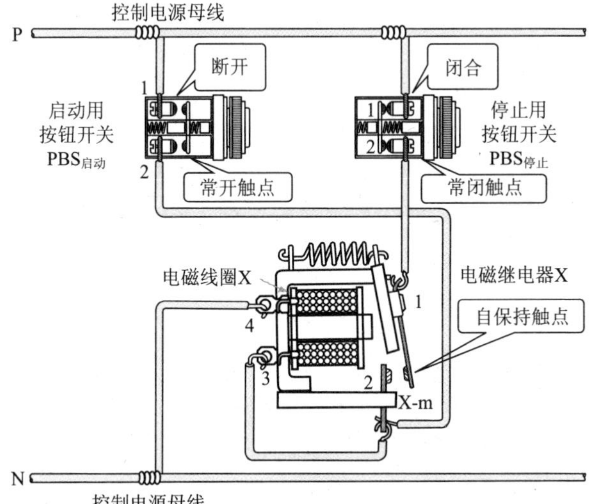

图 8.16 动作优先的自保持电路图

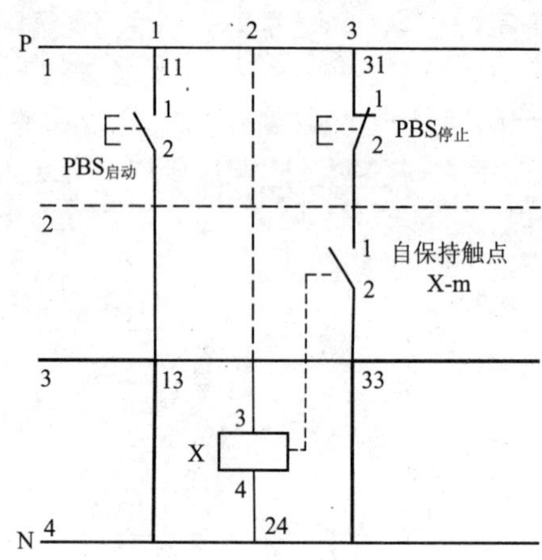

图 8.17　动作优先的自保持电路顺序图

② 常开触点闭合，回路[A]的电磁线圈 X 中有电流通过，电磁继电器 X 开始动作。

③ 自保持常开触点 X-m 闭合，通过回路[B]，电磁线圈 X 中有电流流过。

④ 按下 $PBS_{启动}$后，此常开触点复位断开。

⑤ 即使 $PBS_{启动}$断开，通过回路[B]的自保持常开触点 X-m，电磁线圈 X 中有电流流过，电磁继电器 X 将继续动作。

3. 解除自保持的动作方法

在自保持状态下按下停止用按钮开关 $PBS_{停止}$，电路将会解除自保持，如图 8.19 所示，具体动作步骤如下：

① 按下回路[B]的停止用按钮开关 $PBS_{停止}$。

② 常闭触点断开，回路[B]的电磁线圈 X 中没有电流通过，电磁继电器 X 复位。

③ 回路[B]的自保持常开触点 X-m 断开。

④ 使按下 $PBS_{停止}$的手脱离，此常闭触点复位闭合。

⑤ 即使 $PBS_{停止}$闭合，由于自保持常开触点 X-m 和 $PBS_{启动}$都断开，电磁线圈 X 中没有电流流过，保持复位状态。

4. 基于电磁继电器触点的动作优先的自保持电路

基于电磁继电器触点的动作优先的自保持电路如图 8.20 所示，用电

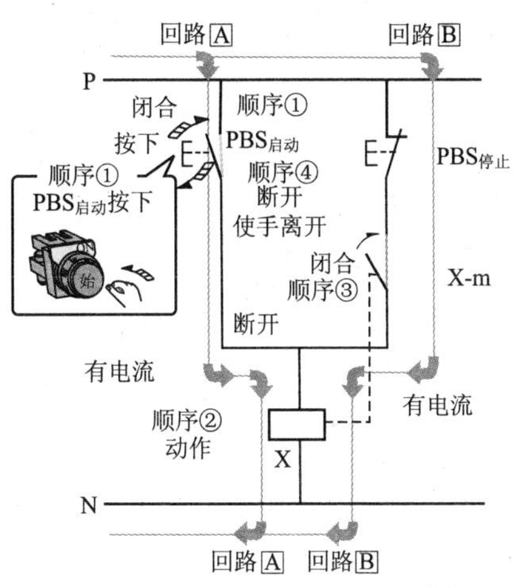

图 8.18 动作优先的自保持电路的自保持动作

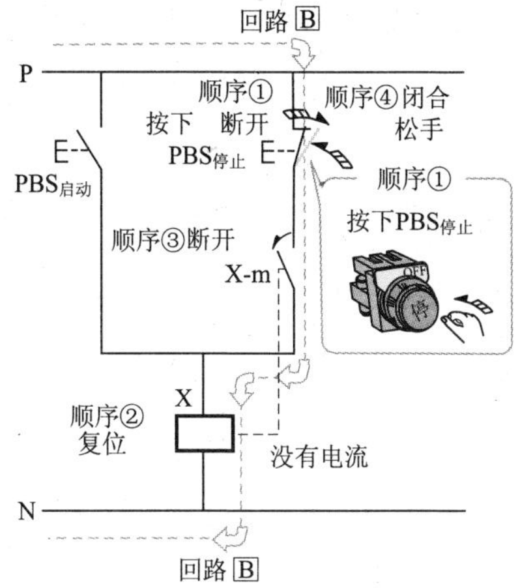

图 8.19 解除动作优先的自保持电路的自保持动作

控制电源母线

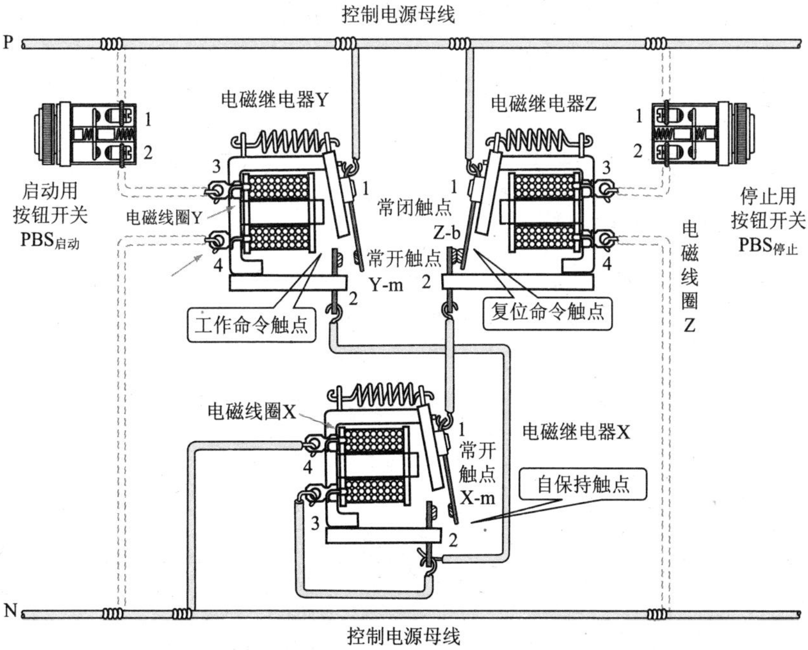

图 8.20 基于电磁继电器触点的动作优先的自保持电路图

磁继电器 Y 的常开触点 Y-m 代替图 8.16 中下达动作命令的按钮开关 PBS启动，用电磁继电器 Z 的常闭触点 Z-b 代替图 8.16 中下达复位命令的

按钮开关 $PBS_{停止}$，其顺序图如图 8.21 所示。

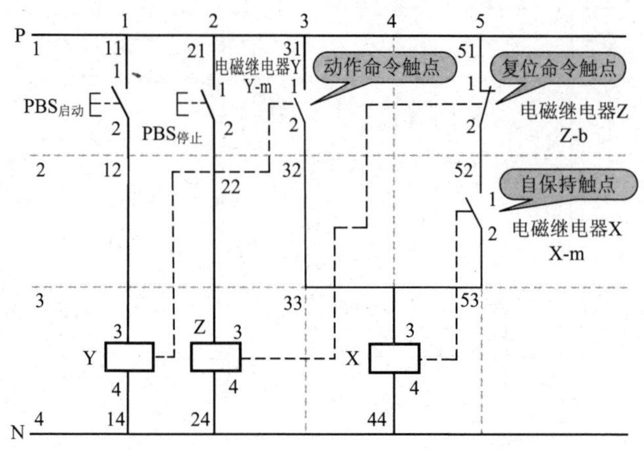

图 8.21　基于电磁继电器触点的动作优先的自保持电路顺序图

5. 动作命令和复位命令同时下达时的动作

图 8.22 所示是在基于电磁继电器触点的动作优先的自保持电路中，

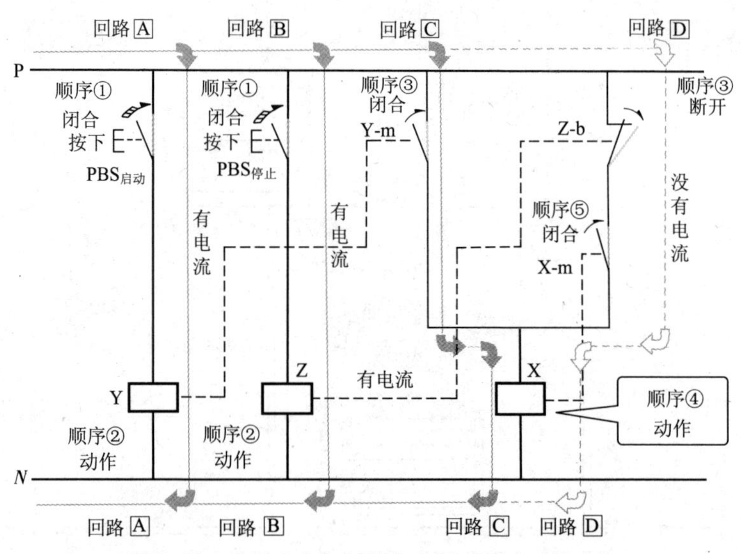

图 8.22　动作命令与复位命令同时下达时的动作

动作命令和复位命令同时下达时的情况。

在该电路中，由于电磁继电器 X 的电磁线圈 X 所在的电路是由常开触点 Y-m 和常闭触点 Z-b 构成的 OR 电路，即使下达复位命令的常闭触点 Z-b 执行断开动作，如果下达动作命令的常开触点 Y-m 同时执行闭合动作，通过常开触点 Y-m 所在的电路[C]，电磁线圈 X 中必会有电流流过，电磁继电器 X 将开始动作。

① 按下回路[A]的启动用按钮开关 $PBS_{启动}$，按下回路[B]的停止用按钮开关 $PBS_{停止}$。

② 按下 $PBS_{启动}$ 后，常开触点闭合，电磁线圈 Y 中有电流通过，电磁继电器 Y 开始动作。按下 $PBS_{停止}$ 后，常开触点闭合，电磁线圈 Z 中有电流通过，电磁继电器 Z 开始动作。

③ 电磁继电器 Y 一动作，回路[C]的常开触点 Y-m 闭合。电磁继电器 Z 一动作，回路[D]的常闭触点 Z-b 断开。

④ 由于常开触点 Y-m 闭合，通过回路[C]，电磁线圈 X 中将有电流流过，电磁继电器 X 开始动作。

如上所述，在该电路中，与常闭触点 Z-b“断开”的复位命令相比，常开触点 Y-m“闭合”的动作命令的优先级更高，因此称为动作优先的自保持电路。

6. 时序图

基于电磁继电器触点的动作优先的自保持电路时序图如图 8.23 所示。

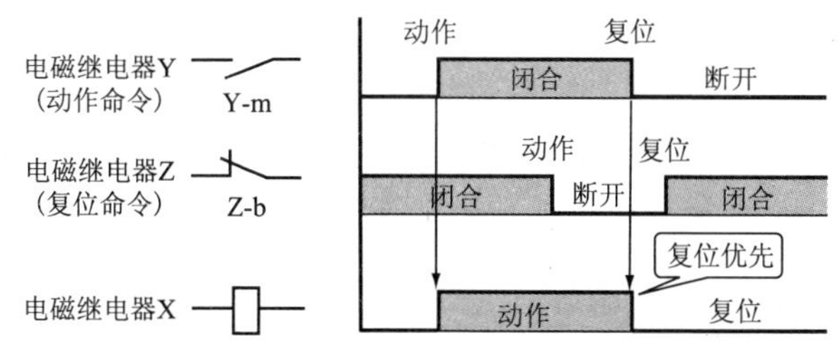

图 8.23 基于电磁继电器触点的动作优先的自保持电路时序图

如图 8.21 所示，在使用作为输入触点的电磁继电器 Y 的常开触点 Y-m 和电磁继电器 Z 的常闭触点 Z-b 情况下，当这些触点分别动作时，与图 8.13 的时序图相同，但当常开触点 Y-m 和常闭触点 Z-b 同时动作时，如图 8.23 所示，由常开触点 Y-m 的“闭合”引出的动作优先级更高。

在基于按钮开关的动作优先的自保持电路中，如果同时按下 $PBS_{启动}$ 和 $PBS_{停止}$，$PBS_{启动}$ 优先，电磁继电器 X 动作(与图 8.23 相同)。

第9章

互锁电路

9.1 由按钮开关控制的互锁电路

1. 互锁电路

互锁电路是指主要以保护机器及操作者的安全为目的，使用表示机器的动作状态的触点，限制相互关联机器的动作的电路，也叫做对方动作禁止电路，或者叫做先行动作优先电路。

2. 由按钮开关控制的互锁电路

图 9.1 所示是由按钮开关控制的互锁电路的实物连接图。在电磁继电器 X 的操作电路中，按钮开关 PBS_X 的常开触点和对方的按钮开关 PBS_Y 的常闭触点连接，构成 AND 电路；另外，电磁继电器 Y 的操作电路中 PBS_Y 的常开触点和对方的 PBS_X 常闭触点连接，构成 AND 电路。

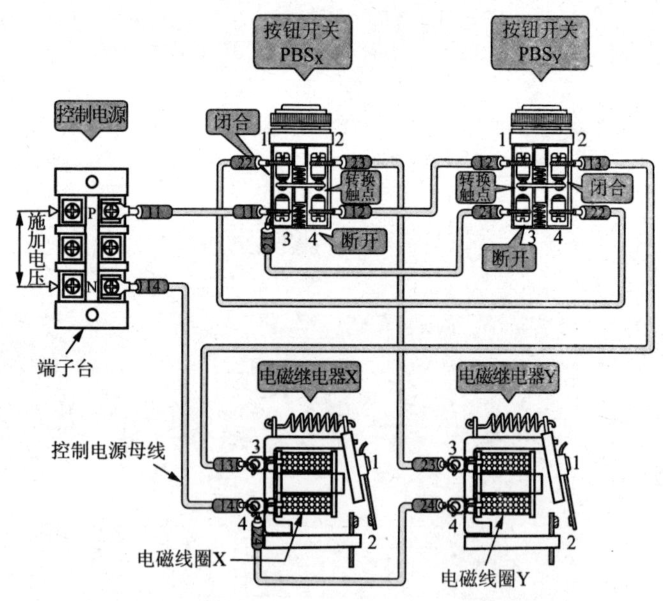

图 9.1　由按钮开关控制的互锁电路的实物连接图

这里提到的按钮开关 PBS_X 和 PBS_Y 的触点结构都是转换触点，即按下按钮，常闭触点断开，常开触点闭合。像这样，把在相互的电磁继电器的操作电路中，连接对方的按钮开关的常闭触点的电路，称为由按钮开关控制的互锁电路。

由按钮开关控制的互锁电路如图 9.2 所示，顺序图如图 9.3 所示。

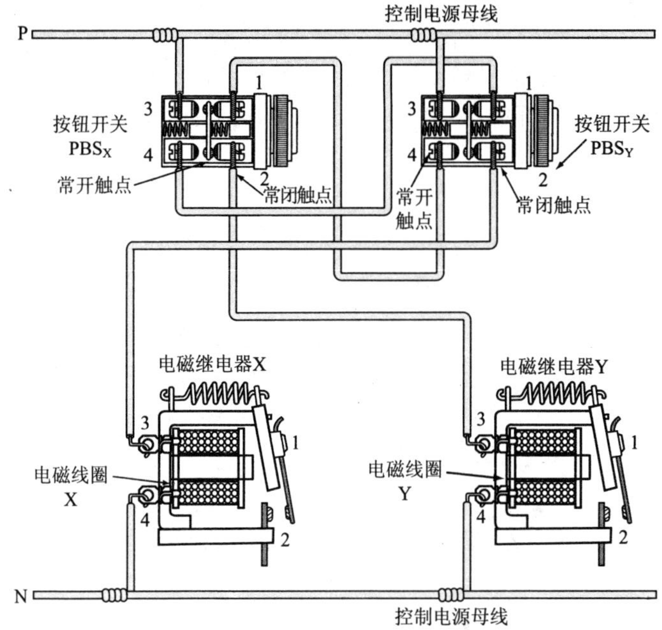

图 9.2　由按钮开关控制的互锁电路图

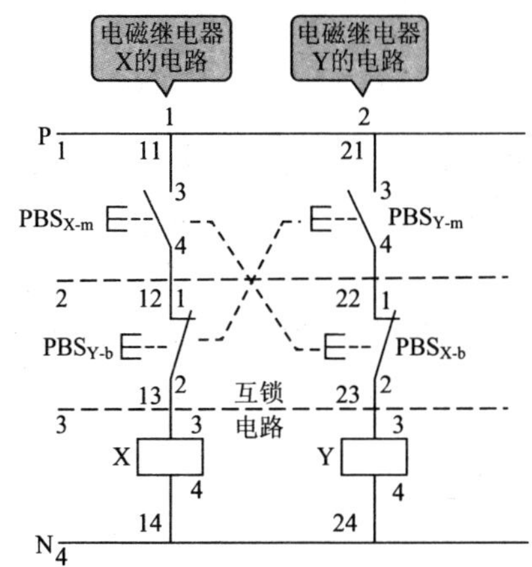

图 9.3　由按钮开关控制的互锁电路顺序图

3. 先按下按钮开关 PBSx 时的动作

图 9.4 表示了在由按钮开关控制的互锁电路中，先按下按钮开关 PBS_X 时的动作步骤。

① 按下按钮开关 PBS_X 后，回路B的常闭触点 PBS_{X-b} 断开。

② 继续按住按钮，回路A中的常开触点 PBS_{X-m} 闭合。

③ PBS_X 的常开触点闭合后，回路A的电磁线圈 X 中有电流通过，电磁继电器 X 开始动作。

④ 电磁继电器 X 动作时，即使按下按钮开关 PBS_Y，由于回路B中的 PBS_X 常闭触点断开，电磁继电器 Y 不能动作（电磁继电器 X 也复位），也就是说，电磁继电器 Y 的动作被禁止了。

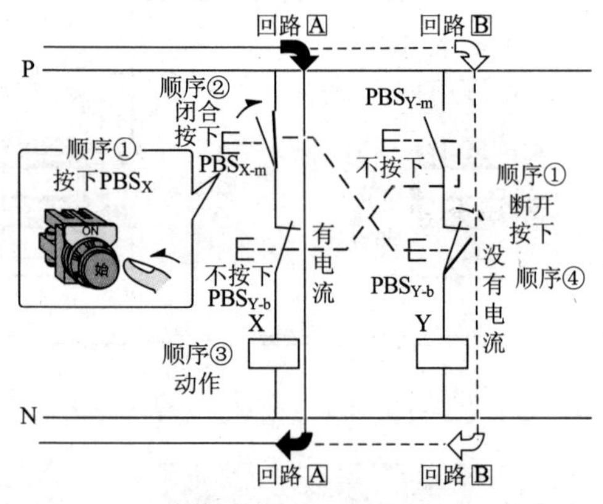

图 9.4　先按下按钮开关 PBS_X 时的动作

4. 先按下按钮开关 PBS_Y 时的动作

图 9.5 表示了先按下按钮开关 PBS_Y 时的动作步骤。

① 按下按钮开关 PBS_Y 后，回路A的常闭触点 PBS_{Y-b} 断开。

② 继续按住按钮，回路B中的常开触点 PBS_{Y-m} 闭合。

③ PBS_Y 的常开触点闭合后，回路B的电磁线圈 Y 中有电流通过，电磁继电器 Y 开始动作。

④ 电磁继电器 Y 动作时，即使按下按钮开关 PBS_X，由于回路A中的 PBS_Y 常闭触点断开，电磁继电器 X 不能动作（电磁继电器 Y 也复位），也就是说，电磁继电器 X 的动作被禁止了。

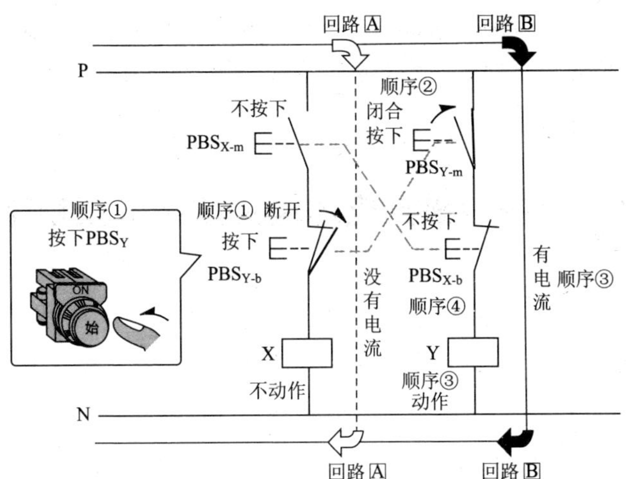

图9.5　先按下按钮开关 PBS_Y 时的动作

5. 按钮开关 PBS_X 和 PBS_Y 同时按下时的动作

当同时按下按钮开关 PBS_X 和 PBS_Y 时，如图9.6所示，在电磁继电器X和电磁继电器Y的操作电路的回路A和回路B中，因为对方按钮开关的常闭触点都断开，所以双方都不能动作。

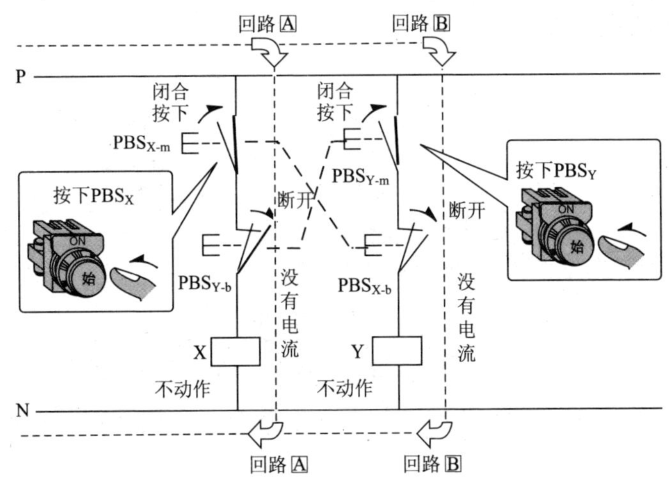

图9.6　按钮开关 PBS_X 和 PBS_Y 都按下时的动作

像这样，在相互的电磁继电器操作电路中，连接了对方的按钮开关的常闭触点，电磁继电器X及电磁继电器Y两者当中，无论哪一方的输入首先被启动，另一方的操作电路都会由于对方的常闭触点而断开已连接的电路，即使另一方的输入被下达启动命令，也不会启动。

9.2 由电磁继电器触点控制的互锁电路

1. 由电磁继电器触点控制的互锁电路

在由电磁继电器触点控制的互锁电路中，电磁继电器 X 的电磁线圈 X 和电磁继电器 Y 的常闭触点 Y-b 串联，同时，电磁继电器 Y 的电磁线圈 Y 和电磁继电器 X 的常闭触点 X-b 串联。并且，使用按钮开关 PBS_X 和 PBS_Y 作为电磁继电器 X 和电磁继电器 Y 的输入触点。

图 9.7 所示是由电磁继电器触点控制的互锁电路的实物连接图。

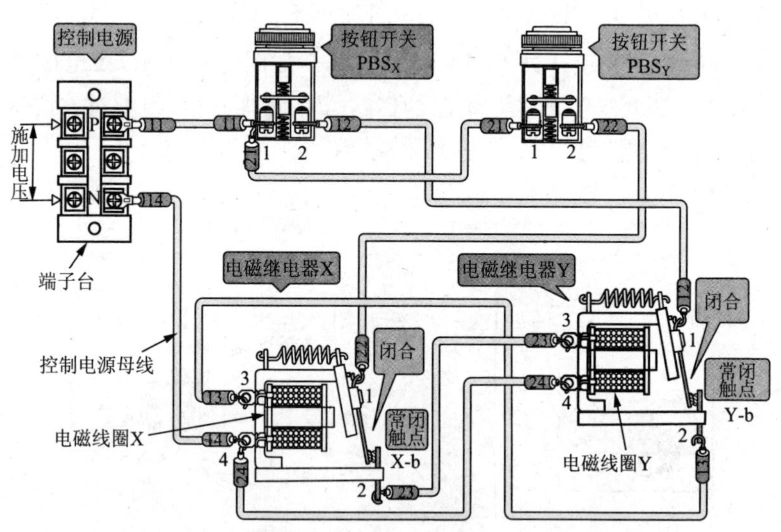

图 9.7　由电磁继电器触点控制的互锁电路实物连接图

由电磁继电器触点控制的互锁电路如图 9.8 所示，其顺序图如图 9.9 所示。

2. 电磁继电器 X 先启动时的动作

图 9.10 表示了电磁继电器 X 先启动时的顺序动作步骤。

① 按下回路A的按钮开关 PBS_X 后，其常开触点闭合。

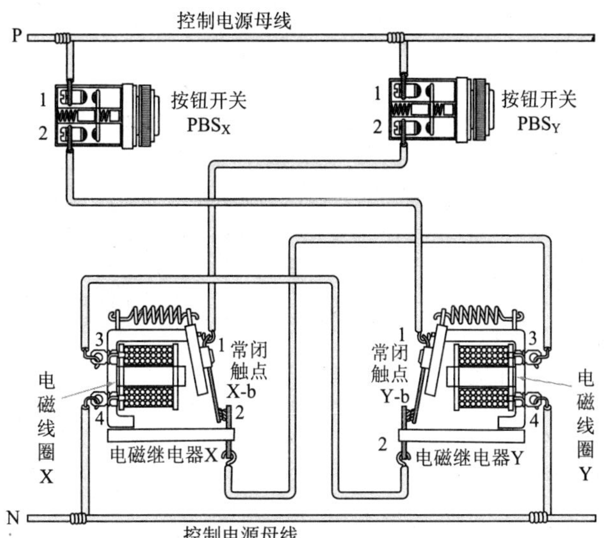

图 9.8 由电磁继电器触点控制的互锁电路图

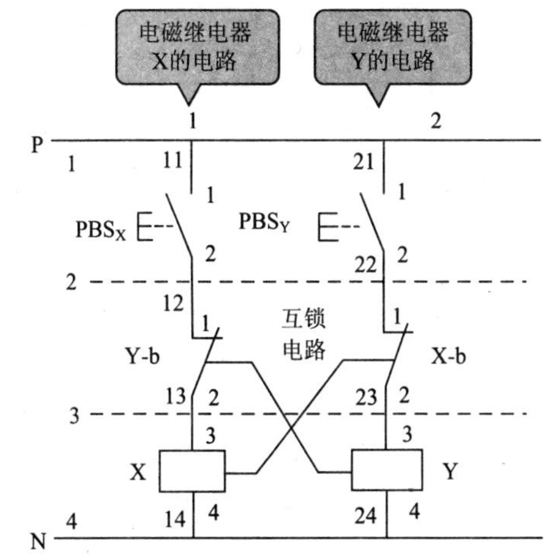

图 9.9 由电磁继电器触点控制的互锁电路顺序图

② PBS_X 闭合后，回路[A]中的电磁线圈 X 中有电流流过，电磁继电器 X 开始动作。

③ 电磁继电器 X 开始动作后，回路[B]的常闭触点 X-b 断开。

④ 按下回路[B]的按钮开关 PBS_Y 后，其常开触点闭合。

⑤ 即使 PBS_Y 闭合，由于回路[B]中的常闭触点 X-b 断开，所以，电磁

线圈 Y 中没有电流，电磁继电器 Y 不能动作。也就是说，电磁继电器 Y 的动作被禁止了。

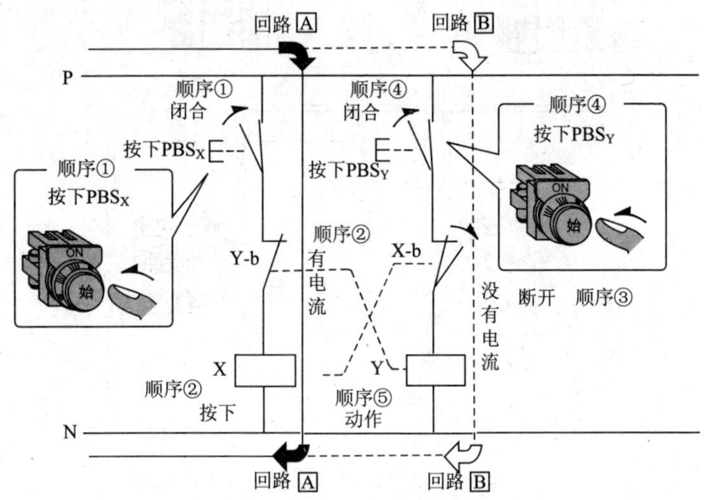

图 9.10　电磁继电器 X 先启动时的动作步骤

3. 电磁继电器 Y 先启动时的动作

图 9.11 表示了电磁继电器 Y 先启动时的顺序动作步骤。

① 按下回路B的按钮开关 PBS_Y 后，其常开触点闭合。

② PBS_Y 闭合后，回路B中的电磁线圈 Y 中有电流流过，电磁继电器 Y 开始动作。

③ 电磁继电器 Y 开始动作后，回路A的常闭触点 Y-b 断开。

④ 按下回路A的按钮开关 PBS_X 后，其常开触点闭合。

⑤ 即使 PBSx 闭合，由于回路A中的常闭触点 Y-b 断开，所以电磁线圈 X 中没有电流，电磁继电器 X 不能动作。也就是说，电磁继电器 X 的动作被禁止了。

在该电路中，即使先后按下按钮开关 PBS_X 和 PBS_Y，电磁继电器 X 和电磁继电器 Y 也不会同时动作，一定是先动作的电磁继电器的动作优先。

如上所述，在两个电磁继电器的电路中，其中一个电磁继电器动作时，禁止了另一方电磁继电器的动作，这样构成了二者择其一的电路，称为互锁，常用于电动机的正反运转控制等情况。

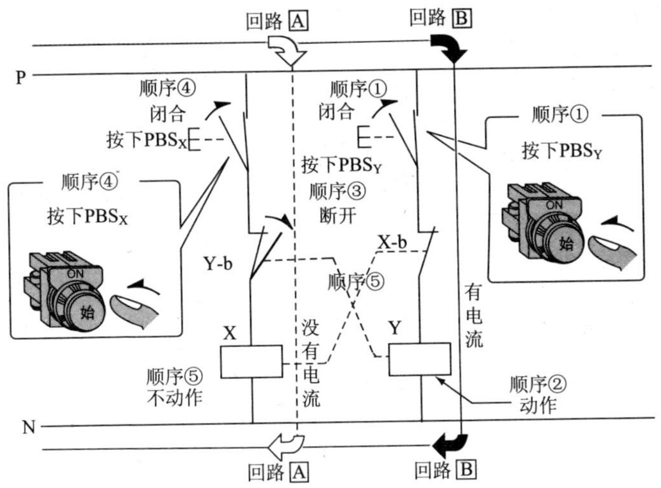

图 9.11 电磁继电器 Y 先启动时的动作步骤

第10章

具有时间差的电路

在顺序控制电路中，大多使用前面讲到的定时器来构成动作上具有时间差的电路，其中的基本电路是延时动作电路和间隔动作电路，下面对这两个电路进行说明。

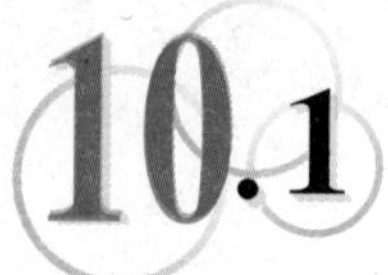

10.1 延时动作电路

1. 延时动作电路的定义

延时动作电路是指，在从定时器的输出端观察动作状态时，将输入信号给予继续动作的负载，在一定时间（定时器的设定时限）后进行闭路或者开路的电路。图 10.1 表示的是延时动作电路的实物连接图。

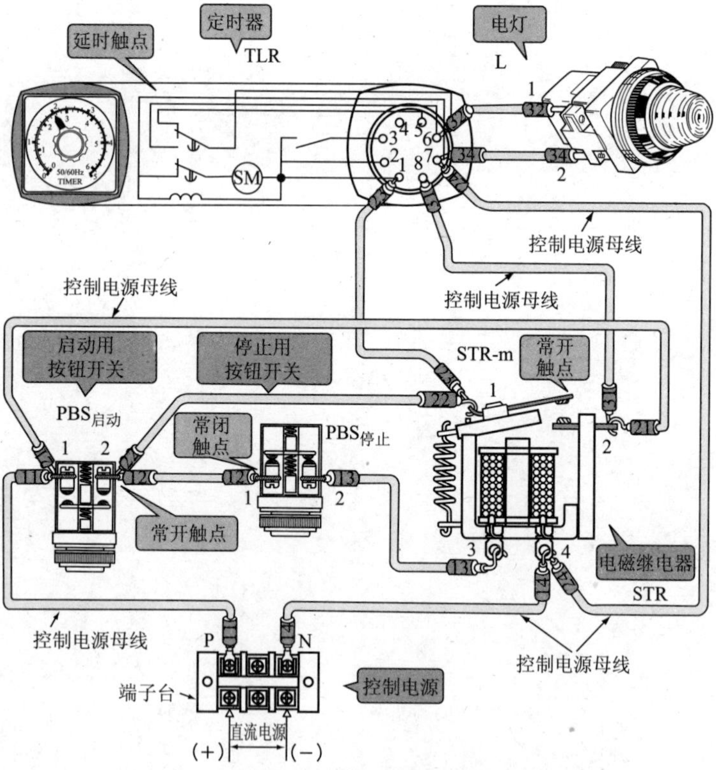

图 10.1　延时动作电路的实物连接图

在这个电路里，使用启动用以及停止用2个按钮开关$PBS_{启动}$、$PBS_{停止}$和电磁继电器STR，以及具有延时动作瞬时复位常开触点的定时器TLR，按下启动用按钮开关2min后指示灯L点亮。

延时动作电路如图10.2所示，其顺序图如图10.3所示。

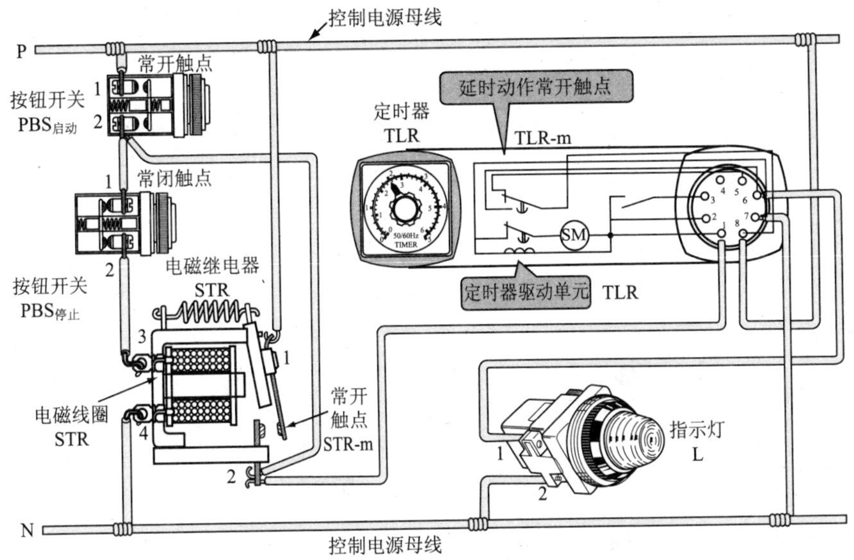

图10.2　延时动作电路图

2. 延时动作的方法

延时动作电路的延时方法如图10.4所示，按下开始按钮$PBS_{启动}$，把脉冲启动输入信号送给定时器，定时器TLR的设定时限是2min，2min后定时器动作，闭合延时动作（瞬时复位）常开触点TLR-m，点亮指示灯L，具体动作步骤如下：

① 按下回路A的启动用按钮开关$PBS_{启动}$，其常开触点闭合。

② 回路A的电磁线圈STR中有电流流过，电磁继电器STR就开始工作。

③ 回路B的定时驱动单元TLR中有电流流过，定时器TLR就被通电了（定时器即使被通电，延时动作常开触点TLR-m也不会立即启动）。

④ STR动作，回路C的自保持常开触点STR-m就会闭合。

⑤ 电流通过回路C流过STR。

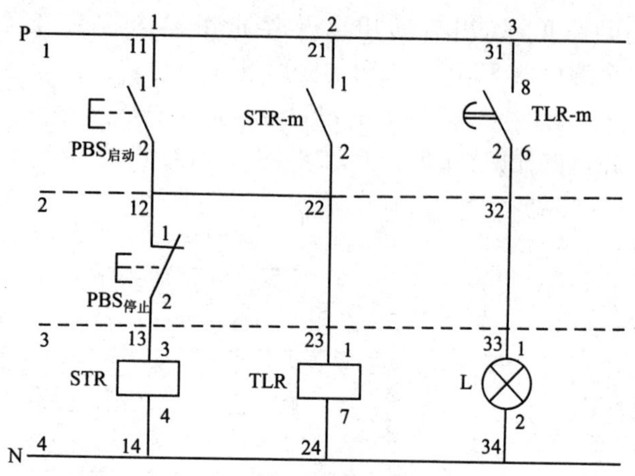

图 10.3　延时动作电路顺序图

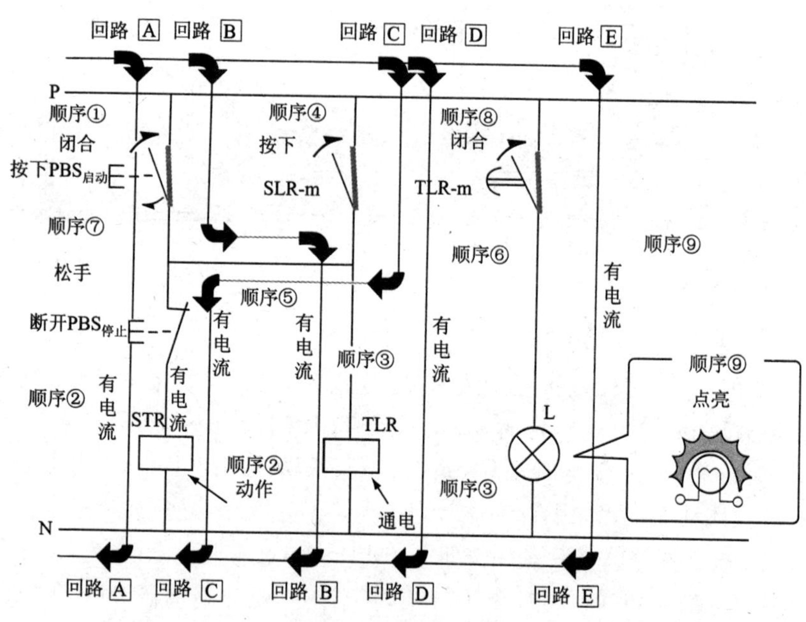

图 10.4　延时动作电路的延时动作步骤

⑥ 电流通过回路D流入 TLR。

⑦ 使按着回路A启动用按钮开关的手脱离，其常开触点就断开。即使 $PBS_{启动}$ 断开，因为通过回路C以及回路D有电流，所以，STR 以及 TLR 仍然被继续通电。

⑧ 按下 PBS启动之后，经过 TLR 的设定时限 2min，定时器就会启动，回路[E]的延时动作常开触点 TLR-m 就会闭合。

⑨ 延时动作常开触点 TLR-m 闭合，回路[E]的指示灯 L 中就会有电流，指示灯点亮。

3. 瞬时复位的工作方式

如图 10.5 所示，按下停止用按钮开关 PBS停止，把脉冲停止输入信号发送给定时器时，定时器 TLR 就会瞬时复位，延时动作（瞬时复位）常开触点 TLR-m 断开，指示灯 L 熄灭，具体动作步骤如下：

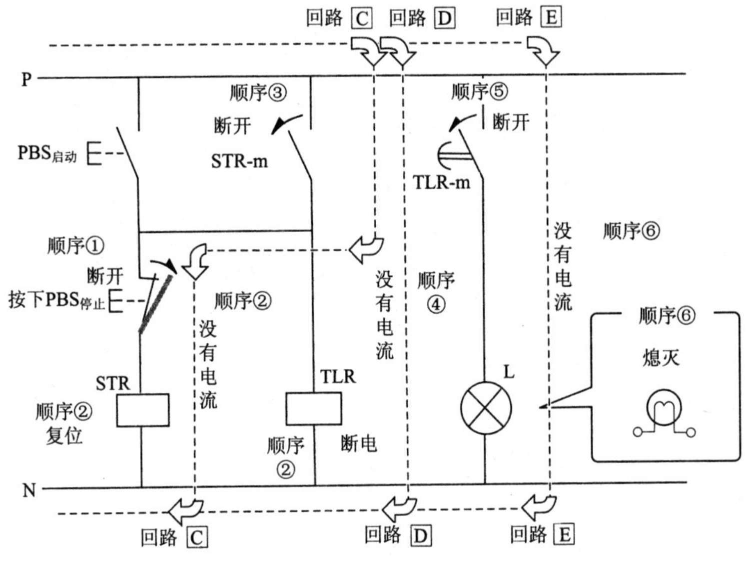

图 10.5　延时动作电路的瞬时复位图

① 按下回路[C]的停止用按钮开关 PBS停止，常闭触点断开。

② 没有电流流入回路[C]的电磁线圈 STR 中，电磁继电器 STR 复位。

③ 回路[C]的自保持常开触点 STR-m 断开。

④ 回路[D]的定时驱动单元中没有电流流过，定时器 TLR 断电。

⑤ 在瞬时回路[E]的限时动作瞬时复位常开触点 TLR-m 断开。

⑥ 回路[E]的指示灯 L 中没有电流流过，指示灯熄灭。

4. 延时动作电路的时序图

当定时器的驱动单元 TLR 中有电流流过时，即使定时器 TLR 通电，只要未达到设定时间，动作触点就不会闭合（常开触点时）；如果驱动部 TLR 中没有电流流过，TLR 断电，瞬时复位断开（常开触点时），把这样的触点叫做延时动作瞬时复位触点。

延时动作电路的时序图如图 10.6 所示。

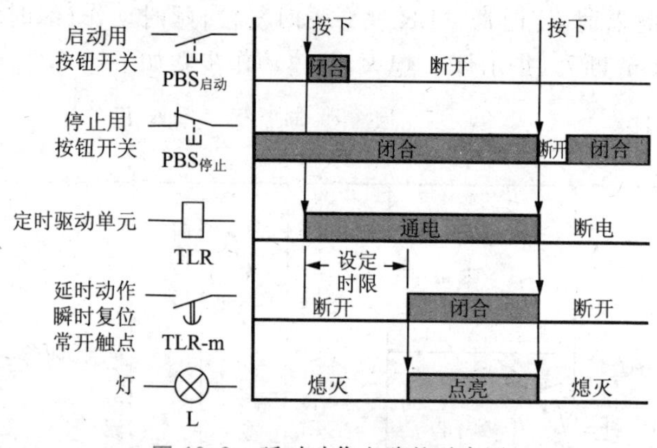

图 10.6　延时动作电路的时序图

10.2 间隔动作电路

1. 间隔动作电路的定义

所谓间隔动作电路是将输入信号给予负载后，只在一定的时间内（定时器的设定时限）动作的电路。

间隔动作电路实物连接图如图 10.7 所示。

在该电路里，使用启动用按钮开关 $PBS_{启动}$、电磁继电器 STR 以及具有延时动作复位常闭触点的定时器 TLR，按下 $PBS_{启动}$ 后，使指示灯 L 只点亮 2min。

间隔动作电路如图 10.8 所示，其顺序图如图 10.9 所示。

2. 延时动作的工作方式

间隔动作电路延时动作工作方法如图 10.10 所示，按下启动用按钮

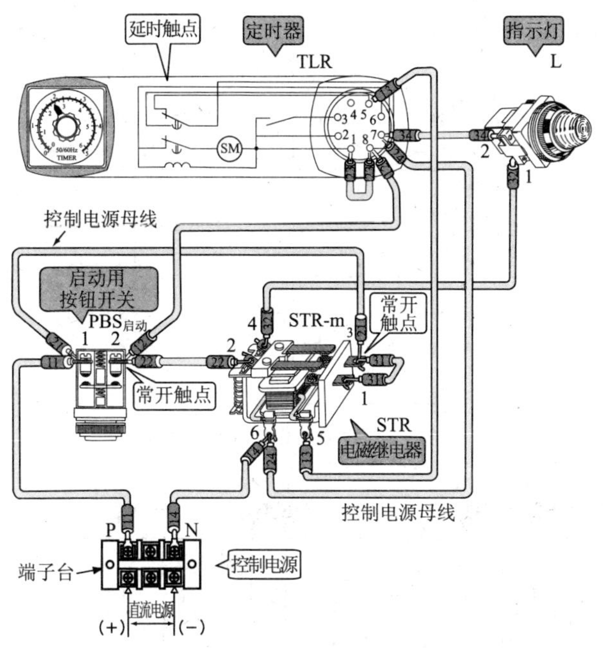

图 10.7 间隔动作电路实物连接图

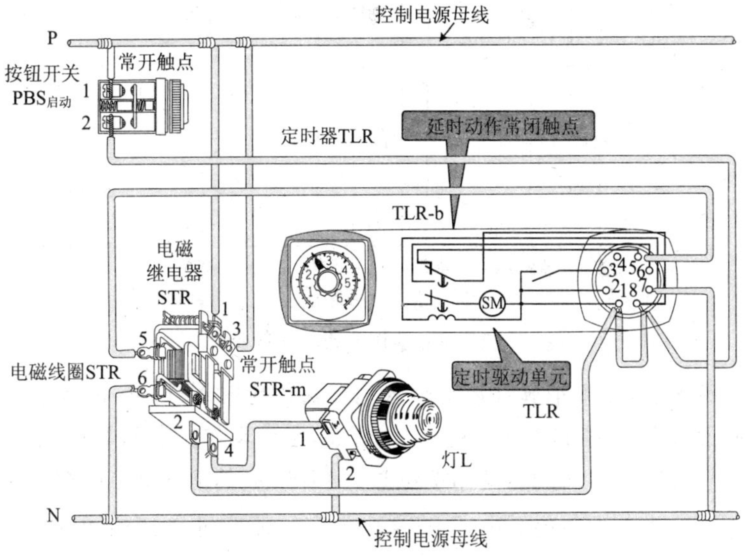

图 10.8 间隔动作电路图

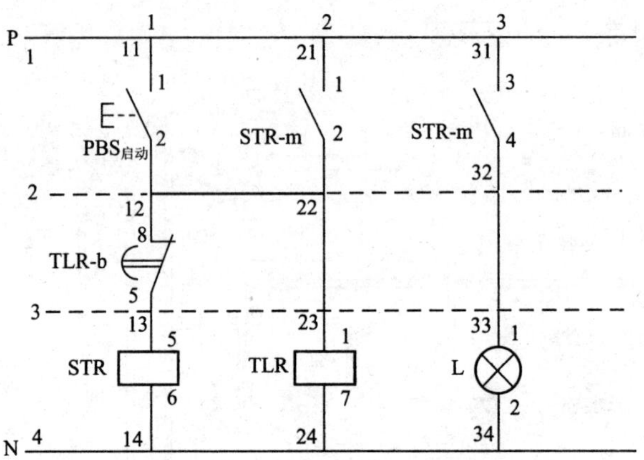

图 10.9　间隔动作电路的顺序图

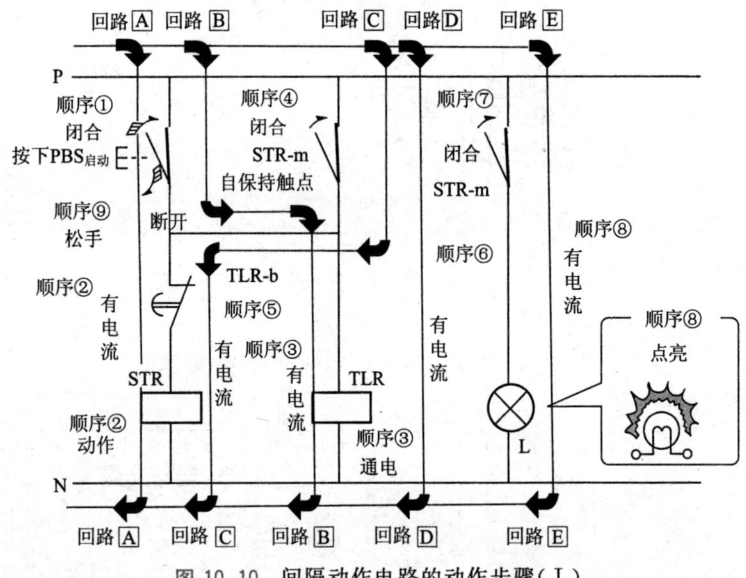

图 10.10　间隔动作电路的动作步骤(Ⅰ)

开关 $PBS_{启动}$，如果把脉冲启动输入信号送给定时器 TLR，那么在通电的同时，指示灯 L 中有电流流过，指示灯亮，具体动作步骤如下：

① 按下回路A的启动用按钮开关 $PBS_{启动}$，其常开触点闭合。

② 回路A的电磁继电器 STR 中就有电流流过，电磁继电器 STR 工作。

③ 回路B的定时驱动单元 TLR 中就有电流流过，定时器 TLR 被通

电(即使定时器通电,延时动作常闭触点 TLR-b 也不能立即工作)。

④ STR 工作,回路C的自保持常开触点 STR-m 就会闭合。

⑤ 电流通过回路C流过 STR。

⑥ 电流通过回路D流过 SLR。

⑦ STR 动作,回路E的常开触点 STR-m 就会闭合。

⑧ 回路E的指示灯 L 中就有电流流过,指示灯亮。

⑨ 如果使按着回路A的 $PBS_{启动}$ 的手脱离,其常开触点断开。即使 $PBS_{启动}$ 断开,因为回路C以及回路D都有电流流过,STR 以及 TLR 被继续通电,所以,指示灯 L 保持点亮状态。

如果经过定时器 TLR 的设定时限 2min 后,如图 10.11 所示,定时器 TLR 工作,延时动作瞬时复位常闭触点 TLR-b 打开,指示灯 L 自动熄灭,具体动作步骤如下:

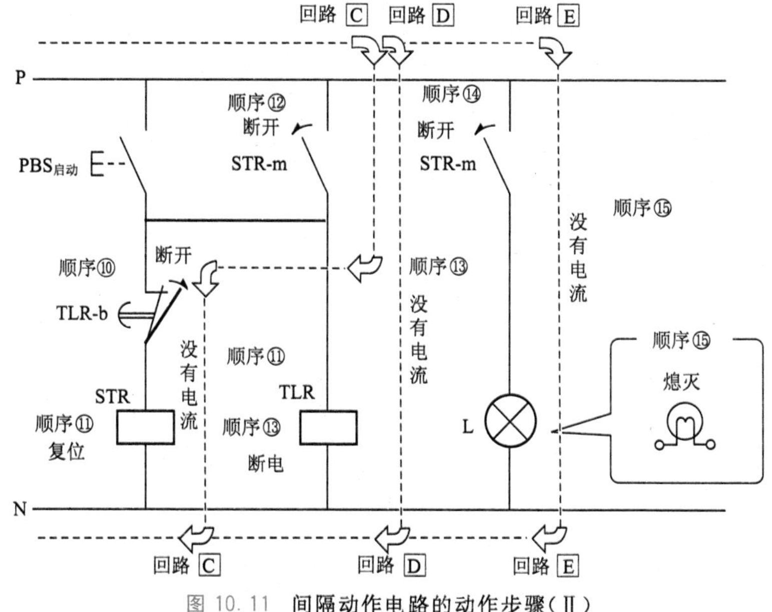

图 10.11 间隔动作电路的动作步骤(Ⅱ)

⑩ 经过定时器 TLR 的设定时限后,回路C的延时动作常闭触点 TLR-b 发生动作,断开。

⑪ 回路C的电磁线圈 STR 中没有电流流过,电磁继电器复位。

⑫ 回路C的自保持常开触点 STR-m 就会断开。

⑬ 回路D的定时器驱动单元 TLR 中没有电流流过，TLR 断电。

⑭ STR 复位，回路E的常开触点 STR-m 断开。

⑮ 回路E的指示灯 L 中没有电流流过，指示灯 L 熄灭。

3. 间隔动作电路的时序图

间隔动作电路的时序图如图 10.12 所示。

不按启动用按钮开关 $PBS_{启动}$，指示灯 L 亮，经过定时器 TLR 的设定时限，指示灯将自动熄灭。

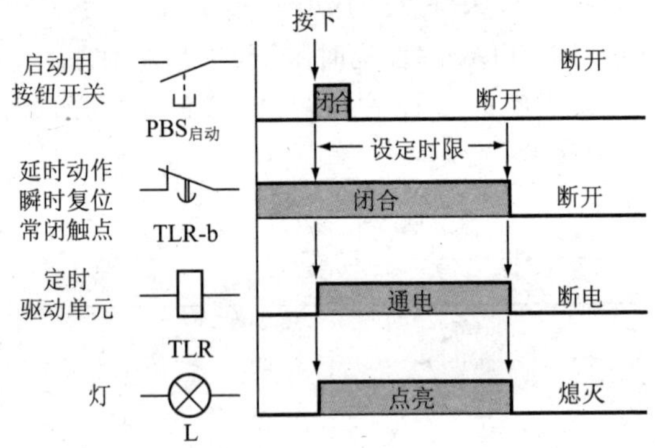

图 10.12　间隔动作电路的时序图

第11章

电动机启动控制电路

因为电动机能够通过电源提供的电能得到机械动能，远距离控制也比较容易，所以作为顺序控制系统中的物体移动和加工等的动力源，被广泛应用。这里主要对电动机中使用最广泛的三相感应电动机的启动控制电路加以说明。

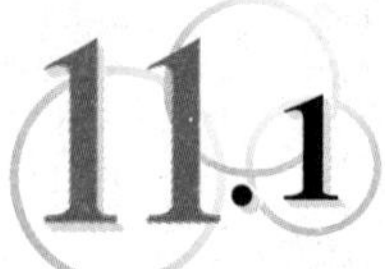

11.1 电动机控制主电路的构成方式

1. 启动、停止电动机

众所周知，三相感应电动机（以下称为电动机）施加三相交流电压就会转动，产生机械动能。

在电源和电动机之间，如图 11.1 所示，组合连接一个闸刀开关和熔丝，手动断开、闭合这个闸刀开关，电动机中就会有电源电流流过或是没有电流流过，电动机启动或是停止。

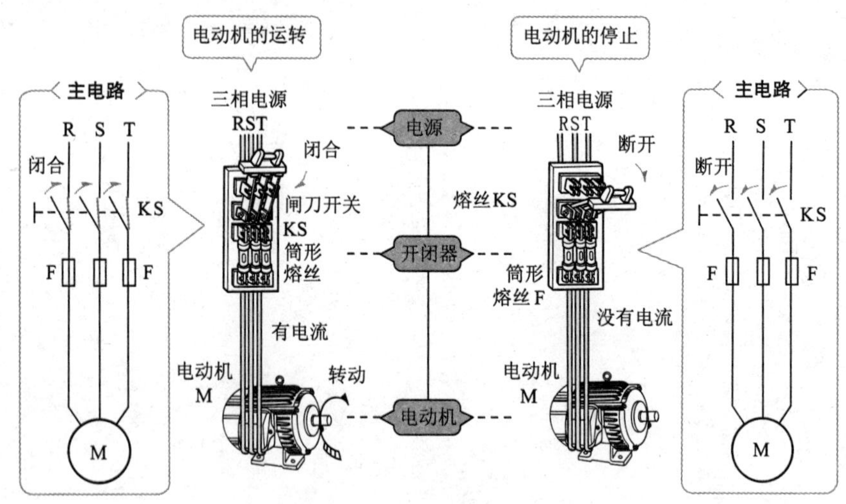

图 11.1　电动机的主电路（使用闸刀开关的情况）

在电动机的控制中，把从电源经过开闭器直接到达电动机的电路叫做主电路。

另外，电动机电路中安装有熔丝，用于短路和过电流（指电动机铭牌

上标注的电流值以上的电流)的保护,熔丝有以下缺点:

① 熔丝断开时,必须更换。

② 在三相电路中,熔丝只要有一相断开,就变成了单相运转,有时会烧坏电动机。

③ 如果只是熔丝,很难耐得住电动机启动时的大电流(启动时的电流一般是铭牌上标记电流的6~7倍),而且很难具有运转中超载电流时必须熔断的保护特性。

所以,取代闸刀开关和熔丝的组合,采用图11.2所示的热动式或者是电磁式的配线用断路器,断路工作后,只要再次通电操作,不用更换熔丝,电源电路就能再次启动。像这样使用配线用断路器等,手动地进行开闭操作,控制电动机的启动和停止的方法叫做直接手动操作控制。

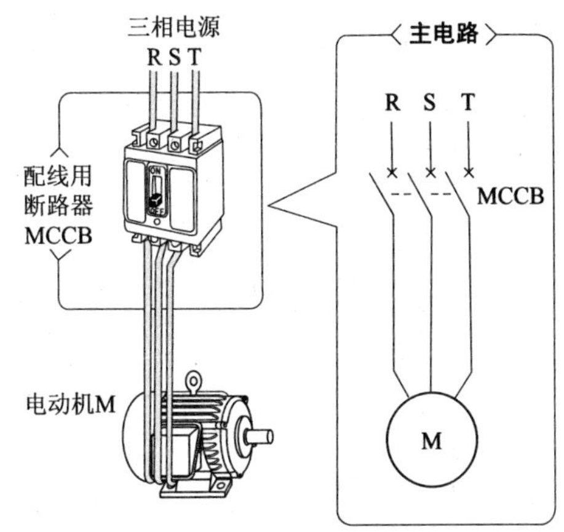

图11.2 电动机的主电路(使用配线用断路器的情况)

2. 远距离控制电动机

作为启动或是停止电动机的方法,在三相交流电源和电动机之间只用闸刀开关或是配线用断路器的直接手动操作控制有以下缺点:

① 要启动或是停止电动机必须到现场操作,不能在远处进行远距离控制,很不方便。

② 配线用断路器是切断电流的装置,构造上不适合用于频繁开关负载。

③ 因为闸刀开关会出现弧光等原因,不适合用于运转中的负载开关。

因为上述理由，如图 11.3 所示，通常在配线用断路器和电动机之间再连接电磁接触器，构成间接手动操作控制电路。之所以采用该方法，有以下几点原因：

① 配线用断路器作为电源开关，在接通、切断电源电压的同时，也起到了过电流保护的作用。

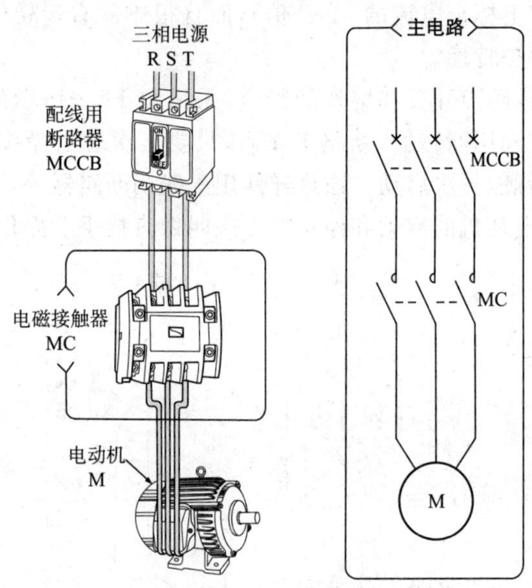

图 11.3　电动机的主电路（使用电磁接触器的情况）

② 对于平时的负载电流的开闭，使用电磁接触器。

③ 用按钮开关等电流容量小的小型操作开关，可以开闭具有大电流容量的触点的电磁接触器，所以能够安全控制大容量的电动机。

④ 因为可以使用按钮开关等小型操作开关，所以把按钮开关集中到一个地方，能从远处集中地进行运转操作。

该方法作为电动机自动控制电路的第一个阶段应用非常普遍，务必掌握。

11.2 电动机启动控制电路

1. 实物连接图

图 11.4 表示的是电动机启动控制电路的实物连接图。在该例中，使

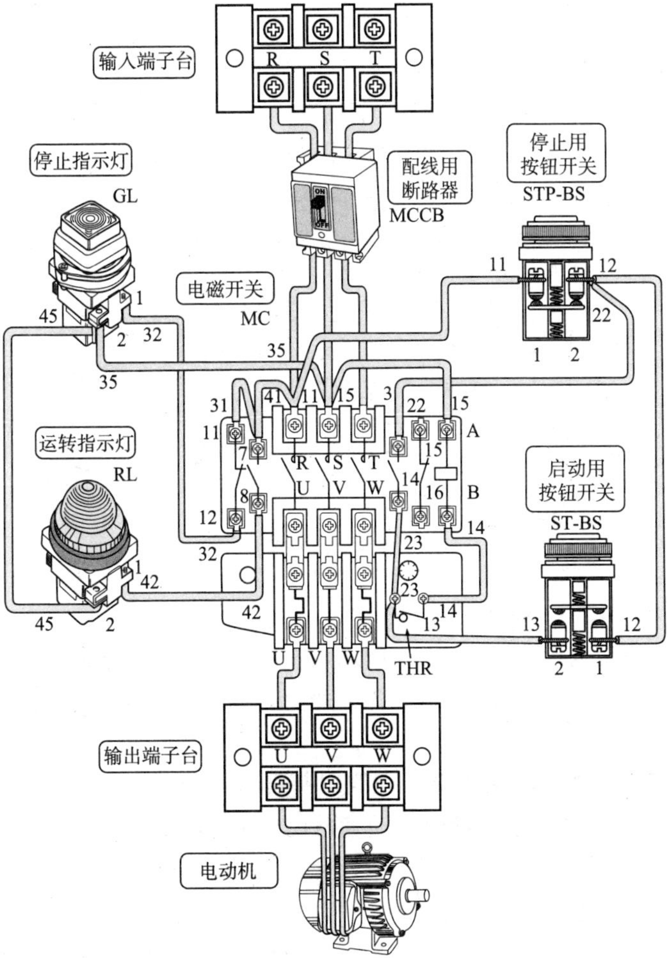

图 11.4 电动机启动控制电路实物连接图

用配线用断路器作为电源开关，电动机电路的开闭使用的是电磁接触器和热敏继电器组合而成的电磁开闭器，该电磁开关的开闭操作是由启动及停止 2 个按钮开关 ST-BS，STP-BS 进行操作的，电动机运转时红色的指示灯(RL)亮，停止时绿色的指示灯(GL)亮。

电动机启动控制电路顺序图如图 11.5 所示，在该图中，从主电路的 R，S 相分别引线，作为控制电路的控制母线。并且，这个控制电路是由自保持电路和 2 灯式指示灯电路组合而成的。

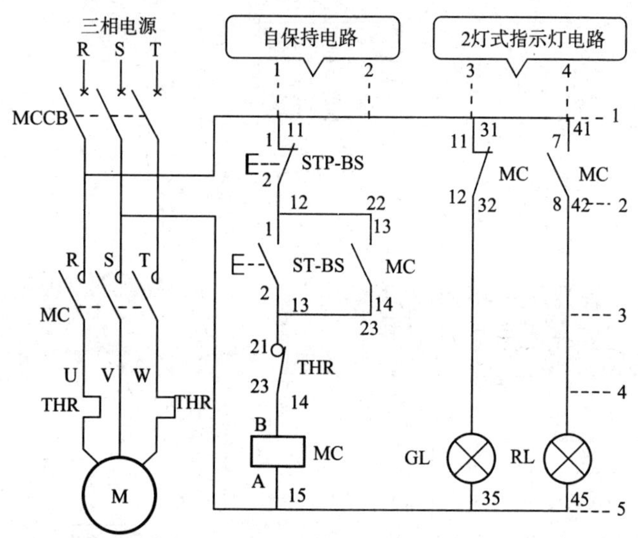

图 11.5　电动机启动控制电路顺序图

2. 电动机启动动作方法

电动机启动动作如图 11.6 所示，按下启动用按钮开关 ST-BS，电磁接触器 MC 就开始工作，主触点 MC 闭合，电动机 M 启动，具体动作步骤如下：

① 接通主电路的电源开关配线用断路器 MCCB。

② 回路[C]的电磁接触器的辅助常闭触点 MC 闭合，停止指示灯 GL 中有电流，指示灯亮(停止指示灯 GL 亮表示电源被接通)。

③ 按下回路[A]的启动用按钮开关 ST-BS，其常开触点闭合。

④ ST-BS 闭合，回路[A]的电磁线圈 MC 中有电流，电磁接触器动作。

⑤ 回路[B]的自保持常开触点 MC 闭合。

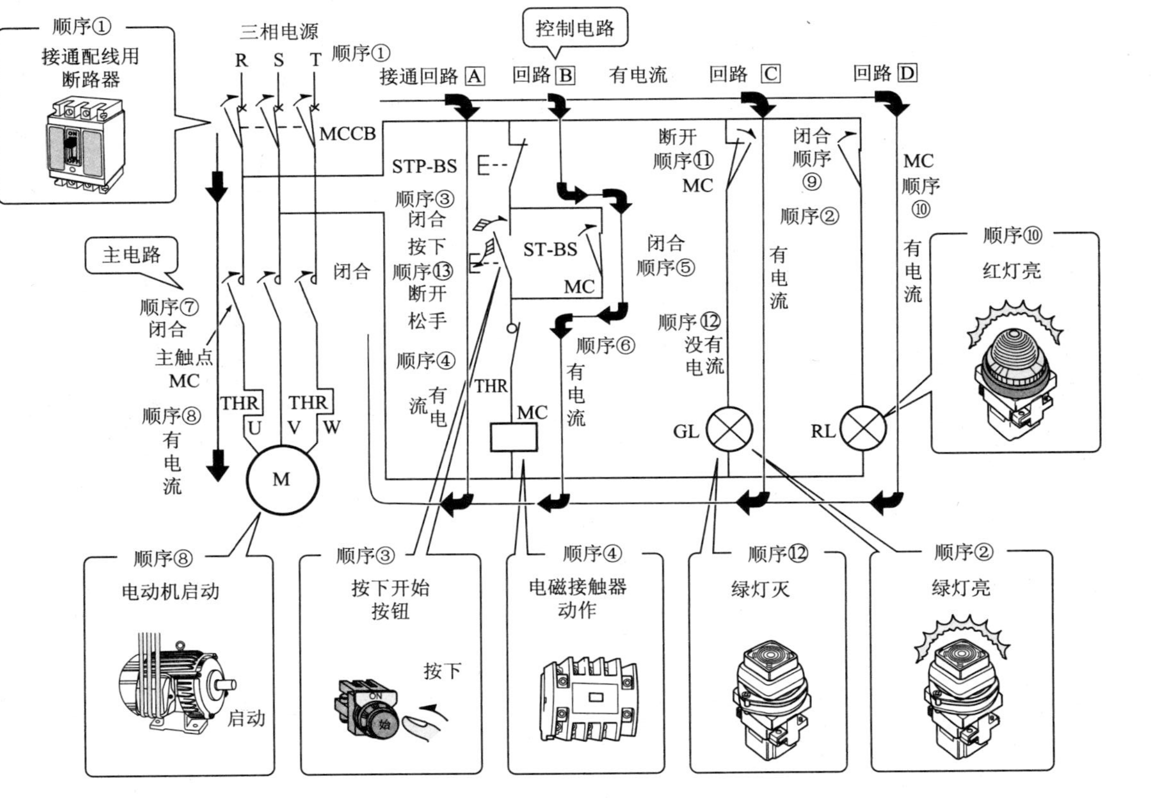

图11.6 电动机的启动动作步骤

⑥ 有电流通过回路[B]流入电磁线圈 MC 中，电磁接触器 MC 进行自保持。

⑦ MC 发生动作，主电路的主触点 MC 闭合。

⑧ 主电路的电动机 M 被施加三相交流电压，电动机启动，开始旋转。

⑨ 回路[D]的辅助常开触点 MC 闭合。

⑩ 回路[D]的辅助常开触点 MC 闭合，运转指示灯 RL 中有电流流过，指示灯亮。

⑪ MC 动作，回路[C]的辅助常闭触点 MC 断开。

⑫ 停止指示灯 GL 中没有电流流过了，指示灯灭。

⑬ 使按着回路[A]的 ST-BS 的手脱离。

注意：电磁接触器 MC 一做动作，顺序⑤、顺序⑦、顺序⑨、顺序⑪的动作同时进行。

3. 电动机停止动作方法

电动机停止动作如图 11.7 所示，按下停止用按钮开关 STP-BS，电磁接触器 MC 就复位了，主触点 MC 断开，电动机 M 停止，具体动作步骤如下：

① 按下回路[B]的停止用按钮开关 STP-BS，其常闭触点断开。

② 回路[B]的电磁线圈 MC 中没有电流，电磁接触器 MC 复位。

③ 回路[B]的自保持常开触点 MC 就断开，解除自保持。

④ MC 复位，主电路的主触点 MC 断开。

⑤ 主电路的电动机 M 不施加三相交流电压，电动机停止。

⑥ MC 复位，回路[C]的辅助常闭触点 MC 闭合。

⑦ 停止指示灯 GL 中有电流流过，指示灯亮。

⑧ MC 复位，回路[D]的辅助常开触点 MC 断开。

⑨ 运转指示灯 RL 中没有电流流过，指示灯灭。

⑩ 使按着回路[B]的 STP-BS 的手脱离。

注意：电磁接触器 MC 复位，顺序③、顺序④、顺序⑥、顺序⑧的动作同时进行。

至此，所有的动作恢复到按下启动用按钮开关之前的状态。

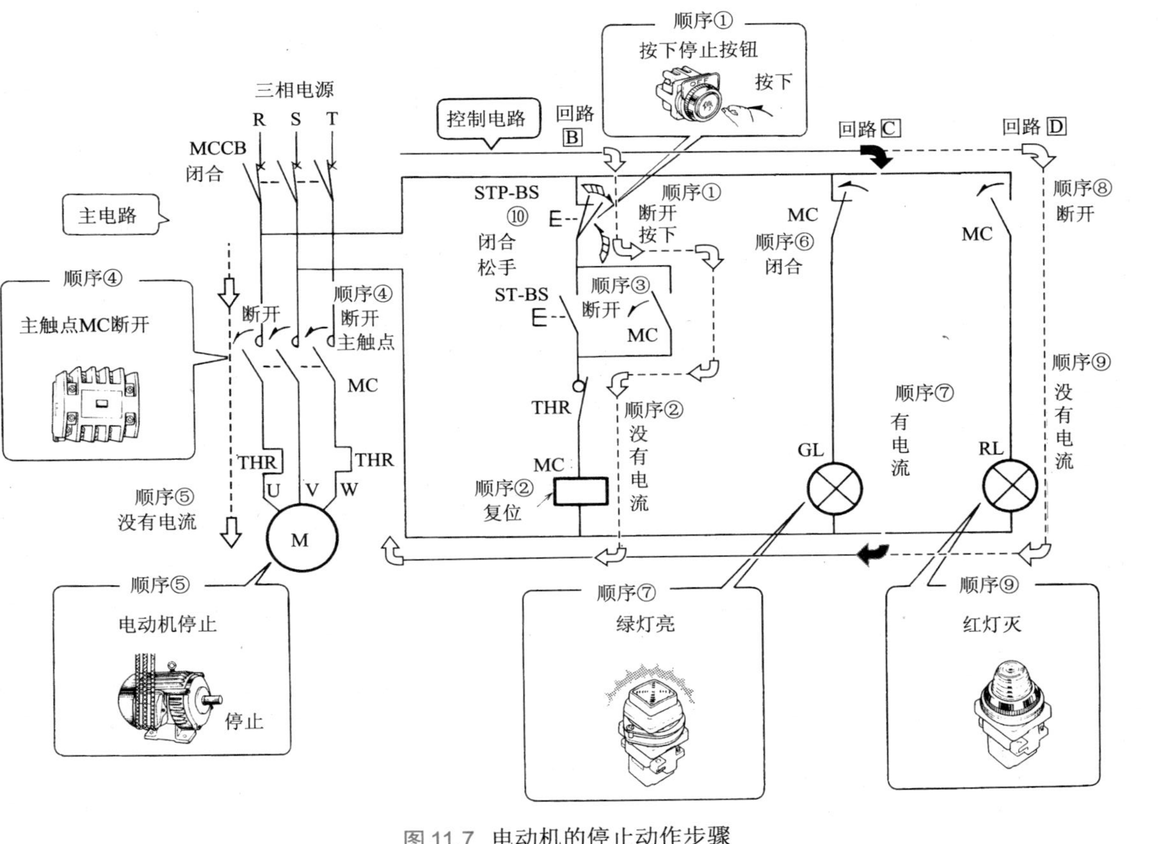

图 11.7 电动机的停止动作步骤

第12章

电动机正反转控制电路

12.1 电动机旋转方向的改变方法

1. 电动机正转、反转的定义

挡板的开闭动作，传送带的左转、右转，升降机的上升、下降等，在改变转动方向或是改变传送方向时，大多采用通过改变电动机的转动方向进行控制的方法。

电动机的转动方向如图 12.1 所示，没有特别指定时，把沿顺时针方向的转动定义为正转，沿逆时针方向的转动定义为反转。把电动机的转动方向由正方向到逆方向，或者是由逆方向到正方向切换的运转控制电路叫做电动机的正反转控制电路。

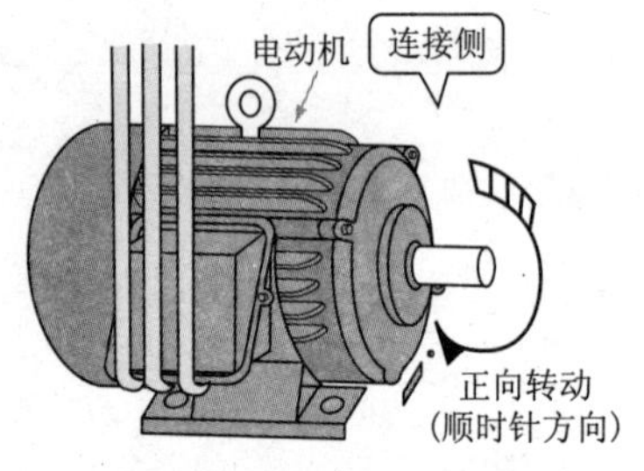

(a) 正向转动(正转)

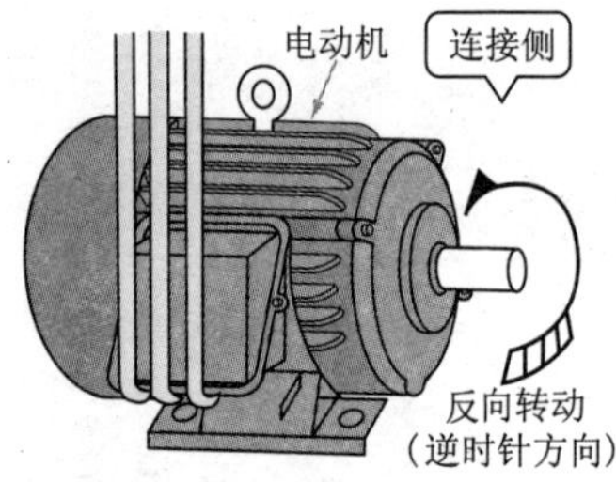

(b) 反向转动(反转)

图 12.1　电动机的正转、反转的识别

2. 电动机正转、反转的工作方法

对于电动机(三相感应电动机)而言，要改变其转动方向，把电动机的 3 根引出线中 2 根调换一下，再接上电源就能反转了。

如图 12.2 所示，电动机的 U，V，W 相和三相电源的 R，S，T 相对应，R 相和 U 相、S 相和 V 相、T 相和 W 相对应地连接起来时，为电动机正转；如图 12.3 所示，R 相和 T 相调换一下，R 相和 W 相对应，T 相和 U 相对应，这样调换三相交流电源的 R，S，T 三相中的二相，接上电动机的引出线，电动机就反方向转动了。

图 12.4 中使用了 2 个分别用于正转和反转的电磁接触器，对这个电动机进行电源电压相的调换。

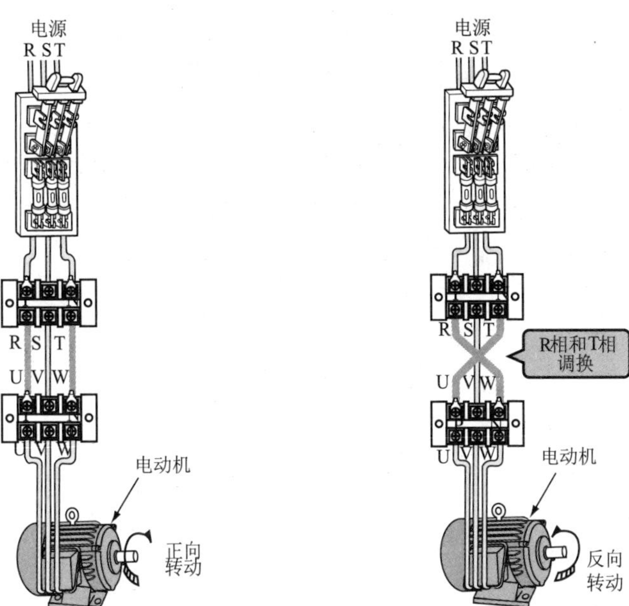

图 12.2 电动机正向转动的工作方式

图 12.3 电动机反向转动的工作方式

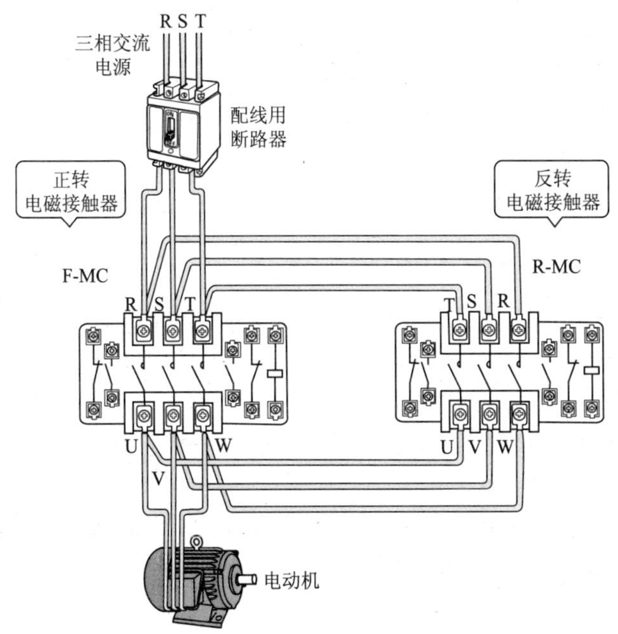

图 12.4 电动机正反转控制电路的主电路

此时，如果正转用电磁接触 F-MC 动作，如图 12.5 所示，电源和电动机通过主触点 F-MC，使 R 相和 U 相、S 相和 V 相、T 相和 W 相分别对应连接，所以电动机正向转动。

接下来，如图 12.6 所示，如果反转电磁接触 R-MC 动作，电源和电动机通过主触点 R-MC，使 R 相和 W 相、S 相和 V 相、T 相和 U 相分别对应连接，因为 R 相和 T 相交换，所以电动机反向转动。

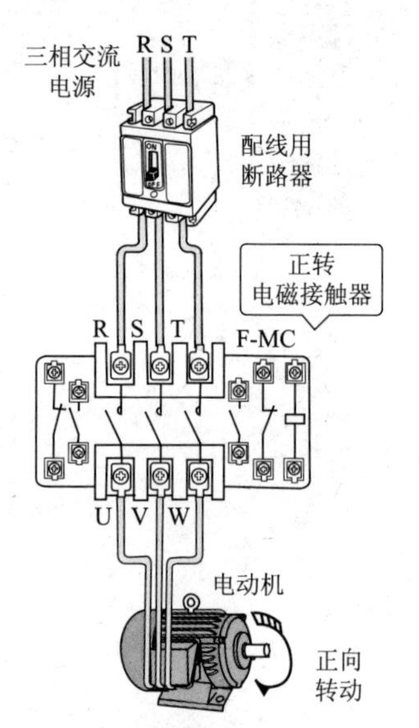

图 12.5　电动机的正转主电路

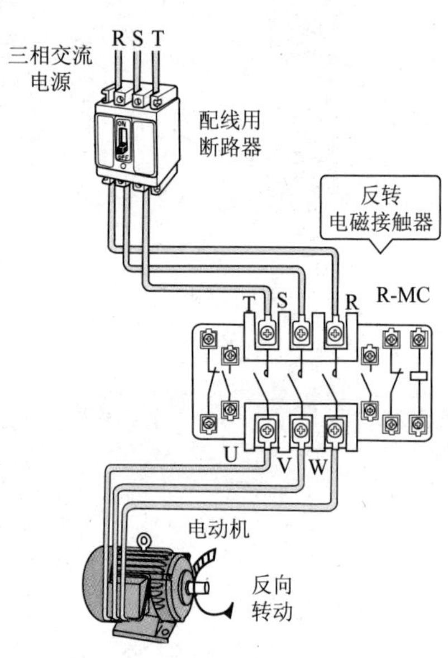

图 12.6　电动机的反转主电路

3. 正反转控制的互锁措施

如图 12.7 所示，电动机的正反转控制操作中，如果错误地使正转用电磁接触器 F-MC 和反转用电磁接触器 R-MC 同时动作，形成一个闭合电路后会怎么样呢？三相电源的 R 相和 T 相的线间电压，通过反转电磁接触器的主触点 $R\text{-}MC_R$ 和 $R\text{-}MC_T$，形成了完全短路的状态，所以，会有大的短路电流流过，烧坏电路。

所以，为了防止主触点 F-MC 和主触点 R-MC 同时被接通，有必要采取相互制约的互锁措施，如图 12.8 所示。

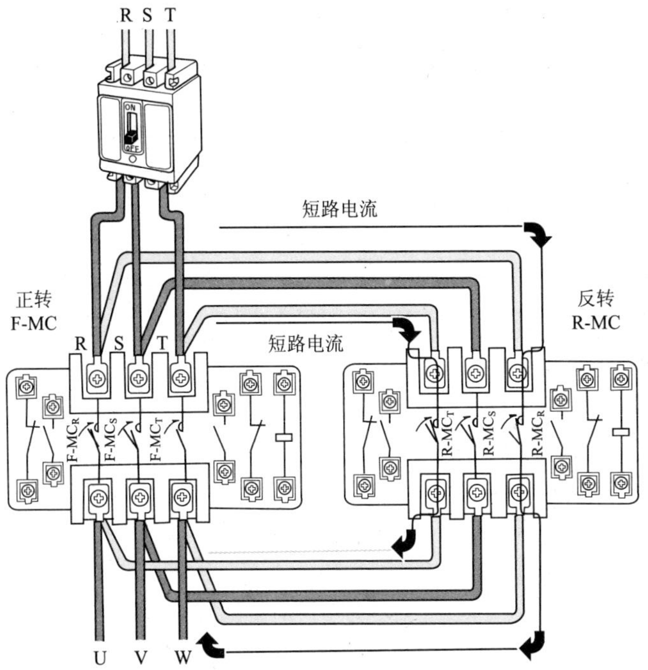

图 12.7 正转用电磁接触器和反转用电磁接触器同时动作的情况

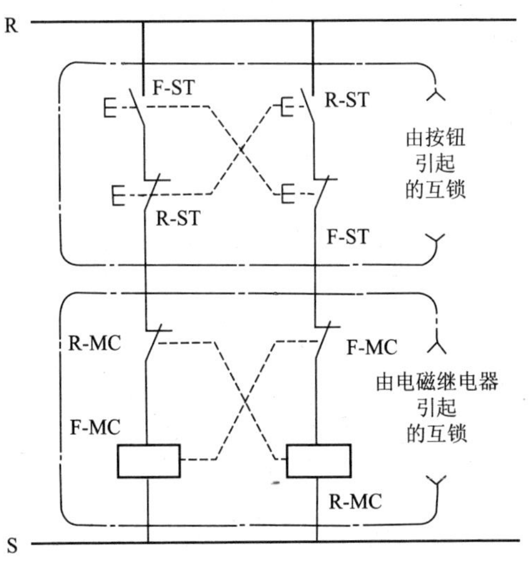

图 12.8 电动机正反转控制电路的互锁电路

使用在 11 章中讲过的，通过在对方电路中添加的自己的常闭触点的按钮开关而构成的互锁电路，以及由电磁继电器触点构成的互锁电路，就能防止正转用电磁接触器 F-MC 和反转用电磁接触器 R-MC 同时发生作用。这种相互间交互锁定的电路，在电动机的正反转控制电路中，几乎是公式般地被使用着。

12.2 电动机正反转控制电路

1. 实物连接图

图 12.9 表示的是电动机正反转控制电路的实物连接图。电动机的正转电路和反转电路的切换是用正转用电磁接触器和反转用电磁接触器实现的，使用各自的按钮开关，能够进行正转、反转以及停止操作。

电动机正反转控制电路的顺序图如图 12.10 所示。在该图中，从主电路的 R 相和 S 相中分别引出一条线，作为控制电路的控制电源母线。

并且，作为控制电路，由启动用及停止用的按钮开关 F-ST（或 R-ST），STP 和电磁接触器 F-MC（或 R-MC）构成自保持电路。

另外，和正转用电磁线圈 F-MC 相串联，把反转按钮开关 R-ST 的常闭触点以及反转用电磁接触器的辅助常闭触点 R-MC 接到 NAND 电路中，构成互锁电路。同样地，和反转电磁线圈 R-MC 相串联，把正转用按钮开关 F-ST 的常闭触点以及正转用电磁接触器的辅助常闭触点 F-MC 接到 NAND 电路中，构成互锁电路。

像这样就会明白，电动机正反转控制电路无非是以前学过的知识的组合。

2. 电动机正转启动的动作方式

电动机正转启动的动作如图 12.11 所示，按下正转用启动按钮开关 F-ST，正转用电磁接触器 F-MC 就做动作，主触点 F-MC 闭合，电动机 M 沿正方向旋转、启动，具体动作步骤如下：

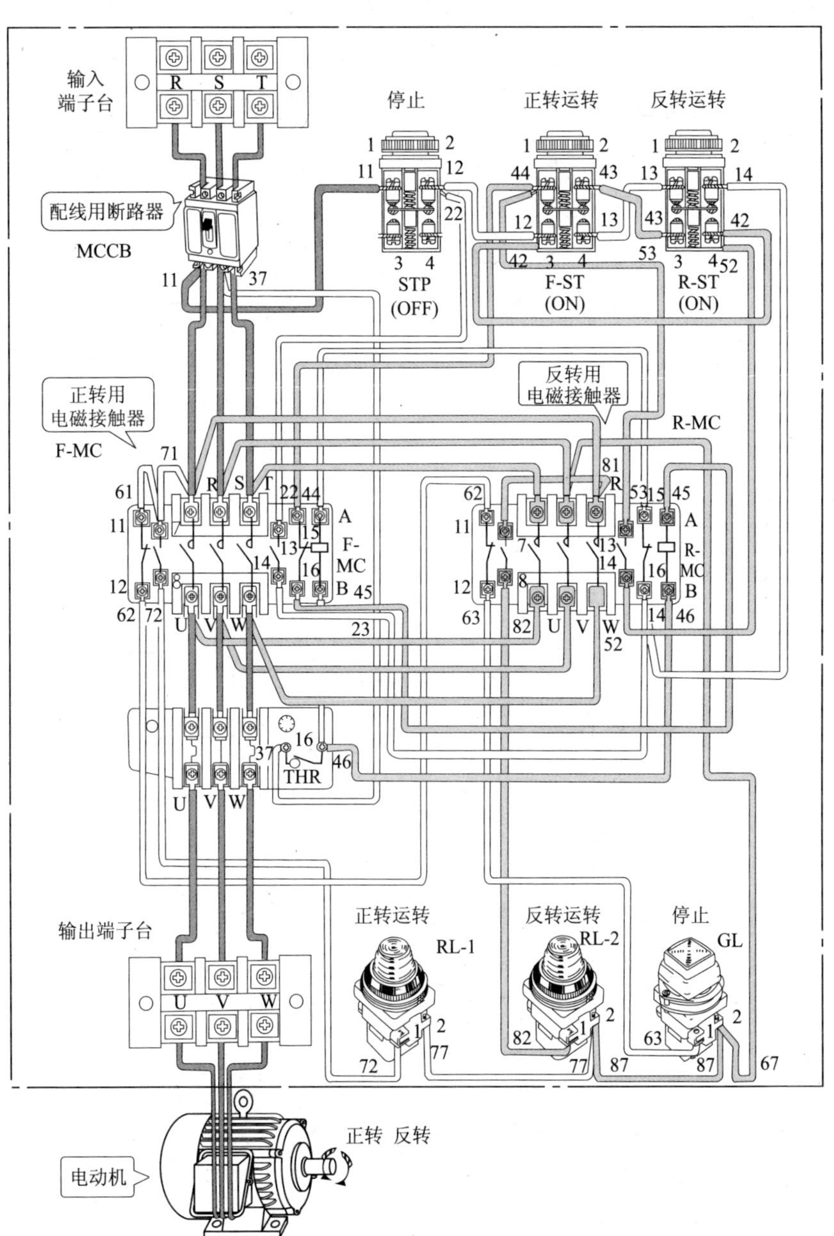

图 12.9 电动机正反转控制电路实物连接图

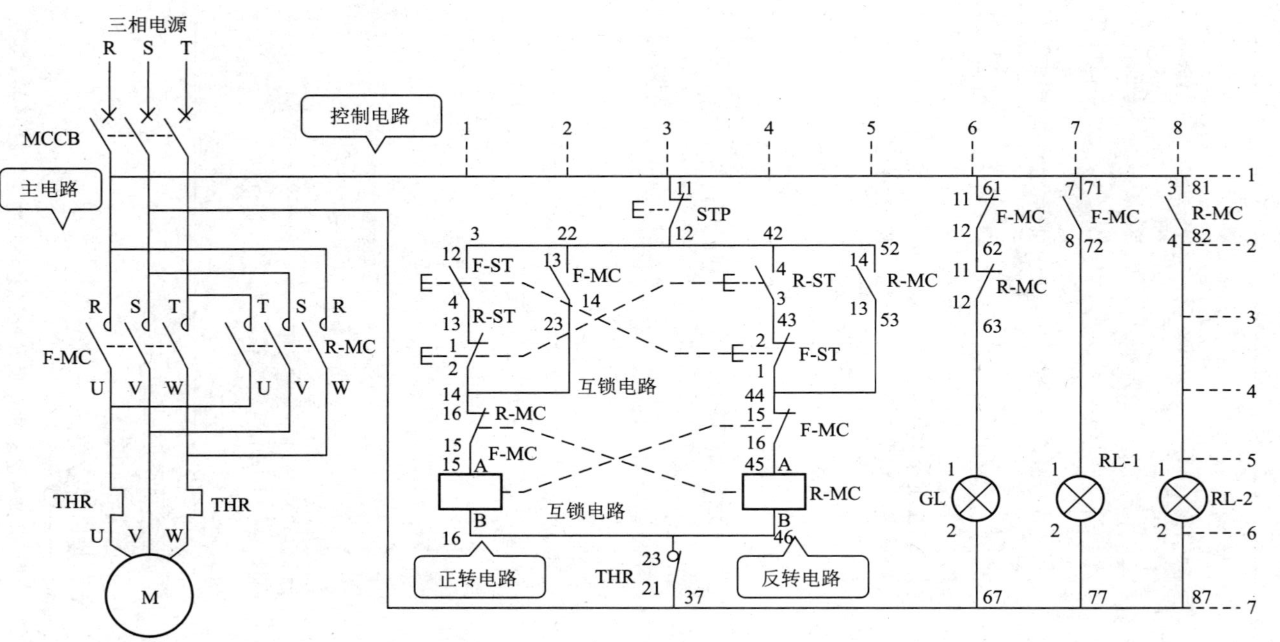

图12.10　电动机正反转控制电路顺序图

① 接通主电路的电源开关配线用断路器 MCCB。

② 回路E中有电流，停止指示灯 GL 亮(停止指示灯 GL 亮表示电源接通)。

③ 按下正转用启动按钮开关 F-ST，回路A的常开触点 F-ST 闭合。

④ 按下 F-ST，回路C的常闭触点 F-ST 断开，反转电路处于开路状态，得到由按钮开关控制的互锁。

⑤ 回路A的常开触点 F-ST 闭合，电磁线圈 F-MC 中有电流流过，正转用电磁接触器 F-MC 动作。

⑥ F-MC 动作，回路B的自保持常开触点 F-ST 闭合，电流通过回路B，流入 F-MC 中，F-MC 进行自保持。

⑦ F-MC 动作，回路C的常闭触点 F-MC 打开，反转电路处于开路状态，得到由电磁接触器控制的互锁。

⑧ F-MC 动作，主电路的主触点 F-MC 闭合。

⑨ 主电路的电动机 M 中通有电流，电动机沿正方向转动。

⑩ F-MC 动作，回路E的辅助常闭触点 F-MC 断开。

⑪ 停止指示灯 GL 中没有电流，灯灭。

⑫ F-MC 动作，回路F的辅助常开触点 F-MC 闭合。

⑬ 正向运转指示灯RL-1亮，表示电动机正向运转。

⑭ 使手从回路A(以及回路C)的 F-ST 上脱离。

注意：正转用电磁接触器 F-MC 动作时，顺序⑥、顺序⑦、顺序⑧、顺序⑩、顺序⑫的动作同时进行。

3. 电动机正转停止的动作方式

电动机正转停止的动作如图 12.12 所示，按下停止用按钮开关 STP，则正转用电磁接触器 F-MC 复位，主触点 F-MC 断开，电动机 M 停止运行，具体动作步骤如下：

① 按下回路B的停止按钮开关 STP，其常闭触点断开。

② 电磁线圈 F-MC 中没有电流，正转电磁接触器 F-MC 复位。

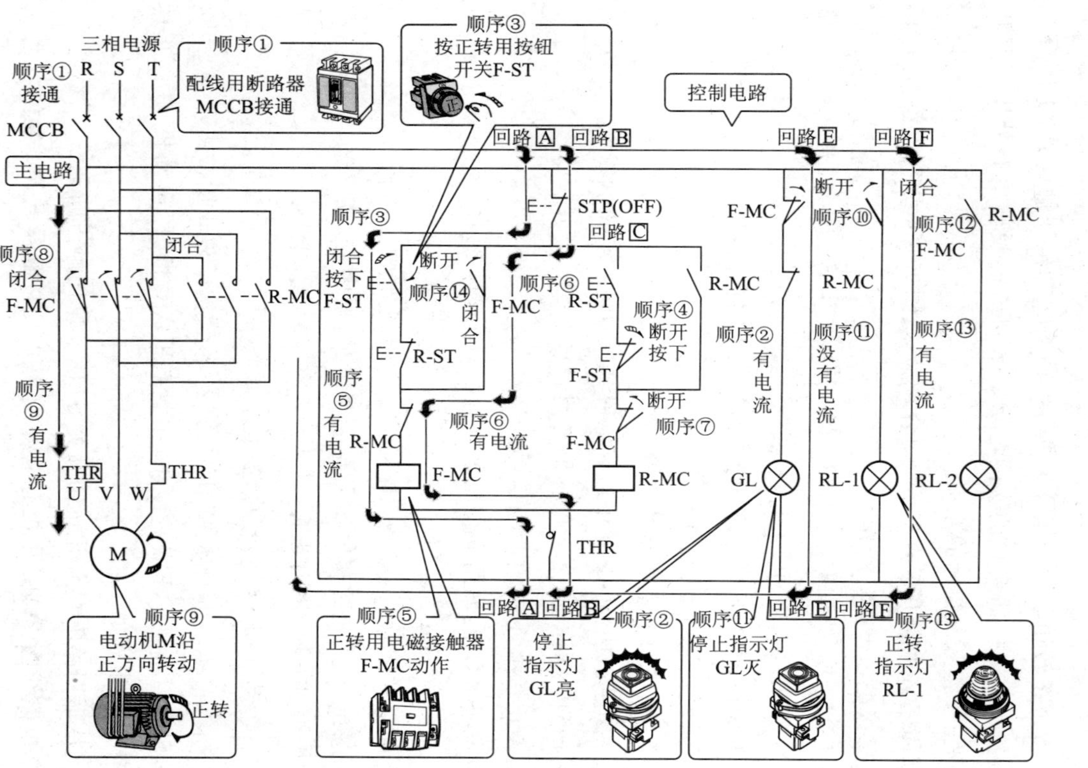

图 12.11　电动机正转启动的动作步骤

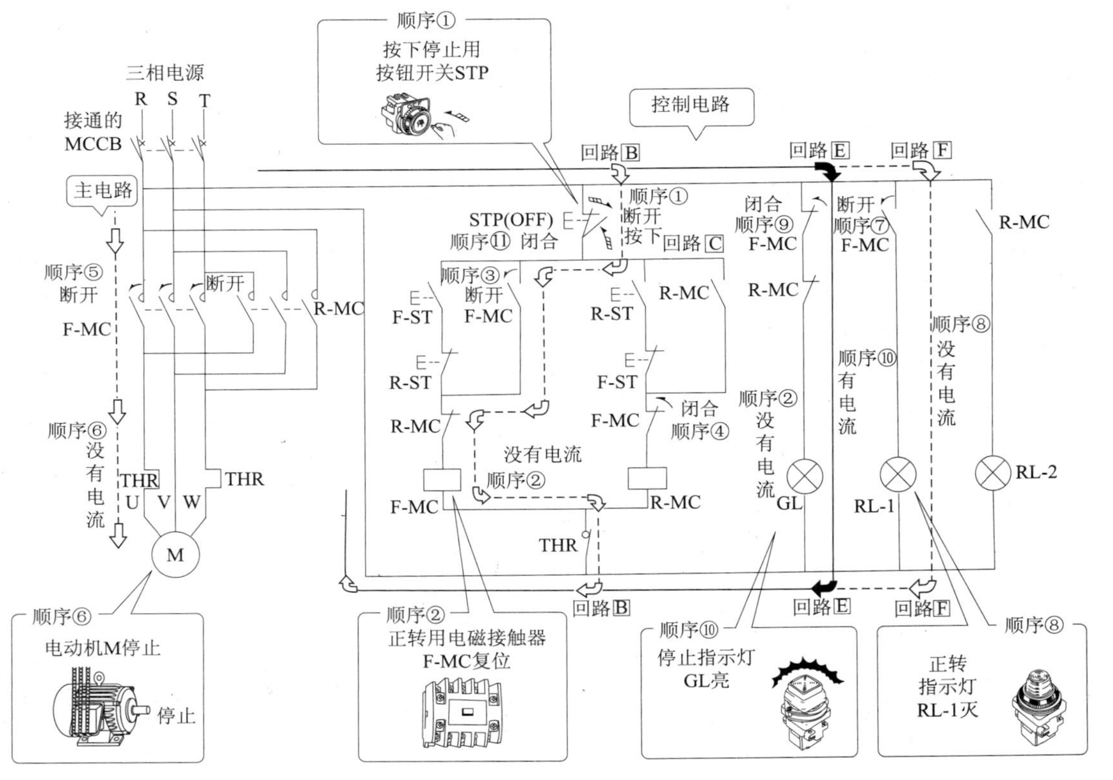

图12.12 电动机正转停止的动作步骤

③ F-MC 复位，回路[B]的自保持常开触点 F-MC 断开。

④ F-MC 复位，回路[C]的常闭触点 F-MC 闭合，解除反转电路的互锁。

⑤ F-MC 复位，主电路的主触点 F-MC 处于开路状态。

⑥ 主电路的电动机 M 中没有电流，电动机停止。

⑦ F-MC 复位，回路[F]的辅助常开触点 F-MC 断开。

⑧ 正向运转指示灯 RL-1 熄灭。

⑨ F-MC 复位，回路[E]的辅助常闭触点 F-MC 闭合。

⑩ 停止指示灯 GL 中通有电流，指示灯亮，表示电动机 M 停止运行。

⑪ 使按着回路[B]的 STP 的手脱离。

注意：正转用电磁接触器 F-MC 复位时，顺序③、顺序④、顺序⑤、顺序⑦、顺序⑨的动作同时进行。

4. 电动机反转启动的动作方式

电动机反转启动的动作如图 12.13 所示，按下反转启动用按钮开关 R-ST，反转电磁接触器 R-MC 动作，主触点 R-MC 闭合，电动机 M 反方向转动，启动，具体动作步骤如下：

① 接通主电路的电源开关配线用断路器 MCCB。

② 回路[E]中有电流，停止指示灯 GL 亮（停止指示灯 GL 亮表示电源接通）。

③ 按下反转用启动按钮开关 R-ST，回路[C]的常开触点 R-ST 闭合。

④ 按下 R-ST，回路[A]的常闭触点 R-MC 断开，正转电路处于开路状态，得到由按钮开关控制的互锁。

⑤ 回路[C]的常开触点 R-ST 闭合，电磁线圈 R-MC 中有电流，反转用电磁接触器 R-MC 动作。

⑥ R-MC 动作，回路[D]的自保持常开触点 R-MC 闭合，电流通过回路[D]，流入 R-MC 中，R-MC 进行自保持。

⑦ R-MC 动作，回路[A]的辅助常闭触点 R-MC 断开，正转电路处于开路状态，得到由电磁接触器控制的互锁。

⑧ R-MC 动作，主电路的主接触点 R-MC 处于闭合状态。

⑨ 主电路的电动机 M 中有电流，电动机沿反方向转动。

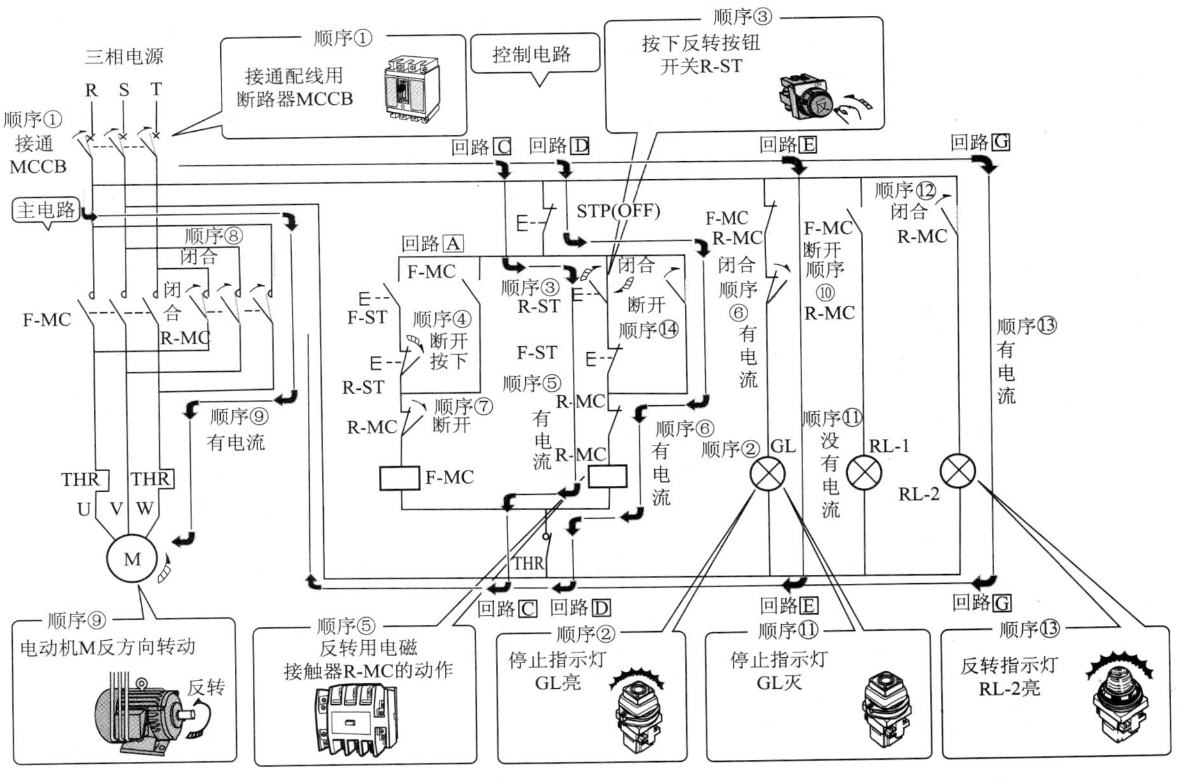

图 12.13 电动机反转启动的动作步骤

⑩ R-MC 动作，回路[E]的辅助常闭触点 R-MC 就断开。

⑪ 停止指示灯 GL 中没有电流了，指示灯灭。

⑫ R-MC 动作，回路[G]的辅助常开触点 R-MC 就闭合。

⑬ 反向运转指示灯RL-2点亮，表示电动机反向运转。

⑭ 使手从回路[C]（以及回路[A]）的 R-ST 上脱离。

注意：反转用电磁接触器 R-MC 动作时，顺序⑥、顺序⑦、顺序⑧、顺序⑩、顺序⑫的动作同时进行。

5. 电动机反转停止的动作方式

按下停止用按钮开关 STP，反转用电磁接触器 R-MC 复位，主触点 R-MC 断开，电动机 M 停止运行。

因为反转的停止动作和正转的停止动作相同，所以请读者自行分析。

第13章

其他电工电路

13.1 暖风器顺序启动控制电路

1. 暖风器采用顺序启动

暖风器是由产生热的加热器和把加热的空气变成暖风送出的送风机构成。所谓送风机就是利用电动机使叶片旋转,然后把风送出去的机器。

对于暖风器,相对于控制电源母线,把加热器和送风机作为各自独立的电路,然后将其作为启动和停止电路进行研究,如图 13.1 所示。

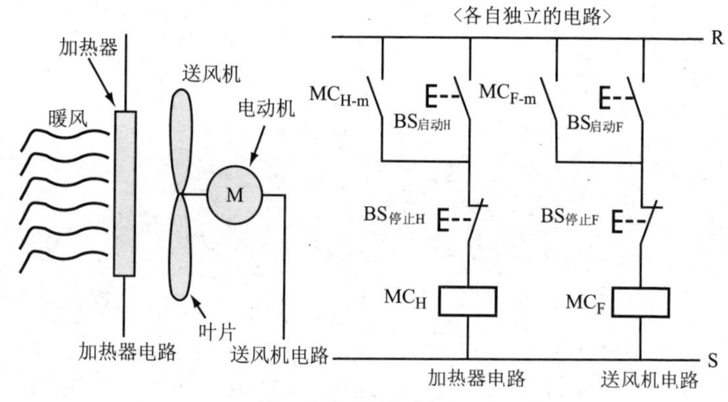

图 13.1 暖风器电路

• 启动时的正确操作

首先,先加入送风机的启动信号,使叶片旋转进入送风状态,随后加入加热器的启动信号进行加热,这时送出的暖风称为安全的暖风。

• 启动时的误操作

输入加热器的启动信号进行加热,但是,因失误而忘记了加入送风机的启动信号,当放任加热器长时间的加热时,就会有发生火灾事故的危险。

• 停止时的正确操作

首先,加入加热器的停止信号,停止加热。随后,当加入送风机的停止信号时,可以对加热器进行冷却,这时称其为安全操作。

• 停止时的误操作

加入送风机的停止信号，使叶片停止旋转，从而停止送风。但是，因失误而忘记了输入加热器的停止信号，放任加热器长时间加热时，就会造成火灾事故的发生，因而导致危险局面。

2. 暖风器顺序启动控制电路原理

对于暖风器，只有在正确操作时才能按照启动送风机→达到送风状态→使加热器加热这一顺序启动。图 13.2 所示的电路能满足上述要求。把暖风器的送风机用电磁接触器 MC_F 连接到控制电源上，并且把加热器用电磁接触器 MC_H 连接到它的后面。把每个电磁接触器的启动及停止用按钮开关连接起来，可以达到自保状态。

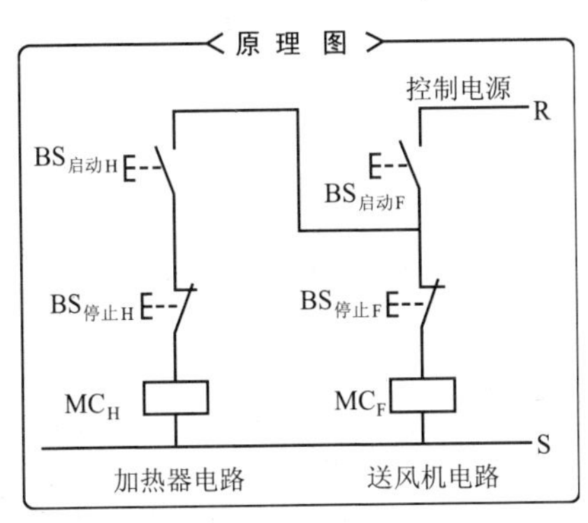

图 13.2 暖风器顺序启动控制电路原理图

• 暖风器启动时的正确操作

从按压暖风器的送风机启动按钮开关开始，到按压加热器启动按钮开关，运行如图 13.3 所示，具体动作步骤如下：

① 按压送风机的启动按钮开关 $BS_{启动F}$，常开触点闭合。

② 送风机的电磁接触器线圈 MC_F 中有电流流过，进入运行状态。

③ 当按压加热器的启动按钮开关 $BS_{启动H}$时，常开触点闭合。

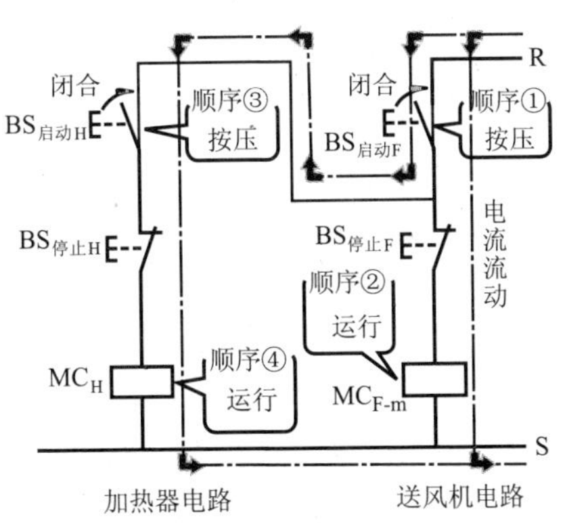

图 13.3 暖风器启动时的正确操作

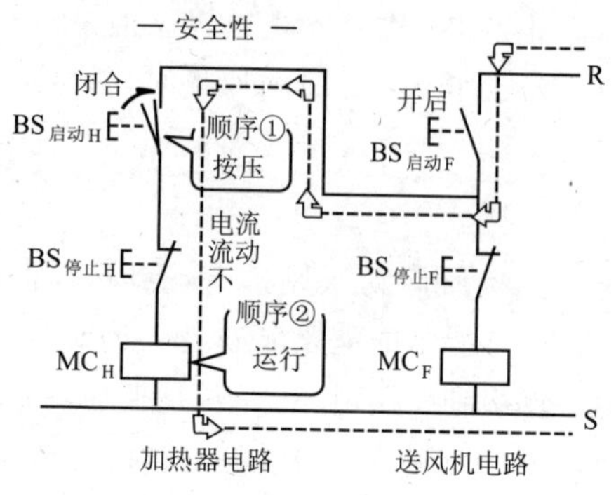

图 13.4 暖风器启动时的误操作

④ 加热用的电磁接触器线圈 MC_H 中有电流流过，进入运行状态。

• 暖风器启动时的误操作

按压暖风器的加热器启动按钮开关，加热器不启动（停止状态），运行如图 13.4 所示，具体动作步骤如下：

① 按压加热器的启动按钮开关 $BS_{启动H}$，常开触点闭合。

② 虽然常开触点 $BS_{启动H}$ 闭合，因为送风机的启动按钮开关 $BS_{启动F}$ 是打开的，所以，加热器用电磁接触器 MC_H 中无电流流动，因而不运行。

3. 实物连接线图

暖风器顺序启动控制电路实物连接图如图 13.5 所示。暖风器顺序启动控制电路采用了作为电源开关的配线切断器 MCCB。送风机主电路的开闭采用了电磁接触器 MC_F。另外，加热器主电路的开闭采用了电磁接触器 MC_H。

电磁接触器 MC_F 和 MC_H 的操作，可以通过按压各自的启动和停止按钮开关 $BS_{启动F}$、$BS_{停止F}$ 和 $BS_{启动H}$、$BS_{停止H}$ 来进行。

送风机和加热器的过电流保护分别由热敏继电器 THR_F 和 THR_H 来提供。

4. 暖风器顺序启动运行的方法

暖风器顺序启动运行如图 13.6 所示，按压送风机的启动按钮开关 $BS_{启动F}$ 时，电磁接触器 MC_F 运行，送风机的电动机 M 启动，风扇旋转送风；按压加热器的启动按钮开关 $BS_{启动H}$ 时，电磁接触器 MC_H 运行，加热器加热，具体动作步骤如下：

① 投入主电路电源开关的配线断路器 MCCB。

② 按压送风机的启动按钮开关 $BS_{启动F}$，其常开触点闭合。

③ 送风机电磁接触器 MC_F 运行。

④ 主电路的主触点 MC_F 闭合。

⑤ 电磁接触器 MC_F 运行时，常开触点 $MC_{F\text{-}m}$ 闭合，进入自保状态。

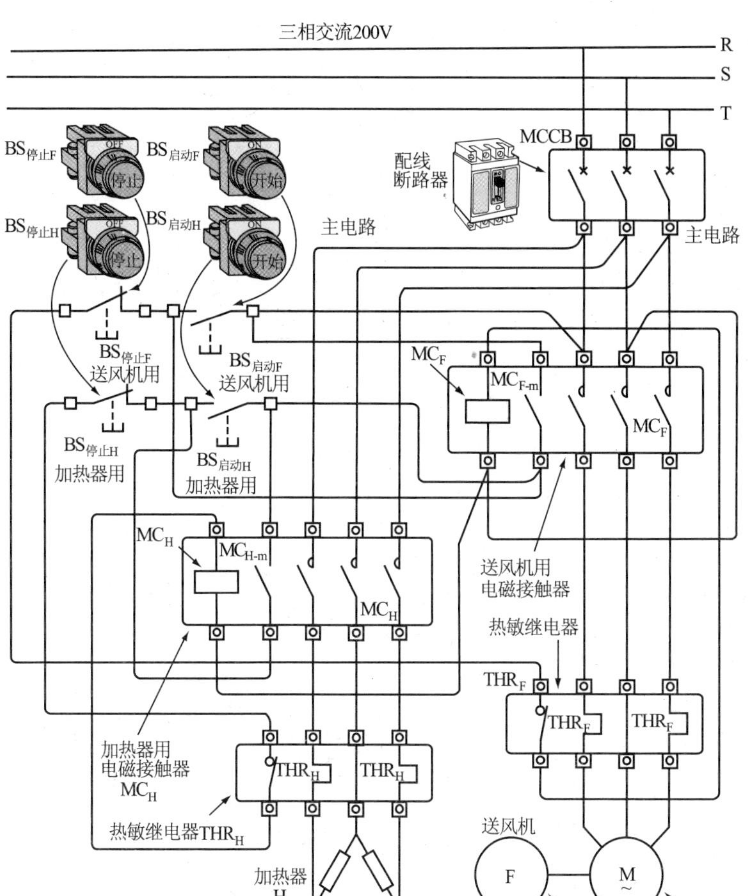

图 13.5 暖风器顺序启动控制电路实物连接图

⑥ 主触点 MC_F 闭合时，电动机内有电流流过，电动机启动并运转。

⑦ 风扇旋转，开始送风。

⑧ 按压加热器启动按钮开关 $BS_{启动H}$，其常开触点闭合。

⑨ 加热器电磁接触器 MC_H 运行。

⑩ 主电路的主触点 MC_H 闭合。

⑪ 常开触点 $MC_{H\text{-}m}$ 闭合，进入自保状态。

⑫ 主触点 MC_H 闭合时，加热器 H 中流过电流，开始加热形成暖风。

5. 暖风器顺序停止运行的方法

暖风器顺序停止运行如图 13.7 所示，按压加热器用的停止按钮开关

$BS_{停止H}$时，电磁接触器 MC_H 恢复，加热器 H 停止加热；按压送风机的停止按钮开关 $BS_{停止F}$时，电磁接触器 MC_F 恢复，送风机的电动机 M 停止运行，风扇停止送风。即使因误操作而先按压了送风机用的停止按钮开关 $BS_{停止F}$，因为送风机 MF 和加热器 H 会同时停止，故也是安全的。具体动作步骤如下：

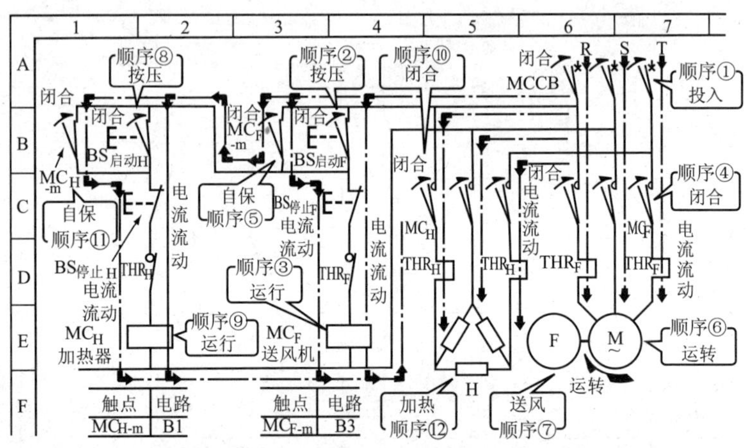

图 13.6　暖风器顺序启动运行图

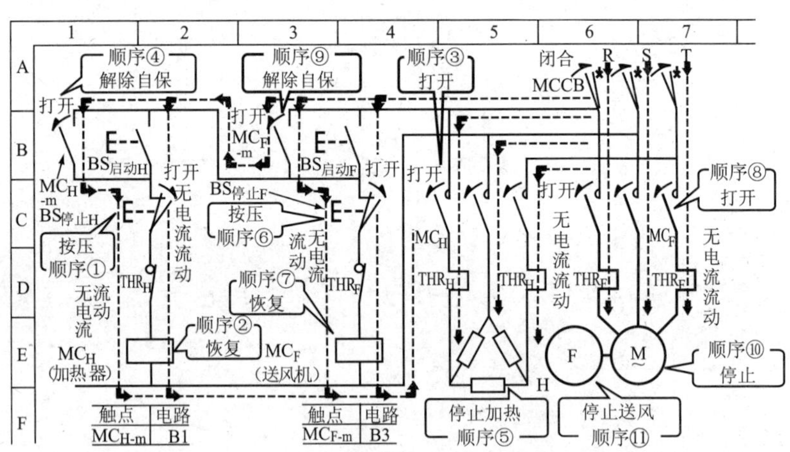

图 13.7　暖风器顺序停止运行图

① 按压加热器的停止按钮开关 $BS_{停止H}$，其常闭触点打开。

② 加热器电磁接触器 MC_H 恢复。

③ 主电路的主触点 MC_H 打开。

④ 当电磁接触器 MC_H 恢复时，常开触点 MC_{H-m} 打开，解除自保状态。

⑤ 加热器中电流停止流动，停止加热。

⑥ 按压送风机的停止按钮开关 $BS_{停止F}$，其常闭触点打开。

⑦ 送风机用电磁接触器 MC_F 恢复。

⑧ 主电路的主触点 MC_F 打开。

⑨ 当电磁接触器 MC_F 恢复时，常开触点 MC_{F-m} 打开，解除自保状态。

⑩ 无电流流过电动机 M，电动机停止转动。

⑪ 风扇停止运行，停止送风。

13.2 电动泵交互运转控制电路

1. 电动泵的交互运转控制

所谓电动泵，就是用电动机作为泵的驱动动力源，把液体（例如，水）汲取上来的装置。

所谓电动泵的交互运转控制，就是指对两台电动泵 No. 1 和 No. 2，每一台都施加输入信号，反复地对它们进行操纵，使它们交互地运转和停止。

对于电动泵的交互运转控制，当使输入信号 $BS_{启动}$ 处于 ON 时，No. 1 电动泵 MP_1 运转，No. 2 电动泵 MP_2 停止运转，这时即使输入信号 $BS_{启动}$ 处于 OFF 状态，上述运行状态也会继续进行。

再次使输入信号 $BS_{启动}$ 处于 ON 时，No. 1 电动泵 MP_1 停止运转，No. 2 电动泵 MP_2 开始运转，这时即使输入信号 $BS_{启动}$ 处于 OFF 状态，这种运行状态也会继续进行。

在 No. 1 和 No. 2 电动泵各自的主电路中，采用了作为电源开关的配线断路器 $MCCB_1$ 和 $MCCB_2$。主电路的开闭采用了电磁接触器 MC_1 和 MC_2。

输入信号用按钮开关 $BS_{启动}$ 实施 ON 和 OFF，用 $BS_{停止}$ 实现非常停止。

各电动泵的控制由 4 个电磁继电器 R_1 ～ R_4 来进行，过流保护则由

热继电器 THR_1 和 THR_2 来完成。

对 No.1 和 No.2 两台电动泵进行交互运转控制的电路图如图 13.8 所示。

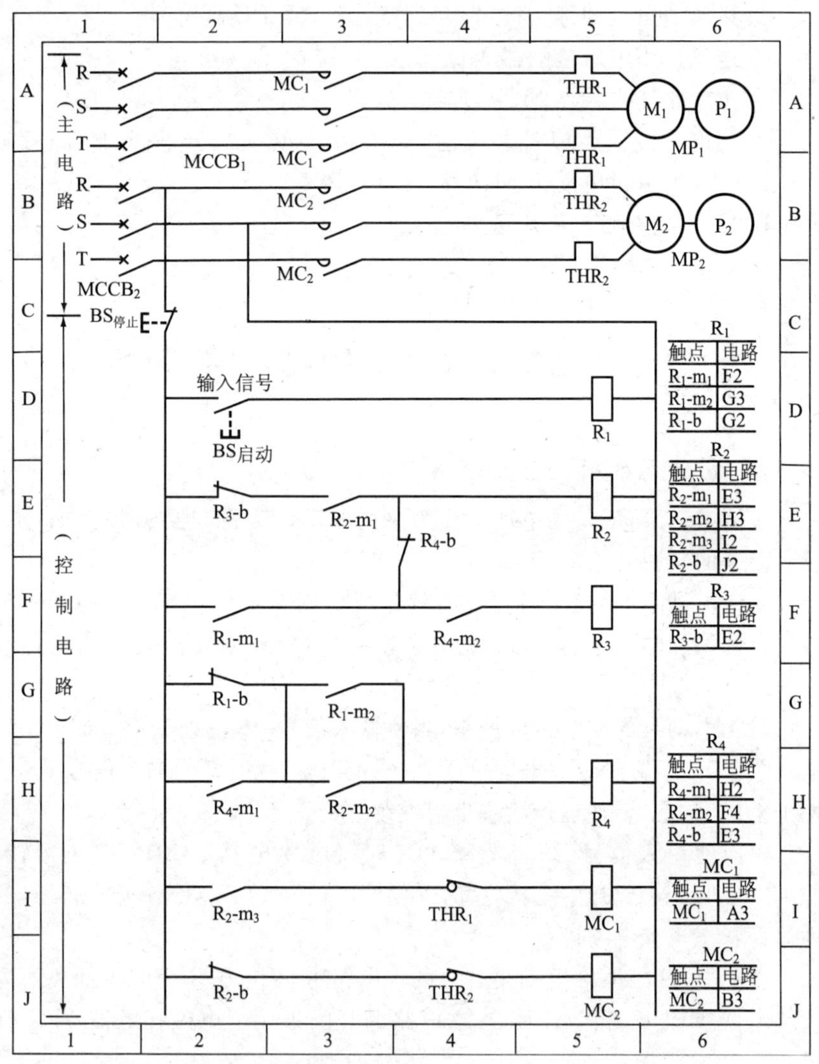

R₁	
触点	电路
R₁-m₁	F2
R₁-m₂	G3
R₁-b	G2

R₂	
触点	电路
R₂-m₁	E3
R₂-m₂	H3
R₂-m₃	I2
R₂-b	J2

R₃	
触点	电路
R₃-b	E2

R₄	
触点	电路
R₄-m₁	H2
R₄-m₂	F4
R₄-b	E3

MC₁	
触点	电路
MC₁	A3

MC₂	
触点	电路
MC₂	B3

图 13.8　两台电动泵进行交互运转控制电路图

2. No.1 电动泵的启动运行方法

当按压输入信号的按钮开关 $BS_{启动}$ 形成 ON 时，No.1 电动泵 MP_1 启动，No.2 电动泵 MP_2 停止运转。即使在按压按钮开关的手离开而形成 OFF 时，这种状态也将继续下去。No.1 电动泵启动运行如图 13.9 所示。

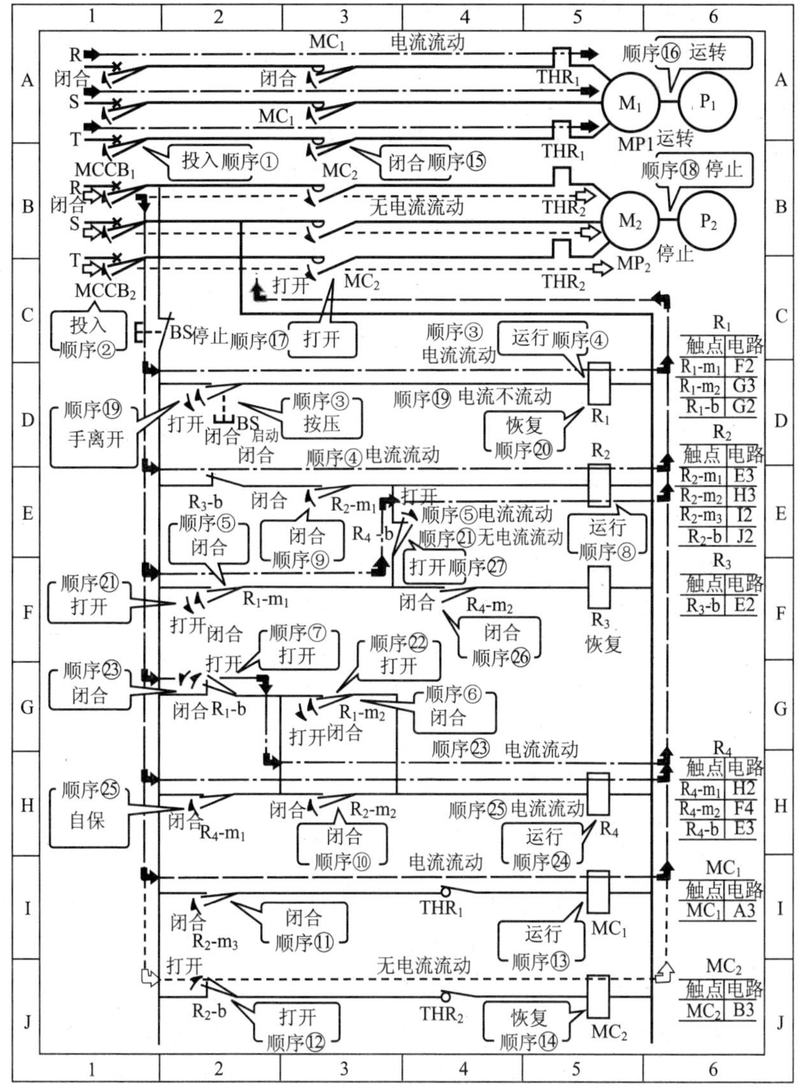

图 13.9 No.1 电动泵启动运行图

• 输入信号 ON 时的运行步骤

① 投入 No.1 电动泵电源开关的配线断路器 $MCCB_1$。

② 投入 No. 2 电动泵电源开关的配线断路器 $MCCB_2$。

③ 按压输入信号的按钮开关 $BS_{启动}$，常开触点闭合(ON)。

④ 闭合常开触点 $BS_{启动}$，电磁继电器 R_1 线圈内有电流，开始运行。

⑤ 常开触点 R_1-m_1 闭合。

⑥ 常开触点 R_1-m_2 闭合。

⑦ 当电磁继电器 R_1 运行时，常闭触点 R_1-b 打开。

⑧ 常开触点 R_1-m 闭合，电磁继电器 R_2 线圈中有电流，开始运行。

⑨ 电磁继电器 R_2 运行，常开触点 R_2-m_1 闭合形成自保状态。

⑩ 常开触点 R_2-m_2 闭合。

⑪ 常开触点 R_2-m_3 闭合。

⑫ 常闭触点 R_2-b 打开。

⑬ 当常开触点 R_2-m_3 闭合时，电磁接触器 MC_1 运行。

⑭ 当常闭触点 R_2-b 打开时，电磁接触器 MC_2 恢复。

⑮ 当电磁接触器 MC_1 运行时，主触点 MC_1 闭合。

⑯ No. 1 电动泵运转。

⑰ 当电磁接触器 MC_2 恢复时，主触点 MC_2 打开。

⑱ No. 2 电动泵停止运转。

• 输入信号 OFF 时的运行步骤

⑲ 按压按钮开关 $BS_{启动}$ 的手离开，常开触点打开(OFF)。

⑳ 常开触点 $BS_{启动}$ 打开，电磁继电器 R_1 线圈中无电流，恢复。

㉑ 常开触点 R_1-m_1 打开。

㉒ 常开触点 R_1-m_2 打开。

㉓ 常闭触点 R_1-b 闭合。

㉔ 闭合常闭触点 R_1-b，电磁继电器 R_4 线圈内有电流，开始运行。

㉕ 常开触点 R_4-m_1 闭合形成自保状态。

㉖ 常开触点 R_4-m_2 闭合。

㉗ 常闭触点 R_4-b 打开。

3. No. 2 电动泵的启动运行方法

在 No. 1 电动泵 MP_1 的运转状态(运行图中的虚线的状态)下，当再次按压输入信号的按钮开关 $BS_{启动}$ 构成 ON 状态时，No. 1 电动泵 MP_1 停止运转，No. 2 电动泵 MP_2 运转起来。即使按压按钮开关的手离开而构成 OFF 时，这种状态也会继续进行下去。No.2 电动泵启动运行如图 13.10 所示。

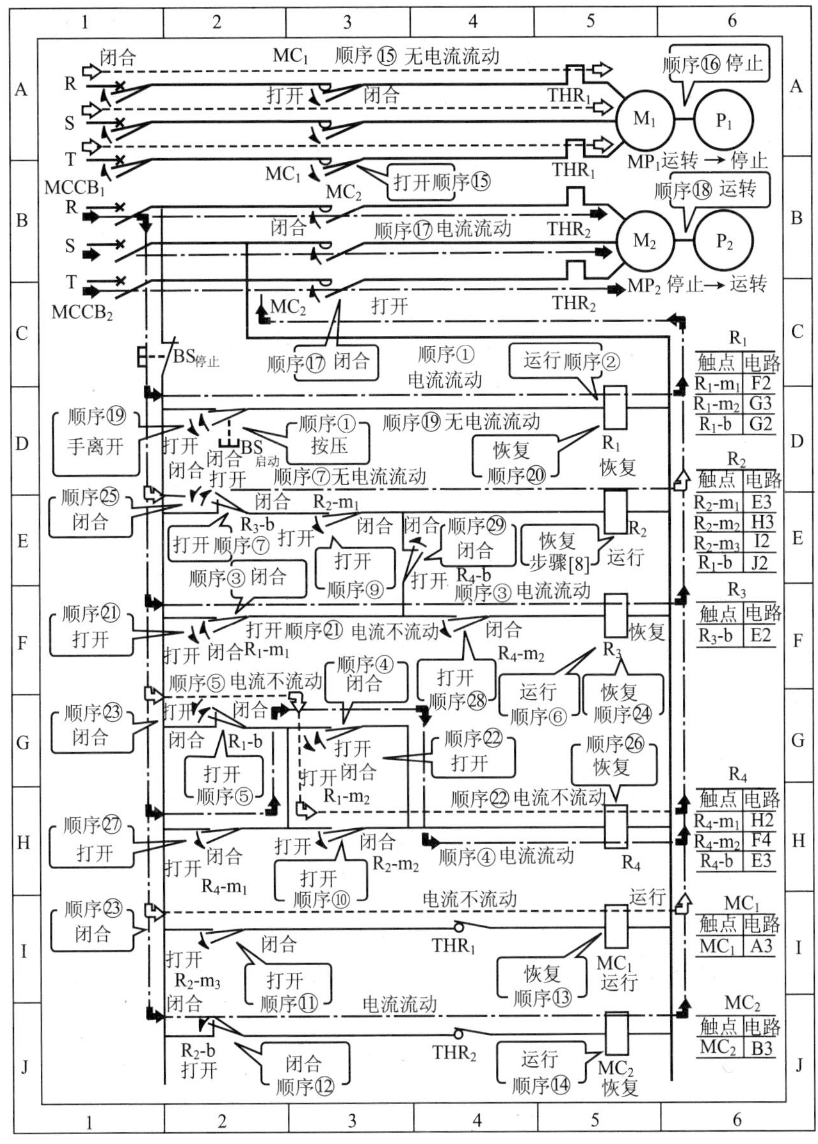

图 13.10 No.2 电动泵启动运行图

- 输入信号 ON 时的运行步骤

① 按压输入信号的按钮开关 $BS_{启动}$，常开触点闭合(ON)。

② 常开触点 $BS_{启动}$ 闭合，电磁继电器 R_1 线圈内有电流，运行。

③ 常开触点 R_1-m_1 闭合。

④ 常开触点 R_1-m_2 闭合。

⑤ 常闭触点 R_1-b 打开。

⑥ 常开触点 R_1-m_1 闭合，电磁继电器 R_3 线圈内有电流，运行。

⑦ 常开触点 R_3-b 打开。

⑧ 当常闭触点 R_3-b 打开时，电磁继电器 R_2 恢复。

⑨ 常开触点 R_2-m_1 打开，解除自保状态。

⑩ 常开触点 R_2-m_2 打开。

⑪ 常开触点 R_2-m_3 打开。

⑫ 常闭触点 R_2-b 闭合。

⑬ 当常开触点 R_2-m_3 打开时，电磁接触器 MC_1 恢复。

⑭ 当常闭触点 R_2-b 闭合时，电磁接触器 MC_2 运行。

⑮ 当电磁接触器 MC_1 恢复时，主触点 MC_1 打开。

⑯ No. 1 电动泵 MP_1 停止运行。

⑰ 当电磁接触器 MC_2 运行时，主触点 MC_2 闭合。

⑱ No. 2 电动泵 MP_2 运转。

- 输入信号 OFF 时的运行步骤

⑲ 按压按钮开关 $BS_{启动}$ 的手离开，常开触点打开(OFF)。

⑳ $BS_{启动}$ 打开，电磁继电器 R_1 线圈内无电流，恢复。

㉑ 常开触点 R_1-m_1 打开。

㉒ 常开触点 R_1-m_2 打开。

㉓ 常闭触点 R_1-b 闭合。

㉔ 当常开触点 R_1-m_1 打开时，电磁继电器 R_3 恢复。

㉕ 常闭触点 R_3-b 恢复。

㉖ 当常开触点 R_1-m_2 打开时，电磁继电器 R_4 恢复。

㉗ 常开触点 R_4-m_1 打开，解除自保。

㉘,㉙ 返回到最初的 No. 1 电动泵启动运行前的状态。

13.3 换气风扇反复运转控制电路

1. 电路图和时序图

换气风扇反复运转控制电路由基于定时器的延时电路和非常停止电路构成，如图 13.11 所示。

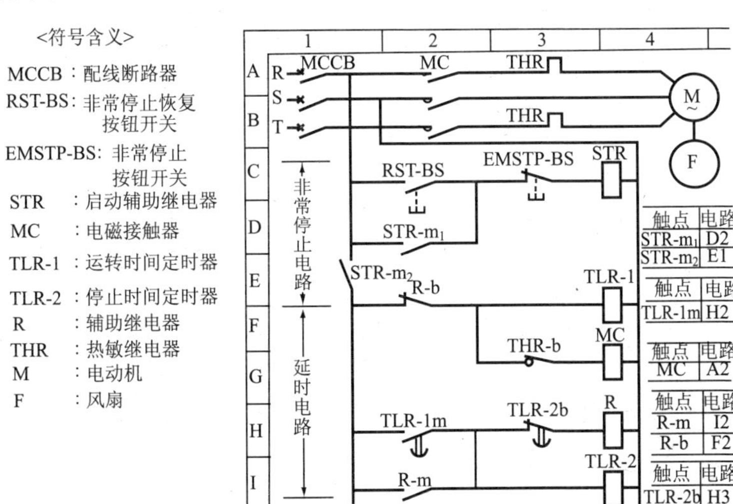

图 13.11 换气风扇反复运转控制电路图

图 13.12 是换气风扇反复运转控制电路时序图。

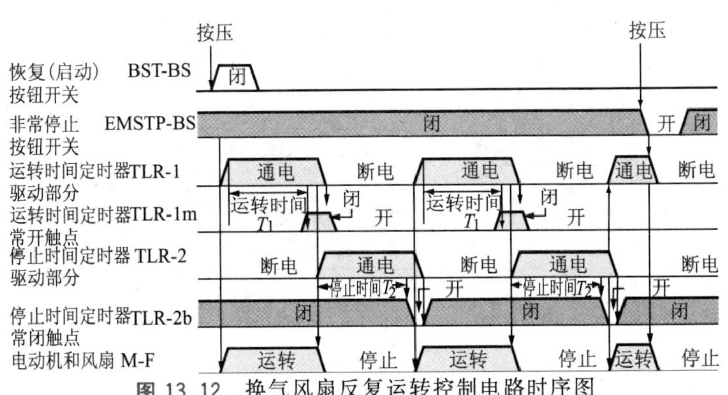

图 13.12 换气风扇反复运转控制电路时序图

2. 基于手动操作和定时器的换气风扇手动运转及自动停止

作为启动信号，当按压非常停止恢复按钮开关 RST-BS 时，启动辅助继电器 STR 运行，电磁接触器 MC 被启动，从而启动电动机 M，风扇开始运转。与此同时对运转时间定时器 TLR-1 通电，电路运行如图 13.13 所

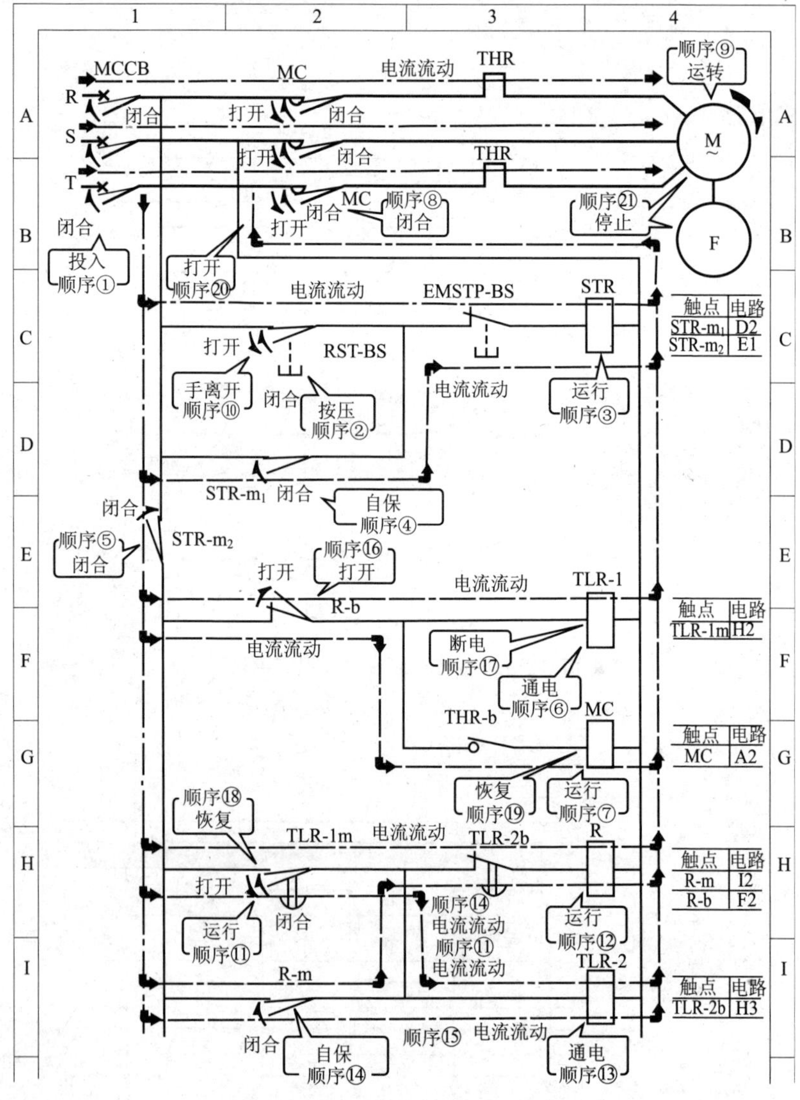

图 13.13　基于手动操作和定时器的换气风扇手动运转及自动停止电路图

示,具体动作步骤如下:

① 作为电源开关的配线断路器 MCCB 投入运行。

② 按压非常停止恢复按钮开关 RST-BS,其常开触点闭合。

③ 启动辅助继电器 STR 运行。

④ 常开触点 STR-m_1 闭合,进入自保状态。

⑤ 常开触点 STR-m_2 闭合。

⑥ 运转时间定时器 TLR-1 通电。

⑦ 当常开触点 STR-m_2 闭合时,电磁接触器 MC 运行。

⑧ 主触点 MC 闭合。

⑨ 电动机 M 启动,风扇运转。

⑩ 使按压非常停止恢复按钮开关 RST-BS 的手离开。

经过运转时间 T_1 后,运转时间定时器 TLR-1 运行,停止时间定时器 TLR-2 被通电。同时,辅助继电器 R 运行,由于常闭触点 R-b 打开,所以电磁接触器 MC 恢复,电动机 M 停止运转,风扇也停止运行,具体动作步骤如下:

⑪ 经过运转时间定时器 TLR-1 的设定时间 T_1(运转时间),运转时间定时器运行,延时运行常开触点 TLR-1m 闭合。

⑫ 辅助继电器 R 运行。

⑬ 当常开触点 TLR-1m 闭合时,停止时间定时器 TLR-2 通电。

⑭ 当辅助继电器 R 运行时,常开触点 R-m 闭合,进入自保状态。

⑮ 停止时间定时器 TLR-2 中有电流流过。

⑯ 当电磁继电器 R 运行时,常闭触点 R-b 打开。

⑰ 运转时间定时器 TLR-1 断电。

⑱ 进入恢复状态,延时运行常开触点 TLR-1m 打开。

⑲ 当常闭触点 R-b 打开时,电磁接触器 MC 恢复。

⑳ 主触点 MC 打开。

㉑ 电动机 M 停止运转,风扇也随之停止运行。

3. 基于定时器的换气风扇自动运转及手动停止

经过停止时间 T_2,停止时间定时器 TLR-2 运行,常闭触点 TLR-2b 打开。据此,辅助继电器 R 恢复,常闭触点 R-b 闭合,电磁接触器 MC 运行,电动机M被启动,风扇运转,电路运行如图13.14所示,具体动作步

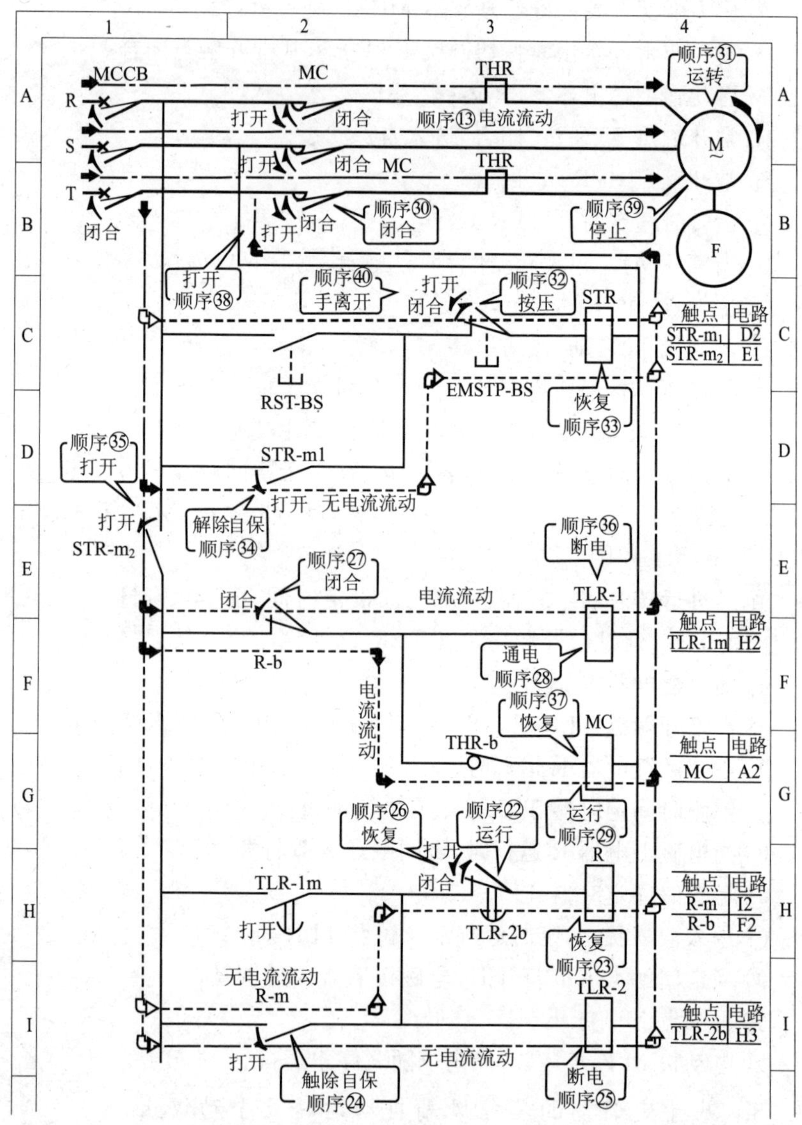

图 13.14　基于定时器的换气风扇自动运转及手动停止电路图

骤如下：

㉒经过停止时间 T_2 后开始运行，常闭触点 TLR-2b 打开。

㉓辅助继电器 R 恢复。

㉔ 常开触点 R-m 打开，自保被解除。

㉕ 当常开触点 R-m 打开时，停止时间定时器 TLR-2 断电。

㉖ 停止时间定时器断电，恢复，常闭触点 TLR-2b 闭合。

㉗ 当辅助继电器 R 恢复时，常闭触点 R-b 闭合。

㉘ 运转时间定时器 TLR-1 加电。

㉙ 电磁接触器 MC 运行。

㉚ 主触点 MC 闭合。

㉛ 电动机 M 启动，风扇运转。

在换气风扇的运转过程中，当按压非常停止按钮 EMSTP-BS 时，启动辅助继电器 STR 恢复，控制电源母线的常开触点 STR-m2 打开，电磁接触器 MC 恢复，电动机停止运转，风扇停止运行，具体动作步骤如下：

㉜ 按压非常停止按钮开关 EMSTP-BS，其常闭触点打开。

㉝ 启动辅助继电器 STR 恢复。

㉞ 常开触点 STR-m1 打开，解除自保。

㉟ 辅助继电器 STR 恢复时，常开触点 $STR\text{-}m_2$ 打开。

㊱ 运转时间定时器 TLR-1 断电。

㊲ 当常开触点 $STR\text{-}m_2$ 打开时，电磁接触器 MC 恢复。

㊳ 主触点 MC 打开。

㊴ 电动机 M 停止运转，风扇停止运行。

㊵ 使按压非常停止按钮 EMSTP-BS 的手离开。

13.4 传送带流水线运转控制电路

1. 传送带流水线运转控制

所谓传送带流水线（断续）运转控制是指，在传送带流水线上进行装配作业，当作业人员完成了一项作业时，作业者只是间断地通过传送带自动地进行传送，下一次作业只是在停顿一段时间后才进行，这种作业情况就称为反复控制。传送带流水线运转控制功能图如图 13.15 所示。

传送带的流水线运转控制利用定时器 TLR 对作业时间 T 进行时间检测，利用限位开关 LS 对停止位置进行位置检测，并且使传送带的驱动电动机 M 运转和停止。

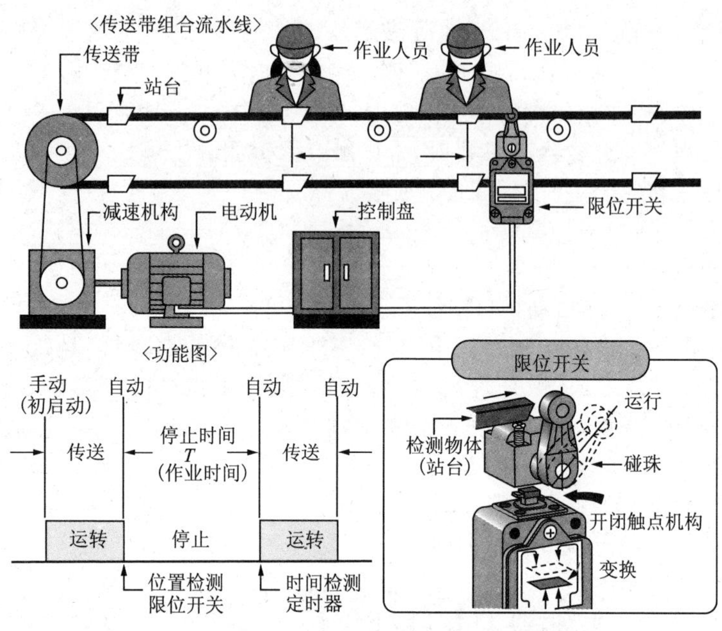

图 13.15　传送带流水线运转控制功能图

2. 传送带流水线运转控制电路顺序图及时序图

作为传送带流水线运转控制电路的例子，图 13.16 表示了采用限位开关和定时器的情况。

〈符号含义〉

MCCB：配线切断器

ST-BS：启动按钮开关

STP-BS：停止按钮开关

MC：电磁接触器

R1：辅助继电器

R2：辅助继电器

LS：限位开关

TLR-1：作业时间定时器

TLR-2：限位开关用定时器

THR：热敏继电器

M：电动机

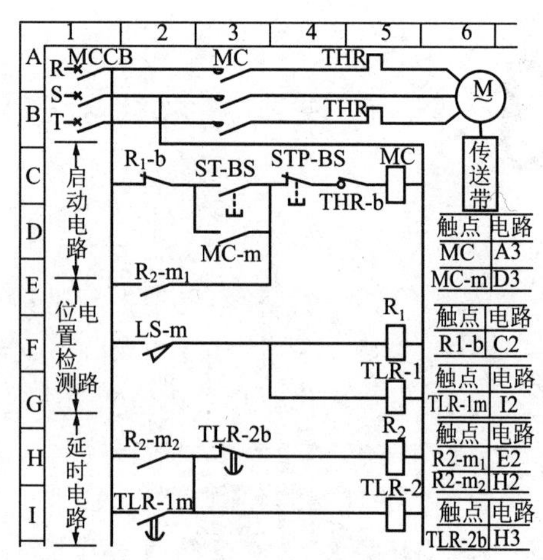

图 13.16　传送带流水线运转控制电路顺序图

图 13.17 是传送带流水线运转控制电路时序图。

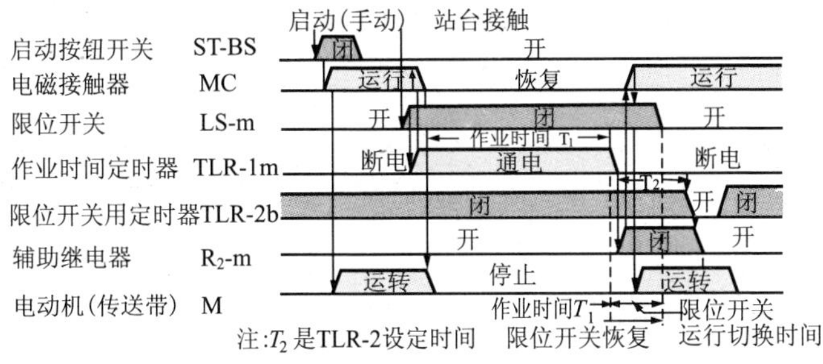

图 13.17 传送带流水线运转控制电路时序图

3. 传送带手动启动和自动停止运行方法

将配线断路器 MCCB 投入运行,按压启动按钮开关 ST-BS 时,电磁接触器 MC 运行,电动机 M 启动,传送带开始运转,电路运行如图 13.18 所示,具体动作步骤如下:

① 投入电源开关的配线断路器 MCCB。

② 按压启动按钮开关 ST-BS,其常开触点闭合。

③ 电磁接触器 MC 运行。

④ 辅助常开触点 MC-m 闭合,自保。

⑤ 当电磁接触器运行时,主触点 MC 闭合。

⑥ 电动机 M 流过电流,电动机启动,传送带开始运转。

传送带运转移动,当安装在传送带侧方边缘上的站台与限位开关 LS 接触时,电路接通,辅助继电器 R_1 开始运行,作业时间定时器 TLR-1 被通电。当辅助继电器 R_1 运行时,其常闭触点 R_1-b 打开,电磁接触器 MC 恢复,电动机 M 停止运转,传送带停止传动,具体动作步骤如下:

⑦ 传送带仅在作业人员规定的时间间隔上移动,当限位开关 LS 与站台接触时,其常开触点 LS-m 闭合。

⑧ 辅助继电器 R_1 运行。

⑨ 常开触点 LS-m 闭合,作业时间定时器的驱动部分 TLR-1 内有电流。

⑩ 辅助继电器 R_1 运行,常闭触点 R_1-b 打开。

⑪ 电磁接触器恢复。

⑫ 辅助常开触点 MC-m 打开,解除自保。

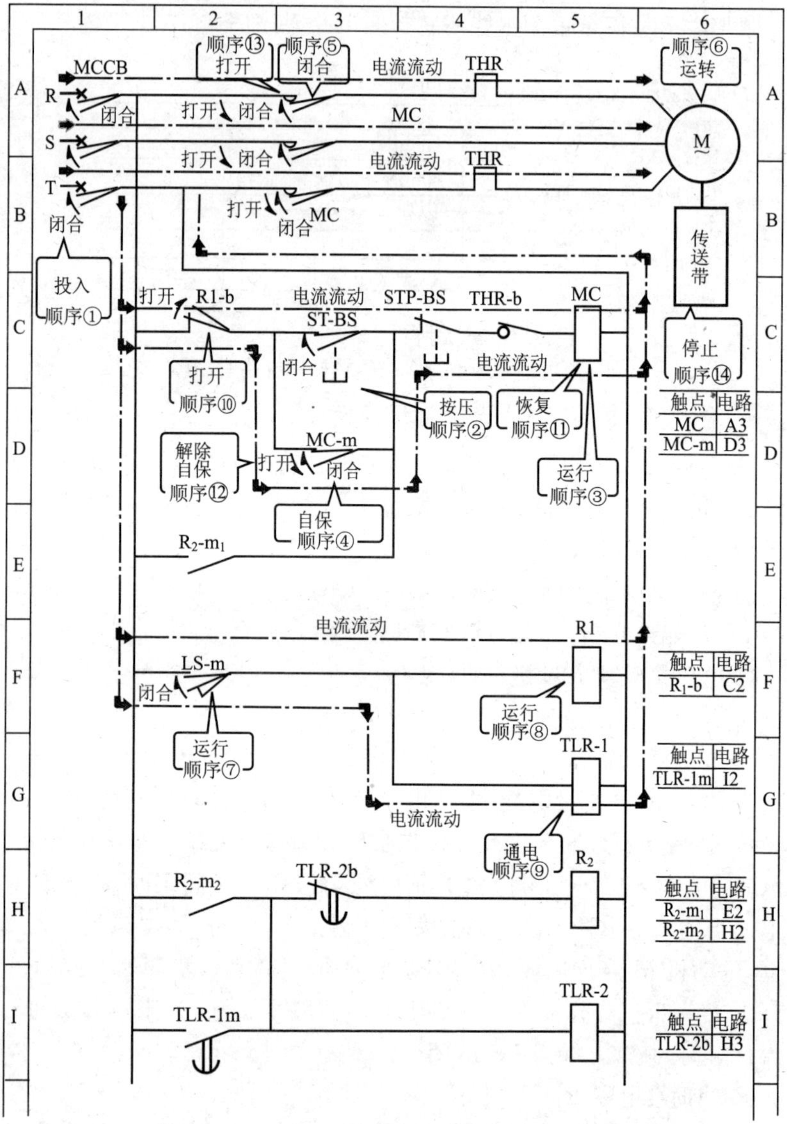

触点	电路
MC	A3
MC-m	D3

触点	电路
R_1-b	C2

触点	电路
TLR-1m	I2

触点	电路
R_2-m_1	E2
R_2-m_2	H2

触点	电路
TLR-2b	H3

图 13.18 传送带手动启动和自动停止运行图

⑬ 电磁接触器恢复，其主触点 MC 打开。

⑭ 电动机 M 中无电流，电动机停止运转，传送带停止运行。

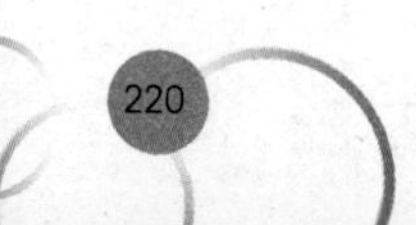

4. 传送带自动运转的运行方法

经过作业时间 T_1 后，作业时间定时器 TLR-1 运行，限位开关的定时器 TLR-2 被通电，辅助继电器 R_2 运行，电磁接触器 MC 运行使电动机 M 启动、传送带运转。限位开关用的定时器 TLR-2 的设定时间 T_2，使限位开关 LS 移动至站台上，运行解除以后设定的时间便结束，电路运行如图 13.19 所示，具体动作步骤如下：

⑮ 经过作业时间定时器 TLR-1 的设定时间 T_1，作业时间定时器运行，延时运行常开触点 TLR-1m 闭合。

⑯ 限位开关用定时器驱动部分 TLR-2 中有电流流过，开始通电。

⑰ 延时运行常开触点 TLR-1m 闭合，辅助继电器 R_2 运行。

⑱ 常开触点 R_2-m_2 闭合，进入自保状态。

⑲ 当辅助继电器 R_2 运行时，常开触点 R_2-m_1 闭合。

⑳ 电磁接触器 MC 运行。

㉑ MC-m 闭合，进入自保状态。

㉒ 当电磁接触器运行时，其主触点 MC 闭合。

㉓ 电动机 M 中有电流流过，电动机启动，传送带运转。

㉔ 当传送带运转移动时，限位开关 LS 脱离站台而恢复，常开触点 LS-m 打开。

㉕ 作业时间定时器 TLR-1 断电。

㉖ 常开触点 TLR-1m 打开。

㉗ 当常开触点 LS-m 打开时，辅助继电器 R_1 恢复。

㉘ 常闭触点 R_1-b 打开，电磁接触器 MC 中有电流流过。

㉙ 经过限位开关定时器 TLR-2 的设定时间 T_2，限位开关用定时器运行，延时运行常闭触点 TLR-2b 打开。

㉚ 辅助继电器 R_2 恢复。

㉛ 常开触点 R_2-m_1 打开。

㉜ 辅助继电器 R_2 恢复，常开触点 R_2-m_2 打开，解除自保。

㉝ 常开触点 R_2-m_2 打开，限位开关用定时器 TLR-2 断电。

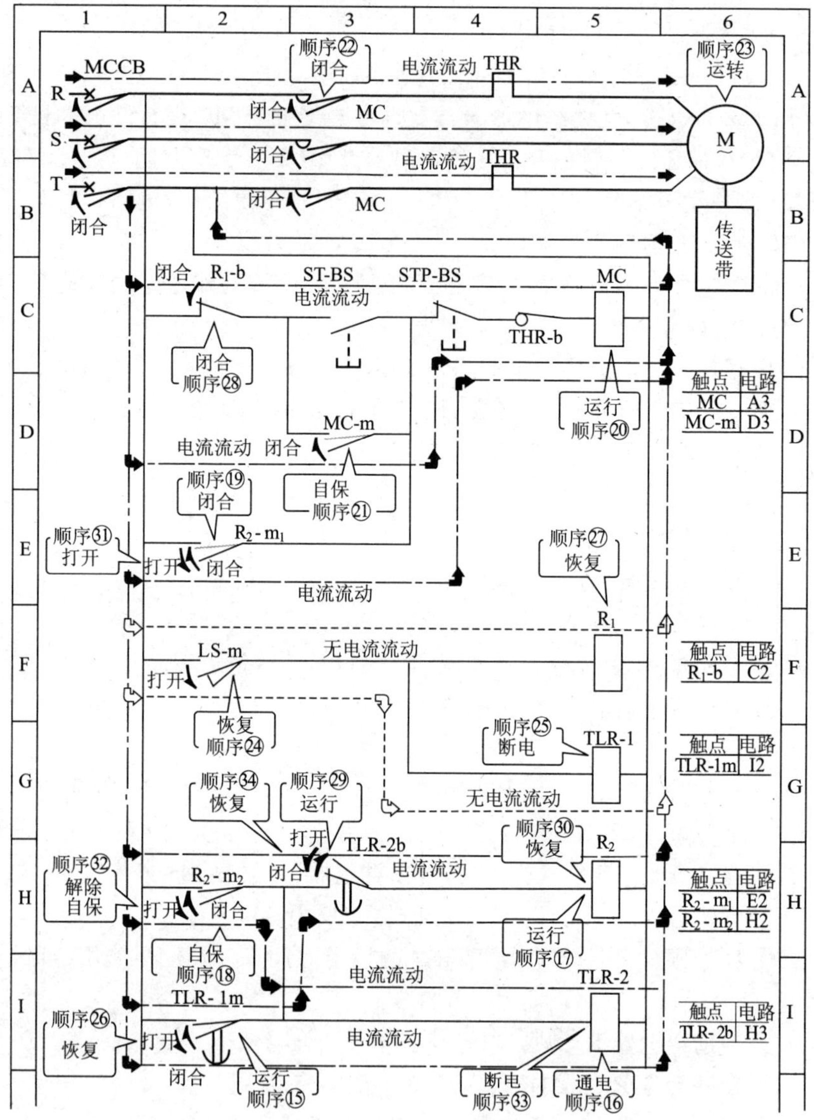

图 13.19　传送带自动运转运行图

13.5 电动送风机延时和定时运转控制电路

1. 电动送风机延时和定时运转控制

所谓电动送风机延时和定时运转控制，是指从给电动送风机加入启动信号起，经过一定时间（等待时间）后才启动，并且仅在一定的时间（运转时间）内运转，最后自动停止下来的控制。

作为电动送风机延时和定时运转控制的例子，从操作者按压启动按钮开关给出启动信号起，经过等待时间 T_1（等待时间定时器 TLR-1 的设定时间）后，电动送风机自动地开始运转，直至运转到运转时间 T_2（运转时间定时器 TLR-2 设定时间）时，电动送风机会自动停止运转，如图13.20所示。

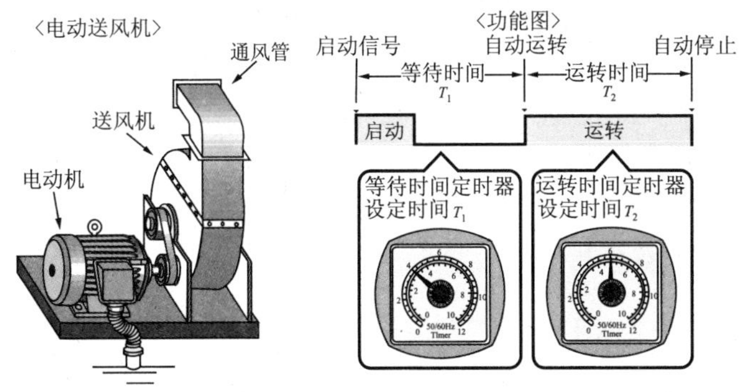

图 13.20　电动送风机延时和定时运转控制实物图

2. 电动送风机延时和定时运转控制电路图及时序图

电动送风机延时和定时运转控制电路是由基于定时器的“一定时间后运行的电路”、“定时运行电路”和“指示灯电路”共同组成的，如图13.21所示。

图 13.22 是电动送风机延时和定时运转控制电路时序图。

3. 电动送风机延时接入和自动运转的运行方法

接入作为电源开关的配线断路器 MCCB，当按压启动按钮开关 ST-

BS 时,启动辅助继电器 STR 运行,等待时间定时器 TLR-1 通电,黄灯 YE-L 点亮表示正处于等待时间。电路运行如图 13.23 所示,具体动作步骤如下:

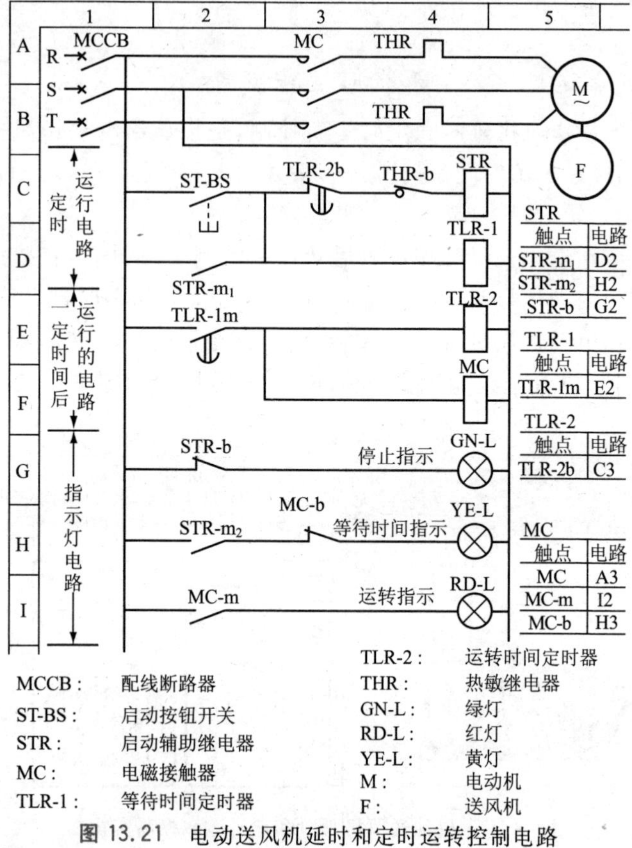

图 13.21　电动送风机延时和定时运转控制电路

① 接入作为电源开关的配线切断器 MCCB。

② 绿灯 GN-L(表示停止)被点亮。

③ 按压启动按钮开关 ST-BS,其常开触点闭合。

④ 常开触点 ST-BS 闭合,启动辅助继电器 STR 运行。

⑤ 等待时间定时器 TLR-1 通电。

⑥ 启动辅助继电器 STR 运行,常开触点 STR-m1 闭合,进入自保状态,电流流过等待时间定时器驱动部分 TLR-1。

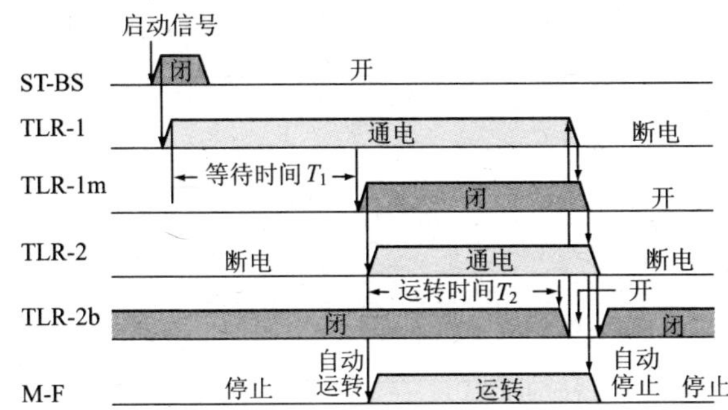

图 13.22 电动送风机延时和定时运转控制电路时序图

⑦ 启动辅助继电器 STR 运行，常闭触点 STR-b 打开。

⑧ 绿灯 GN-L（表示停止）熄灭。

⑨ 启动辅助继电器 STR 运行，常开触点 $STR-m_2$ 闭合。

⑩ 黄灯 YE-L（表示等待时间）点亮。

⑪ 使按压启动按钮开关 ST-BS 的手离开。

当经过等待时间 T_1 后，等待时间定时器 TLR-1 运行，电磁接触器 MC 也运行，电动送风机运转，具体动作步骤如下：

⑫ 经过等待时间定时器 TLR-1 的设定时间 T_1（等待时间）后，等待时间定时器运行，延时运行常开触点 TLR-1m 闭合。

⑬ 运转时间定时器的驱动部分 TLR-2 通电而有电流流过。

⑭ 延时运行常开触点 TLR-1m 闭合，电磁接触器 MC 运行。

⑮ 主触点 MC 闭合。

⑯ 电动机 M 中有电流流过，电动机 M 启动，送风机 F 运转。

⑰ 当电磁接触器运行时，辅助常闭触点 MC-b 打开。

⑱ 黄灯 YE-L（表示等待时间）熄灭。

⑲ 当电磁接触器运行时，辅助常开触点 MC-m 闭合。

⑳ 红灯 RD-L（表示运转）点亮。

4. 电动送风机自动停止运行方法

经过运转时间 T_2 后，运转时间定时器 TLR-2 运行，延时运行常闭触点 TLR-2b 打开，电磁接触器 MC 恢复，电动送风机停止运行，绿灯 GN-L（表示停止）点亮。电路运行如图 13.24 所示，具体动作步骤如下：

㉑ 经过运转时间定时器 TLR-2 的设定时间 T_2（运转时间）后，运转

时间定时器运行，延时运行常闭触点 TLR-2b 打开。

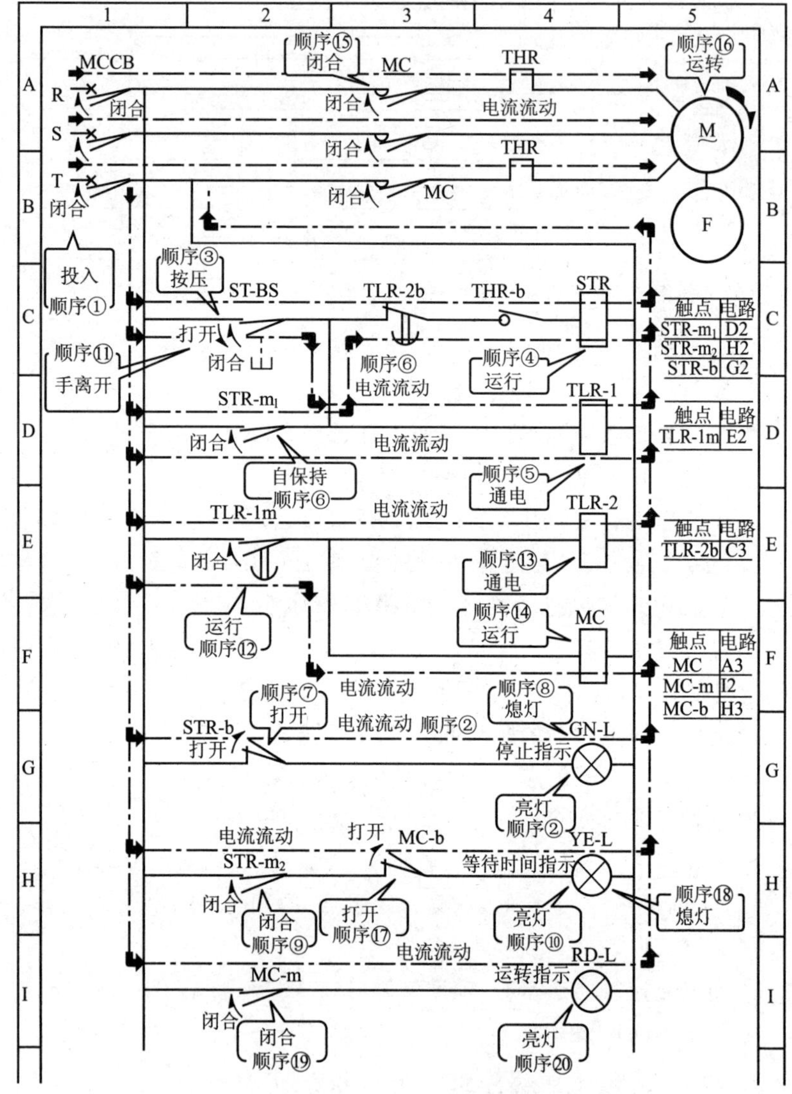

触点	电路
$STR\text{-}m_1$	D2
$STR\text{-}m_2$	H2
STR-b	G2

触点	电路
TLR-1m	E2

触点	电路
TLR-2b	C3

触点	电路
MC	A3
MC-m	I2
MC-b	H3

图 13.23 电动送风机延时接入和自动运转运行图

㉒ 启动辅助继电器 STR 恢复。

㉓ 常开触点 $STR\text{-}m_1$ 打开，解除自保。

㉔ 启动辅助继电器 STR 恢复，常开触点 $STR\text{-}m_2$ 打开。

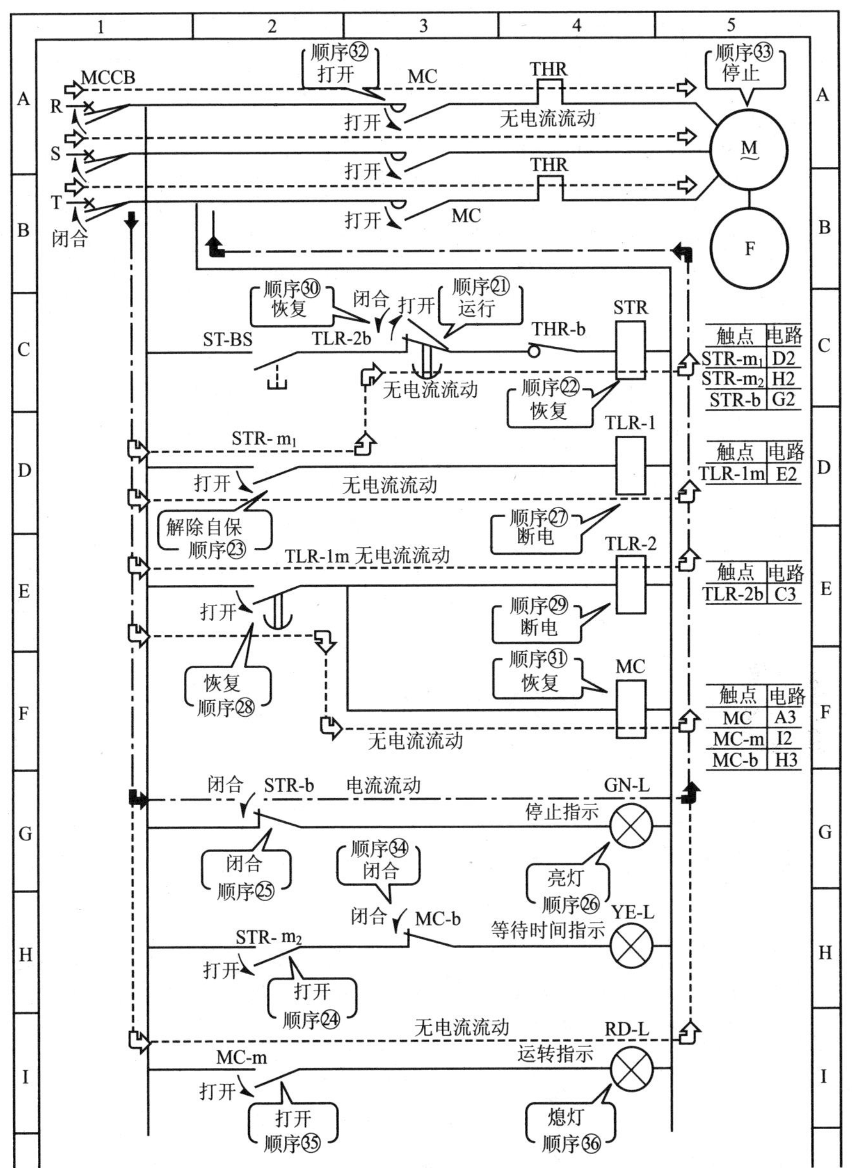

触点	电路
STR-m1	D2
STR-m2	H2
STR-b	G2

触点	电路
TLR-1m	E2

触点	电路
TLR-2b	C3

触点	电路
MC	A3
MC-m	I2
MC-b	H3

图 13.24 电动送风机自动停止运行图

㉕启动辅助继电器 STR 恢复，常闭触点 STR-b 闭合。

㉖绿灯 GN-L 点亮(表示停止)。

㉗ 常开触点 STR-m_1 打开，等待时间定时器的驱动部分 TLR-1 中无电流流过，处于断电状态。

㉘ 延时运行常开触点 TLR-1m 打开。

㉙ 运转时间定时器的驱动部分 TLR-2 中无电流流过，处于断电状态。

㉚ 延时运行常闭触点 TLR-2b 闭合。

㉛ 延时运行常开触点 TLR-1m 打开，电磁接触器 MC 恢复。

㉜ 主触点 MC 打开。

㉝ 电动机 M 中无电流流过，电动机 M 停止运转，送风机 F 停止运行。

㉞ 当电磁接触器恢复时，常闭触点 MC-b 闭合。

㉟ 当电磁接触器恢复时，常开触点 MC-m 打开。

㊱ 红灯 RD-L 熄灭(表示运转)。

此时，电动送风机返回到启动按钮开关 ST-BS 以前的状态。

13.6 卷帘门自动开关控制电路

1. 实物连接图

卷帘门自动开关控制电路，采用了作为电源开关的配线断路器，并且利用正转用和反转用电磁接触器各自的启动按钮开关，使作为卷帘门驱动动力的电容启动电动机运行，据此进行正转(卷帘门打开：上升)和反转(卷帘门关闭：下降)的切换，以及利用停止按钮开关使卷帘门停止运行。实物连接图如图 13.25 所示。

2. 卷帘门的上升(打开)运行

投入作为电源开关的配线断路器 MCCB，当按压上升(打开)用启动按钮开关 U-ST 时，卷帘门上升至上限打开后自动停止，卷帘门上升(打开)运行如图 13.26 所示。

• 上升(打开)启动运行步骤

① 投入作为回路❶的电源开关的配线断路器 MCCB。

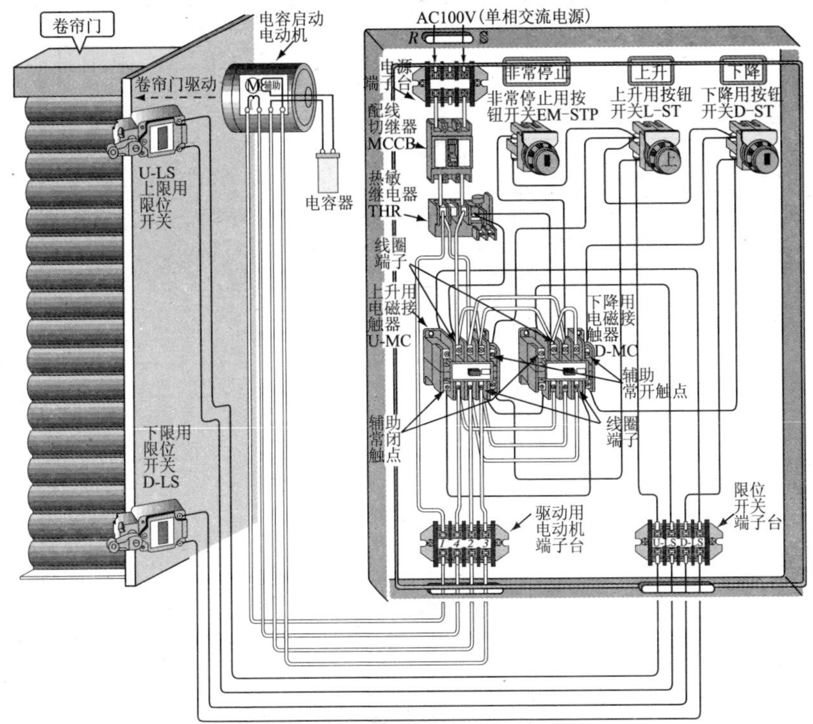

图 13.25 卷帘门自动开关控制电路实物连接图

② 按压回路2的启动按钮开关 U-ST_m，其常开触点闭合。

③ 回路2的上升(打开)用电磁接触器的线圈 U-MC 中有电流流过，开始运行。

此时，顺序④、顺序⑦、顺序⑧也同时运行。

④ 上升(打开)用 U-MC 运行，主回路1的主触点 U-MC 闭合。

⑤ 回路1的驱动用电容启动电动机 M 的主线圈和辅助线圈中有电流，进入启动并且向正方向旋转。

⑥ 驱动用电容启动电动机 M 启动向正方向旋转，卷帘门上升后打开。

⑦ 上升(打开)用 U-MC 运行，回路3的自保常开触点 U-MC_m 闭合，进入自保状态。

⑧ 上升(打开)用 U-MC 运行，下降(关闭)回路5的常闭触点U-MC_b 打开，构成互锁。

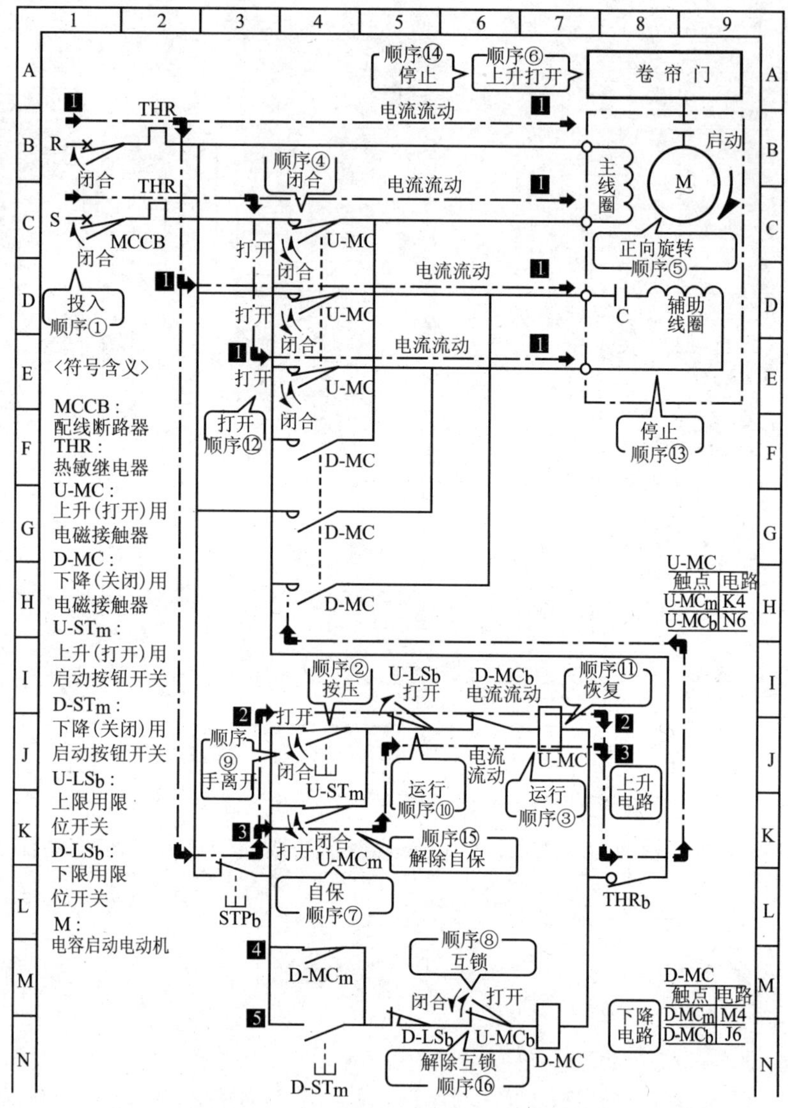

图 13.26　卷帘门上升(打开)运行图

⑨ 按压回路❷的上升(打开)启动按钮开关 U-ST_m 的手离开。

- 上升停止运行顺序

⑩ 卷帘门上升(打开)并达到上限，回路❷的上限用限位开关 U-LS_b 运行，其常闭触点 U-LS_b 打开。

⑪ 回路❷的上升(打开)用电磁接触器线圈 U-MC 中无电流流过，处于恢复状态。

此时，顺序⑫、顺序⑮、顺序⑯同时运行。

⑫ 上升(打开)用 U-MC 恢复，主回路❶的主触点 U-MC 打开。

⑬ 驱动用电容启动电动机 M 的主线圈和辅助线圈中无电流流动，处于停止状态。

⑭ 驱动用电容启动电动机 M 停止，卷帘门也停止到上限位置。

⑮ 上升(打开)用 U-MC 恢复，回路❸的自保常开触点 $U\text{-}MC_m$ 打开，解除自保状态。

⑯ 上升(打开)用 U-MC 恢复，下降回路❺的常闭触点 $U\text{-}MC_b$ 闭合，解除互锁状态。

3. 卷帘门的下降(关闭)运行

卷帘门的上限位置是其打开的状态，当按压下降(关闭)用启动按钮开关 D-ST 时，卷帘门下降直到降到下限关闭，卷帘门自动停下来，卷帘门下降(关闭)运行如图 13.27 所示。

- 下降(关闭)启动运行步骤

① 按压回路❺的下降(关闭)用启动按钮开关 $D\text{-}ST_m$，其常开触点闭合。

② 常开触点 $D\text{-}ST_m$ 闭合，回路❺的下降(关闭)用电磁接触器的线圈 D-MC 中有电流流过，开始运行。

当下降(关闭)用电磁接触器 D-MC 运行时，顺序③、顺序⑥、顺序⑦同时运行。

③ 下降(关闭)用 D-MC 运行，主回路❻的主触点 D-MC 闭合。

④ 回路❻的驱动用电容启动电动机 M 的主线圈和辅助线圈中有电流，电动机启动并向反方向旋转。

⑤ 卷帘门下降并关闭。

⑥ 下降(关闭)用 D-MC 运行，回路❹的自保常开触点 $D\text{-}MC_m$ 闭合，进入自保状态。

⑦ 下降(关闭)用 D-MC 运行，上升(打开)回路❷的常闭触点 $D\text{-}MC_b$ 打开而构成互锁状态。

⑧ 按压回路❺下降(关闭)用启动按钮开关 $D\text{-}MC_m$ 的手离开。

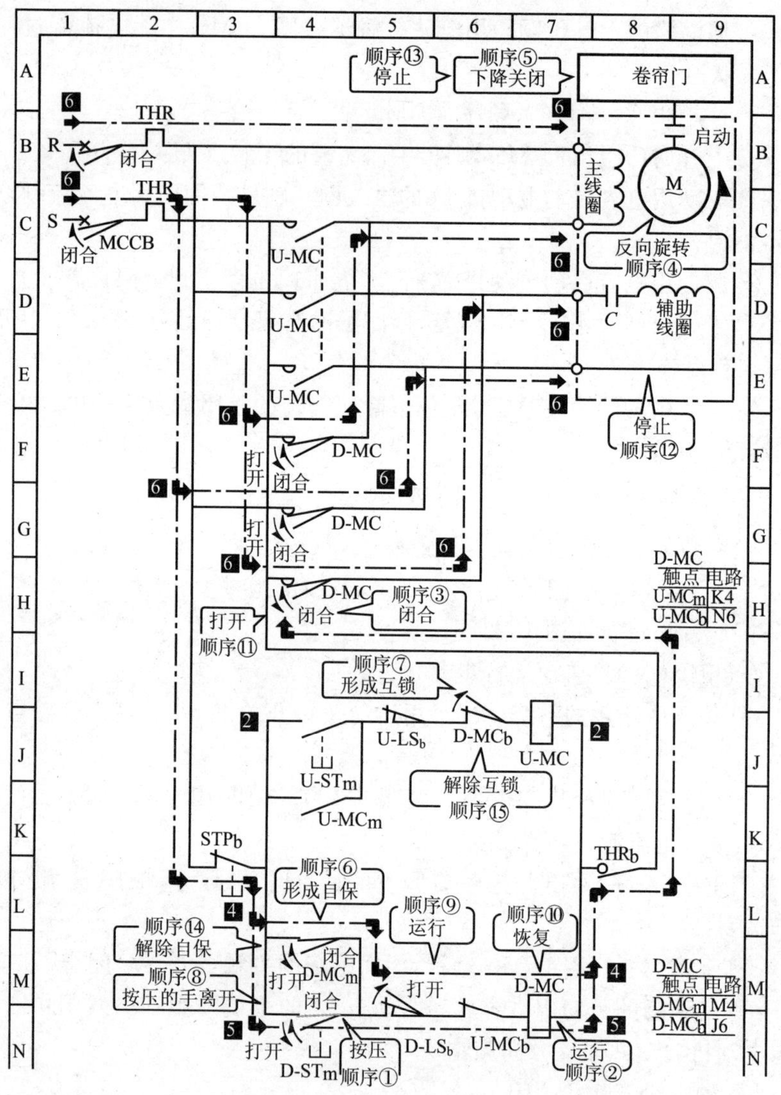

图 13.27　卷帘门下降(关闭)运行图

• 下降(关闭)停止运行顺序

⑨ 卷帘门下降(关闭)到下限,下限用限位开关 $D\text{-}LS_b$ 运行,其常闭触点 $D\text{-}LS_b$ 打开。

⑩ 回路5中的下降(关闭)电磁接触器线圈 D-MC 内无电流,进入恢复状态。

当下降(关闭)用电磁接触器 D-MC 恢复时,顺序⑪、顺序⑭、顺序⑮同时运行。

⑪ 下降(关闭)用 D-MC 恢复,主回路❻的主触点 D-MC 打开。

⑫ 驱动用电容启动电动机 M 的主线圈和辅助线圈中无电流流动,电动机 M 停止运行。

⑬ 卷帘门停在下限位置。

⑭ 下降(关闭)用 D-MC 恢复,回路❹的自保常开触点 $D\text{-}MC_m$ 打开,解除自保状态。

⑮ 下降(关闭)用 D-MC 恢复,上升(打开)回路❷中的常闭触点 $D\text{-}MC_b$ 闭合,解除互锁状态。

13.7 电炉温度控制电路

1. 电炉温度控制电路

利用控制炉内温度进行加热处理等的装置称为电炉。作为电炉的温度控制,我们采用两个温度开关对作为热源的三相加热器进行开关控制,在保持电炉内温度一定的同时,为了防止发生事故,当温度达到规定温度以上时,警笛会鸣叫。电炉温度控制电路实物连接图如图 13.28 所示。

电炉温度控制电路由启动、停止电路,以及报警电路共同组成,如图 13.29 所示。温度开关是指对温度达到规定值时的运行进行检测的开关。把相对于温度变化电特性也发生变化的热敏元件,例如,热敏电阻、白金等电阻发生变化的元件和产生热电动势的热电偶等应用到测温体中,然后根据其特性的变化检测出是否已经达到了预先设定的温度,这种温度开关称为动作开关。温度开关的外观和原理方框图如图 13.30 所示。

2. 电炉加热启动运行方法

投入电炉的电源开关 MCCB,电炉启动,开始加热,电炉加热启动运行如图 13.31 所示,具体动作步骤如下:

① 使作为电源开关的配线断路器 MCCB 投入运行。

② 电磁接触器 MC 的线圈中有电流流过,开始运行。

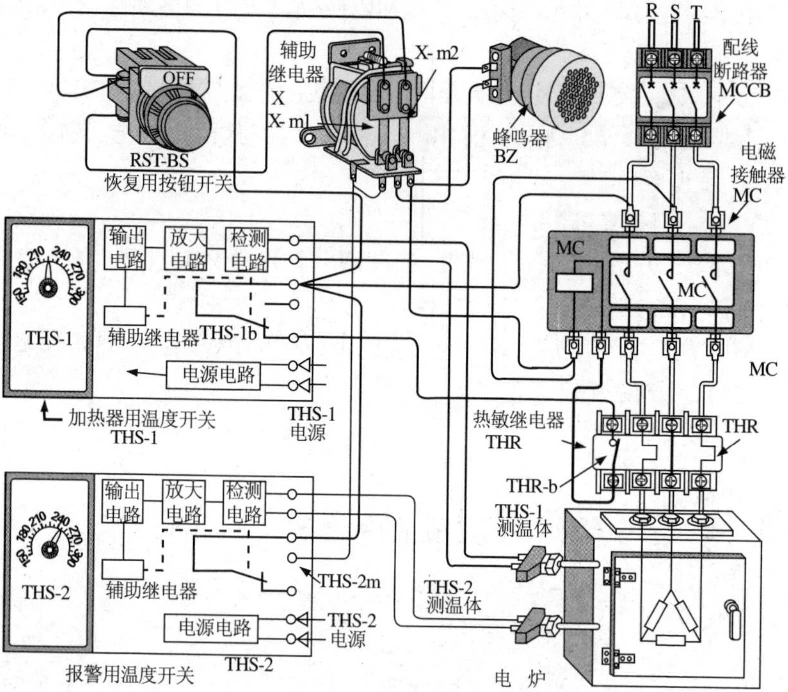

R S T
配线断路器 MCCB
辅助继电器 X
X-m2
X-m1
OFF
RST-BS
恢复用按钮开关
蜂鸣器 BZ
电磁接触器 MC
MC
输出电路 放大电路 检测电路
辅助继电器
THS-1b
THS-1
电源电路
加热器用温度开关 THS-1
THS-1 电源
热敏继电器 THR
THR
THR-b
THS-1 测温体
输出电路 放大电路 检测电路
辅助继电器
THS-2m
THS-2
THS-2 测温体
电源电路
THS-2 电源
报警用温度开关 THS-2
电 炉

图 13.28 电炉温度控制电路实物连接图

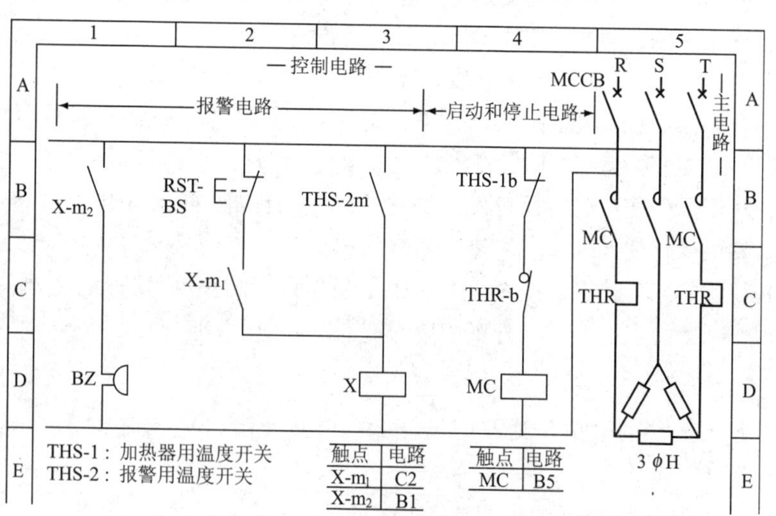

图 13.29 电炉温度控制电路图

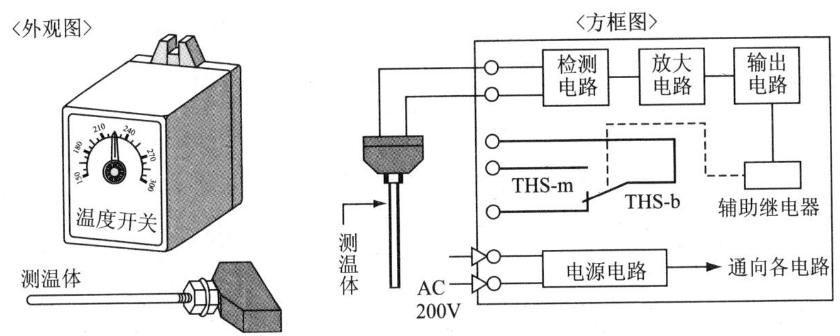

图 13.30 温度开关的外观和原理方框图

因为电炉内的温度在加热器用温度开关 THS-1 的设定温度以下，所以不运行，其常闭触点 THR-1b 闭合。

因为电炉中的电流不是过电流，所以热动继电器 THR 不运行，其常闭触点 THR-b 闭合。

③ 当电磁接触器 MC 运行时，主电路的主触点 MC 闭合。

④ 三相加热器 3ϕH 中有电流流动，进行加热。

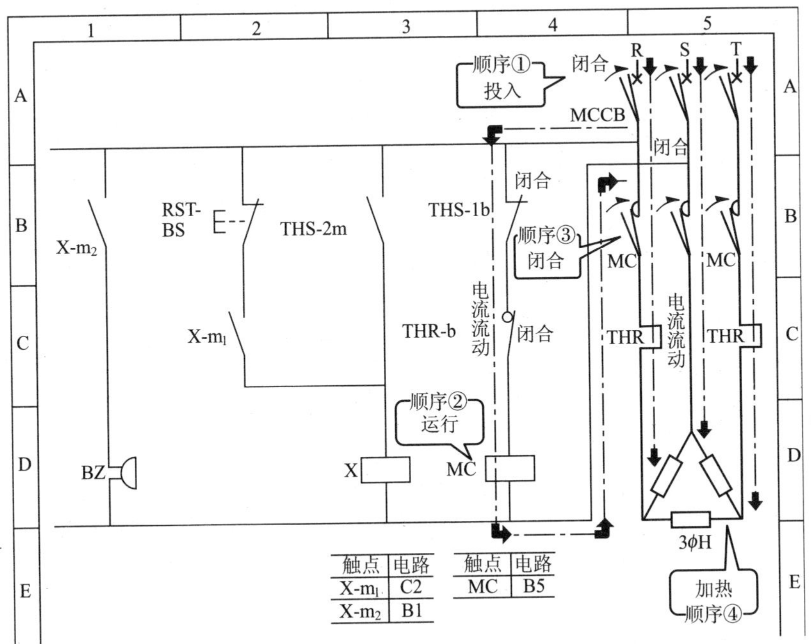

图 13.31 电炉加热启动运行图

3. 电炉加热停止运行方法

由于三相加热器的加热，电炉内温度上升。当温度达到加热炉温度开关 THS-1 的设定温度以上时，温度开关 THS-1 运行，停止加热操作。电炉加热停止运行如图 13.32 所示，具体动作步骤如下：

⑤ 电炉的炉内温度上升到加热器温度开关 THS-1 的设定温度以上，加热器用温度开关运行，常闭触点 THS-1b 打开。

⑥ 电磁接触器 MC 的线圈中无电流流动，进入恢复状态。

⑦ 主电路的主触点 MC 打开。

⑧ 三相加热器 3ϕH 中无电流流动，停止加热。

三相加热器的加热停止时，电炉的炉内温度下降，当下降到加热器用温度开关的设定温度以下时进入恢复状态，其常闭触点 THS-1b 闭合。

当常开触点 THS-1b 闭合时，电磁接触器 MC 运行，其主触点 MC 闭合，三相加热器被加热。反复进行三相加热器的启动和停止操作就可以控制炉内的温度。

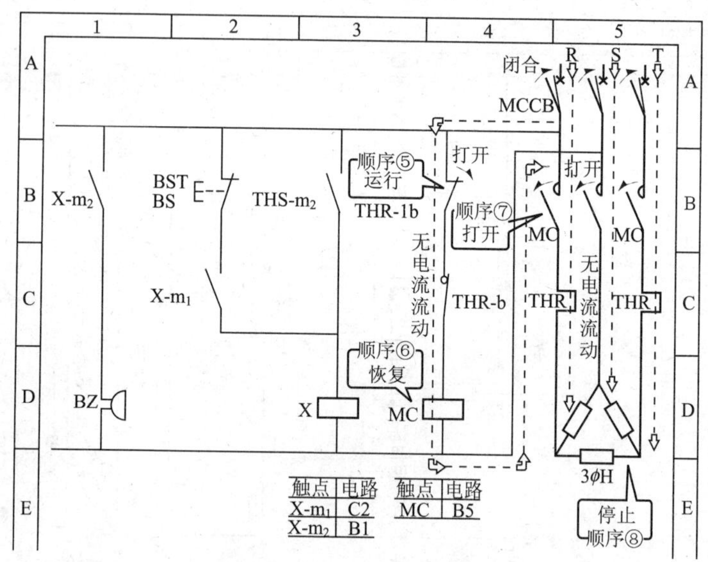

图 13.32　电炉加热停止运行图

4. 电炉报警运行方法

由于电炉的异常，三相加热器会产生过热现象。当超过设定温度而达到报警温度时，报警温度开关 THS-2 运行，蜂鸣器 BZ 呼叫，发出警报。电炉报警运行如图 13.33 所示，具体动作步骤如下：

⑨ 当由于电炉异常而使炉内温度上升到报警温度时，报警用温度开关运行，其常开触点 THS-2m 闭合。

⑩ 辅助继电器 X 的线圈中有电流流动，因而运行。

当辅助继电器 X 运行时，顺序⑪和顺序⑫同时运行。

⑪ 辅助继电器 X 运行，常开触点 X-m_1 闭合，进入自保状态。

⑫ 当辅助继电器 X 运行时，常开触点 X-m_2 闭合。

⑬ 蜂鸣器 BZ 中有电流流过，BZ 发出呼叫。

当炉内温度下降到报警温度以下时，报警用温度开关 THS-2 恢复，常开触点 THS-2m 打开，因为辅助继电器 X 处于自保状态，所以蜂鸣器继续呼叫。

注意：对于电炉的异常过热情况，操作者应采取适当的处理措施。

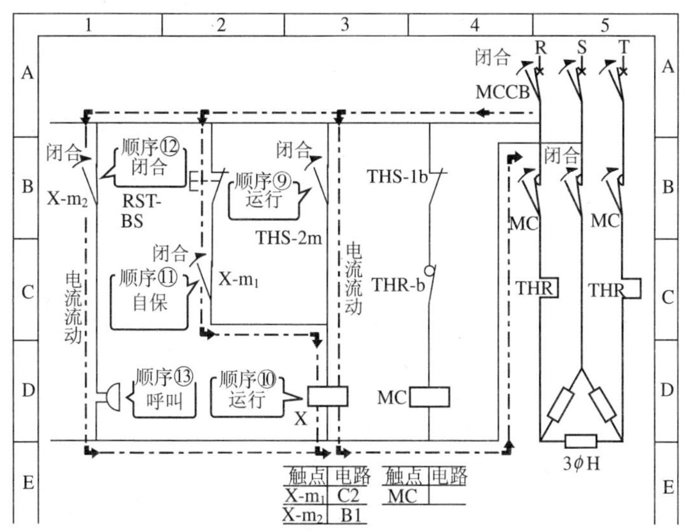

图 13.33　电炉报警启动运行图

5. 电炉报警运行恢复方法

电炉的炉内温度虽然比报警温度低，但是因为警报蜂鸣器在继续呼叫，所以要按压恢复按钮开关 RST-BS 才能使其恢复。电炉报警恢复运行如图 13.34 所示，具体动作步骤如下：

⑭ 按压恢复按钮开关 RST-BS，其常闭触点打开。

⑮ 辅助继电器 X 的线圈中无电流流过，处于恢复状态。

当辅助继电器 X 恢复时，顺序⑯和顺序⑰同时运行。

⑯ 当辅助继电器 X 恢复时，常开触点 X-m_1 打开，解除自保。

⑰ 当辅助继电器恢复时，常开触点 X-m_2 打开。

⑱ 蜂鸣器 BZ 中无电流流过，呼叫停止。

⑲ 按压恢复按钮开关 RST-BS 的手离开，其常闭触点闭合。

虽然常闭触点 RST-BS 闭合，但是因为常开触点 X-m_1 打开，所以辅助继电器 X 不运行。

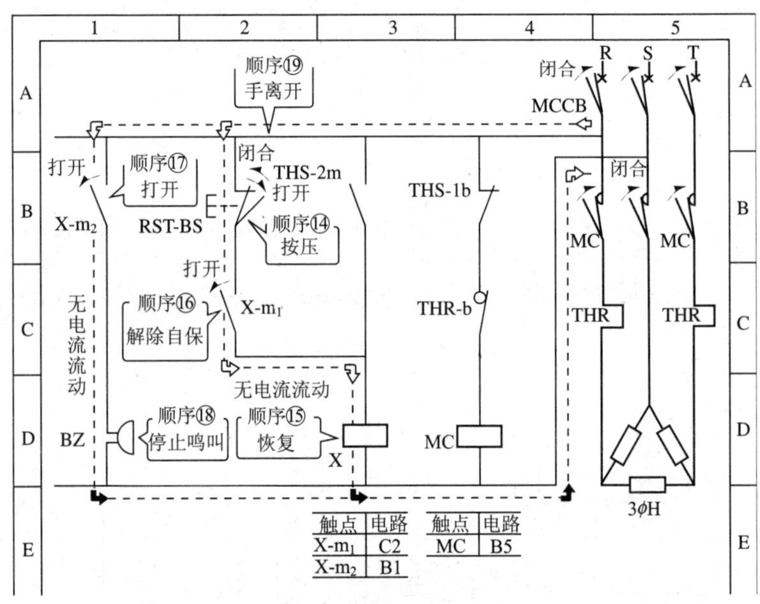

图 13.34　电炉报警恢复运行图

13.8 组装式空调机控制电路

1. 组装式空调机

组装式空调机，是把压缩机、冷凝器、蒸发器、电加热器、送风机、空气过滤器、加湿器等组装在一个壳体内构成的空气调节机器(图 13.35)。

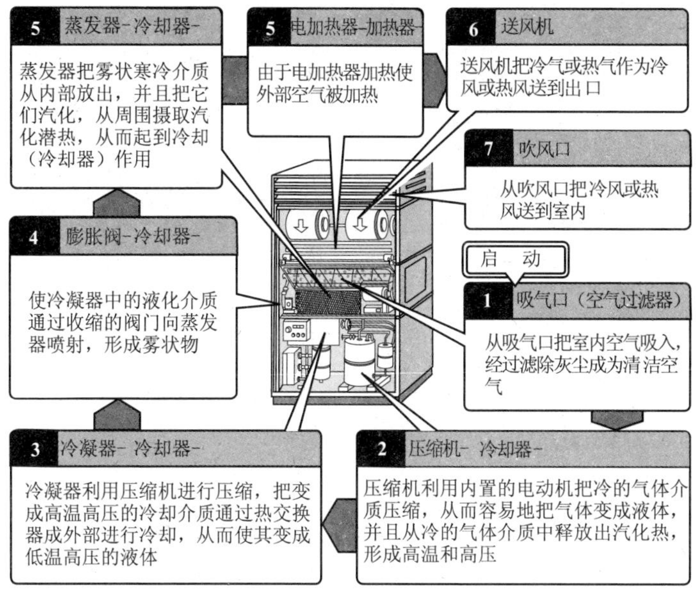

图 13.35 组装式空调机

2. 组装式空调机控制电路

组装式空调机控制电路是由送风机(送风)电路、压缩机(冷却)电路、加热器(加热)电路、加湿器(加湿)电路、曲柄箱加热器电路和指示灯(指示)电路等组合而成的,如图 13.36 所示。

3. 组装式空调机送风和冷却运行方法

利用旋转开关 RS“送风”时,送风机用电磁接触器 52F 运行,送风机 MF 运转,进行室内送风。组装式空调机送风和冷却运行如图 13.37 所示,具体动作步骤如下:

① 使作为电源开关的配线断路器 MCCB 投入运行。

② 回路**5**的曲柄箱加热器 H3 中有电流流过,曲柄箱下部的润滑油被加热;将润滑油的温度调节到适当的温度,以防止冷介质溶解到润滑油中。

③ 把旋转开关转动到与“送风”一致的位置时,端子 1 和 2 与端子 3 和 4 之间进行连接。

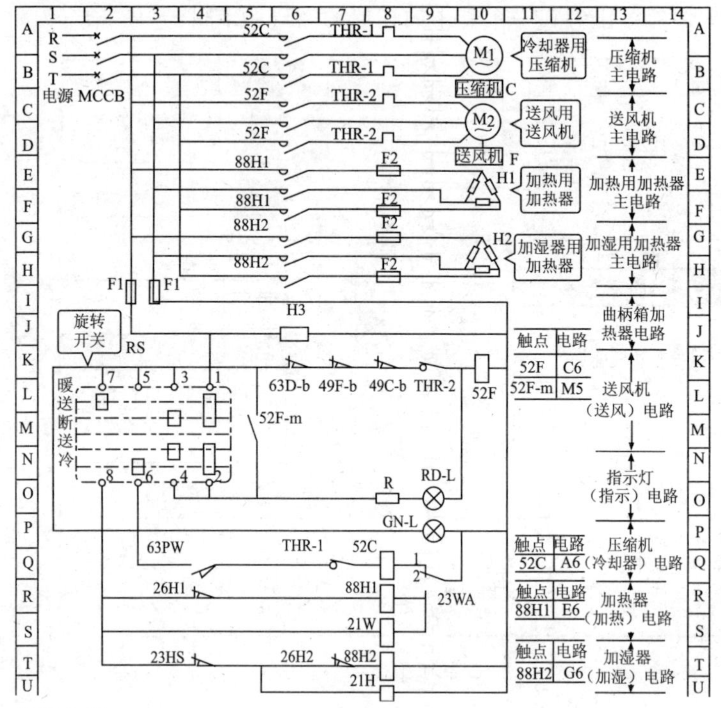

〈符号含义〉

MCCB：配线断路器
M1：压缩机用电动机
M2：送风机用电动机
52C：压缩机用电磁接触器
52F：送风机用电磁接触器
THR-1：热敏继电器
THR-2：热敏继电器
RS：旋转开关
H3：曲柄箱加热器
23HS：温度调节器
49C：压缩机用热动温度开关
49F：室内送风机用热动温度开关
23WA：自动启动与停止温度调节器
63D：高低压压力开关
GN-L：送风机运转指示灯
RD-L：故障指示灯
F1：保险丝
F2：温度保险丝
63PW：冷却水压力开关
H1：暖气加热器
H2：加湿器用加热器
88H1：加热器用电磁接触器
88H2：加湿器用电磁接触器
21W：加热器用电磁阀
21H：加湿用电磁阀
26H1：防过热温度开关
26H2：防过热温度开关

图 13.36　组装式空调机控制电路

④ 回路6的送风机用电磁接触器 52F 中有电流流过，处于运行状态。

⑤ 电磁接触器 52F 运行，回路1的主触点 52F 闭合。

⑥ 送风机 MF 中有电流流过，处于运转状态，在室内送风。

⑦ 当送风机用电磁接触器运行时，回路7的常开触点 52F-m 闭合，进入自保状态。

⑧ 当常开触点 52F-m 闭合时，回路8的绿灯 GN-L 中有电流流动，灯被点亮，表示送风机已运转。

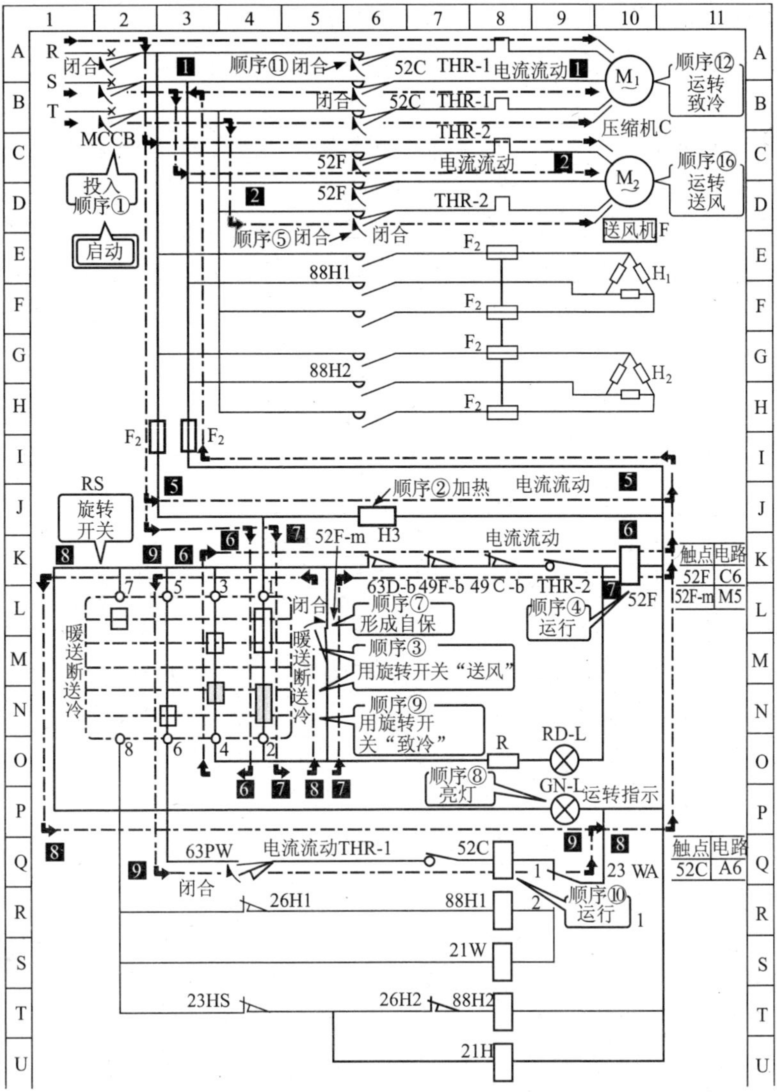

图 13.37 组装式空调机送风和冷却运行图

把旋转开关 RS 从“送风”转换到“冷却”，送风机 MF 继续运转，同时压缩机用电磁接触器 52C 运行，压缩机用电动机 M_1 启动，压缩机运转，冷气体介质受压缩而冷却，送风机 MF 向室内输送冷风，具体动作步骤如下：

⑨ 把旋转开关 RS 从“送风”转换到“冷却”，端子 1 和 2 与端子 5 和 6 之间连接；回路❻，❷，❽中有电流，送风机继续运转，绿灯 GN-L 继续点亮。

⑩ 旋转开关 RS 的端子 5 和 6 继续连接，回路❾的压缩机用电磁接触器 52C 中有电流流过，处于运行状态。

⑪ 压缩器用电磁接触器运行，回路❶的主触点 52C 闭合。

⑫ 压缩机用电动机 M_1 中有电流流过，电动机启动，压缩机运转，冷气体介质被压缩，制冷。

4. 组装式空调机加热和加湿运行方法

旋转开关 RS 从“冷却”转换到“加热”，送风机继续运转，同时加热用电磁接触器 88H1 运行，加热用电加热器 H_1 进行加热，然后利用送风机将这些热量以热风的形式送到室内进行加热。把旋转开关 RS 从“冷却”转换到“加热”时，加湿器用电磁接触器 88H2 运行，加湿器用电加热器 H_2 加热，利用水槽内储存的水对室内加湿。组装式空调机加热和加湿运行如图 13.38 所示，具体动作步骤如下：

⑬ 把旋转开关 RS 从“冷却”转换到“加热”，端子 1 和 2 与端子 7 和 8 之间进行连接。回路❼中有电流流动，送风机用电磁接触器 52F 继续运行，绿灯 GN-L 继续被点亮，回路❷的主触点 52F 闭合，送风机 MF 继续运转。

⑭ 把回路❾的温度调节器 23WA 转换到 2 一侧。

⑮ 当温度调节器 23WA 转换到 2 一侧时，因为旋转开关 RS 的端子 7 和 8 相连接，所以回路❿中有电流流过，加热器用电磁阀 21W 运行打开，送出热水或蒸气，室内被加热。

⑯ 当温度调节器 23WA 转换到 2 一侧时，因为旋转开关 RS 的端子 7 和 8 相连，所以回路❾中有电流流过，加热器用电磁接触器 88H1 运行。

⑰ 回路❸的主触点 88H1 闭合。

⑱ 加热用的电加热器 H_1 中有电流流动而进行加热，热量由送风机 MF 变成暖风进行加热。

⑲ 旋转开关 RS 的端子 7 和 8 连接时，回路⓬中有电流流过，加湿用电磁阀 21H 运行并被打开，送出热水或蒸气，对室内进行加湿。

⑳ 旋转开关 RS 的端子 7 和 8 连接时，回路⓫中有电流流过，加湿用

电磁接触器 88H2 运行。

㉑ 回路**4**的主触点 88H2 闭合。

㉒ 加湿用电加热器 H2 加热，水槽中的水变成蒸气对室内进行加湿。

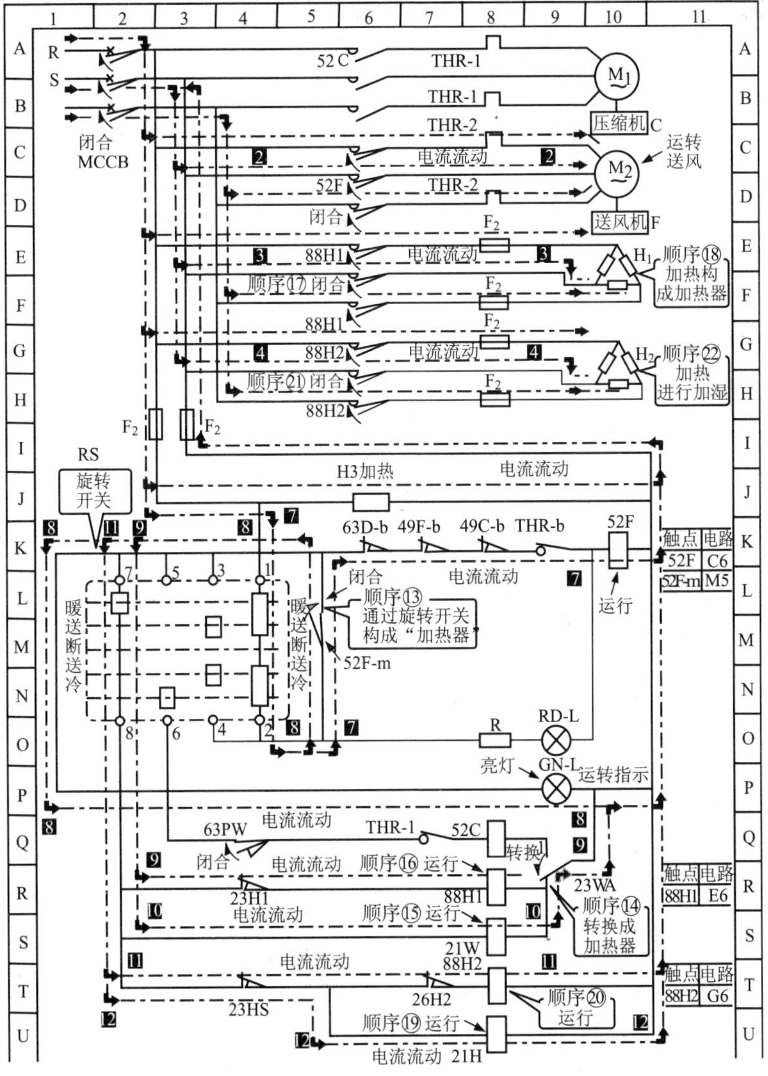

图 13.38 组装式空调机加热和加湿运行图

13.9 供水设备控制电路

1. 供水设备控制电路图

图 13.39 所示是一种采用浮子式液位开关的供水设备控制电路示例(欧姆龙:61F-G 型中继单元)。

2. 供水设备电动泵运转运行

高置水箱的水位下降到下限水位时,因电极 E_2 与 E_3 之间的水位而丧失导电性能。电磁继电器 X 恢复,常闭触点 X-b 闭合。电磁接触器 MC 运行,电动泵 M-P 运转,水从蓄水箱向上抽到高置水箱中。供水设备电动泵运转运行如图 13.40 所示,具体动作步骤如下:

① 作为主回路❶的电源开关的配线断路器 MCCB 投入运行。

② 变压器 T 的初级线圈❸中有电流流过,变压器 T 的次级线圈中感应出 24V 和 8V 电压。

③ 高置水箱的水位下降到 E_2 以下,达到下限水位时,由于电极 E_2 与 E_3 之间无水存在,所以不导电而变成 OFF,变压器 T 的次级 8V 的线圈❹中的电流 I_2 消失。

④ 变压器 T 的初级线圈❸中有电流流过,在变压器次级 24V 的线圈❺中,通过串联的电阻 R_2 和 R_3 有电流 I_1 流过。

⑤ 回路❺的电阻 R_3 中有电流 I_1 流过,在电阻 R_3 上产生电压降 R_3I_1,晶体管 Tr_1 的基极 B_1 点上产生电位。

⑥ B_1 点上产生电位,晶体管 Tr_1 的基极回路❻中有基极电流 I_{B1} 流过,晶体管 Tr_1 运行,进入 ON 状态。在预先的设计中,应使电压降 R_3I_1 在晶体管 Tr_1 运行(ON)所需电压以上。

⑦ 晶体管处于 ON 状态,集电极回路❼中有集电极电流 I_{C1} 流动,于是在电阻 R_6 上产生电压降 $R_6(I_{B1}+I_{C1})$,在晶体管 Tr_1 的集电极 C_1 点产生电位。在预先的设计中应使电压降 $R_6(I_{B1}+I_{C1})$ 在晶体管 Tr_2 运行所需电压以下。

⑧ C_1 点变成 L 时,晶体管 Tr_2 的基极回路❽中无基极电流 I_{B2} 流动,

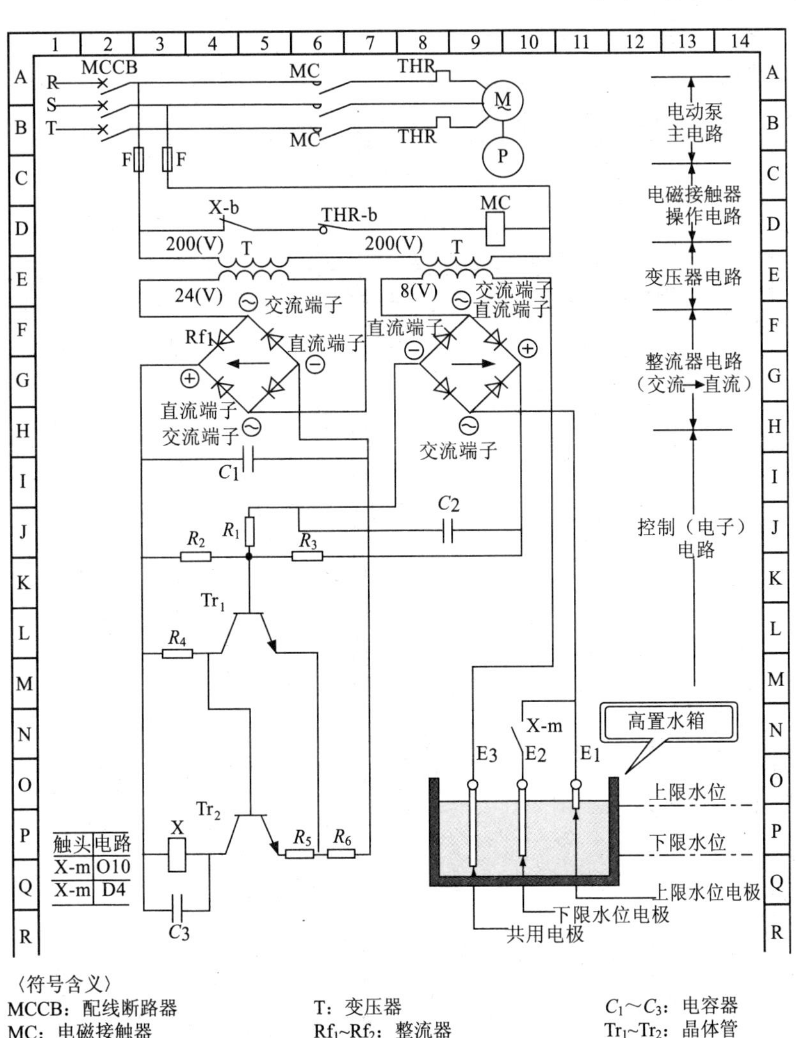

图 13.39 供水设备的控制电路图

晶体管 Tr_2 处于 OFF 状态。

⑨ 集电极回路**9**中无集电极电流 I_{C2} 流动，电磁继电器 X 的线圈中无电流流动，进入恢复状态。

⑩ 回路**4**的常开触点 X-m 打开。

⑪ 回路**2**的常闭触点 X-b 闭合。

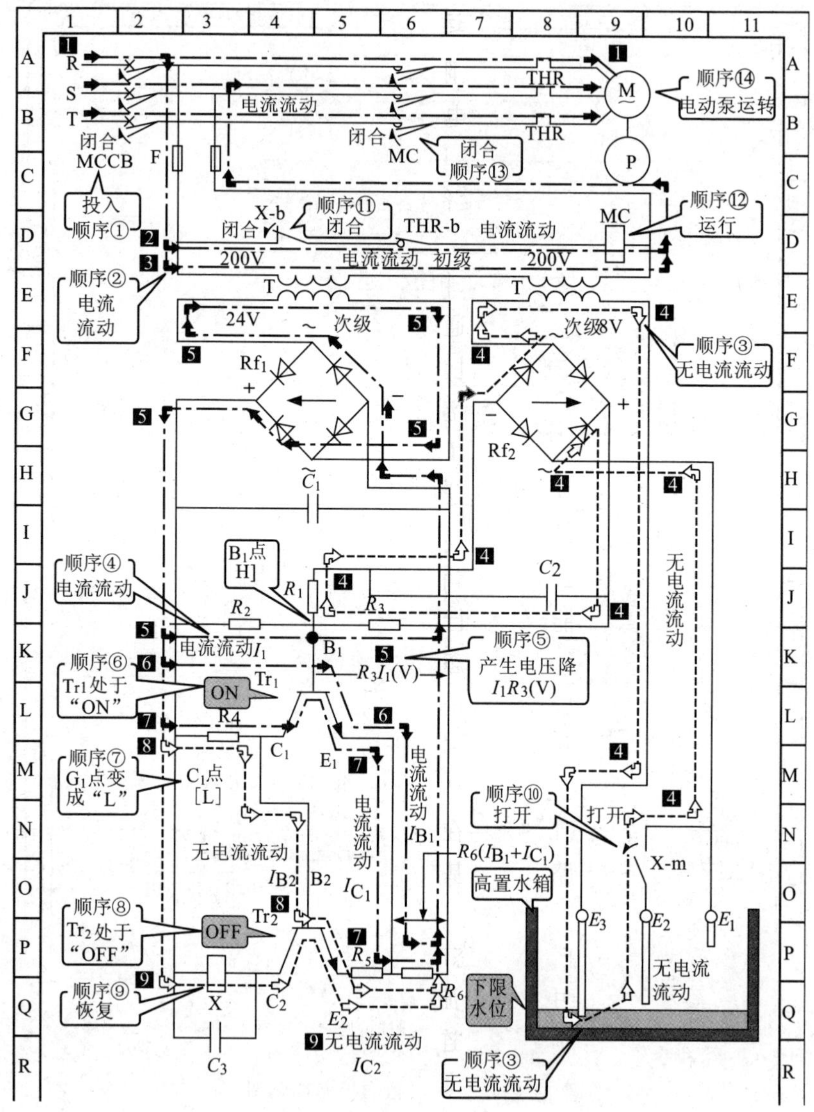

图 13.40　供水设备电动泵运转运行图

⑫ 电磁接触器 MC 的线圈中有电流流过，电磁接触器 MC 运行。

⑬ 主回路■1的主触点 MC 闭合。

⑭ 电动泵 M-P 启动并开始运转，把水抽到高置水箱内(达到上限水位以前运转会继续进行)。

3. 供水设备电动泵停止运行

当高置水箱的水位上升到上限水位时，由于电极 E_1 与 E_2 之间的水而形成通路，因此有电流流动。电磁继电器 X 运行，其常闭触点 X-b 打开，电磁接触器 MC 恢复，电动泵 M-P 停止运行，不再从蓄水箱(供水源)往上向高置水箱中送水。供水设备电动泵停止运行如图 13.41 所示，具体动作步骤如下：

⑮ 电动泵 M-P 运转，高置水箱的水位上升。达到上限水位时，因电极 E_1 与 E_3 之间充满了水，故导通而变为 ON 状态。变压器 T 的次级线圈的 8V 回路❹中有电流 I_2 流过。

⑯ 回路❺的电阻 R_3 中有电流 I_1 流过。因回路❹有反向的电流 I_2 流过，故在 R_3 上产生电压降 $R_3(I_1-I_2)$，晶体管 Tr_1 的基极 B_1 点的电位变低；在预先进行设计时，应使电压降 $R_3(I_1-I_2)$ 在晶体管 Tr_1 的运行所需电压以下。

⑰ B_1 点电位达到 L 时，晶体管 Tr_1 的基极回路❻中基极电流 I_{B1} 停止流动，晶体管 Tr_1 不能继续运行进入 OFF 状态。

⑱ 晶体管 Tr_1 处于 OFF 状态时，集电极 C_1 与发射极 E_1 之间停止导通。回路❼的集电极电流 I_{C1} 停止流动，集电极 C_1 点的电位变成 H。晶体管 Tr_1 变成 ON 时，集电极 C_1 的电位超过晶体管 Tr_2 运行时所需的电压，设计时应予以考虑。

⑲ 当 C_1 点变为 H 时，因为在晶体管的基极 B_2 上加上了运行中必要的电压，所以在基极回路❽中有基极电流 I_{B2} 流动，晶体管 Tr_2 运行，进入 ON 状态。

⑳ 晶体管 Tr_2 处于 ON 状态时，集电极回路❾中有集电极电流 I_{C2} 流动，电磁继电器 X 线圈中有电流流动，处于运行状态。

㉑ 此时与回路❹的电极 E_2 连接的常开触点 X-m 闭合。

㉒ 当电磁继电器 X 运行时，回路❷的常闭触点 X-b 打开。

㉓ 电磁接触器的线圈 MC 中无电流流动，进入恢复状态。

㉔ 主回路❶的主触点 MC 打开。

㉕ 电动泵 M-P 停止运行，高置水箱中不再有水被抽进去。当高置水箱的水位达到下限时返回至最初状态，电动泵 M-P 运转而把水向上抽送。

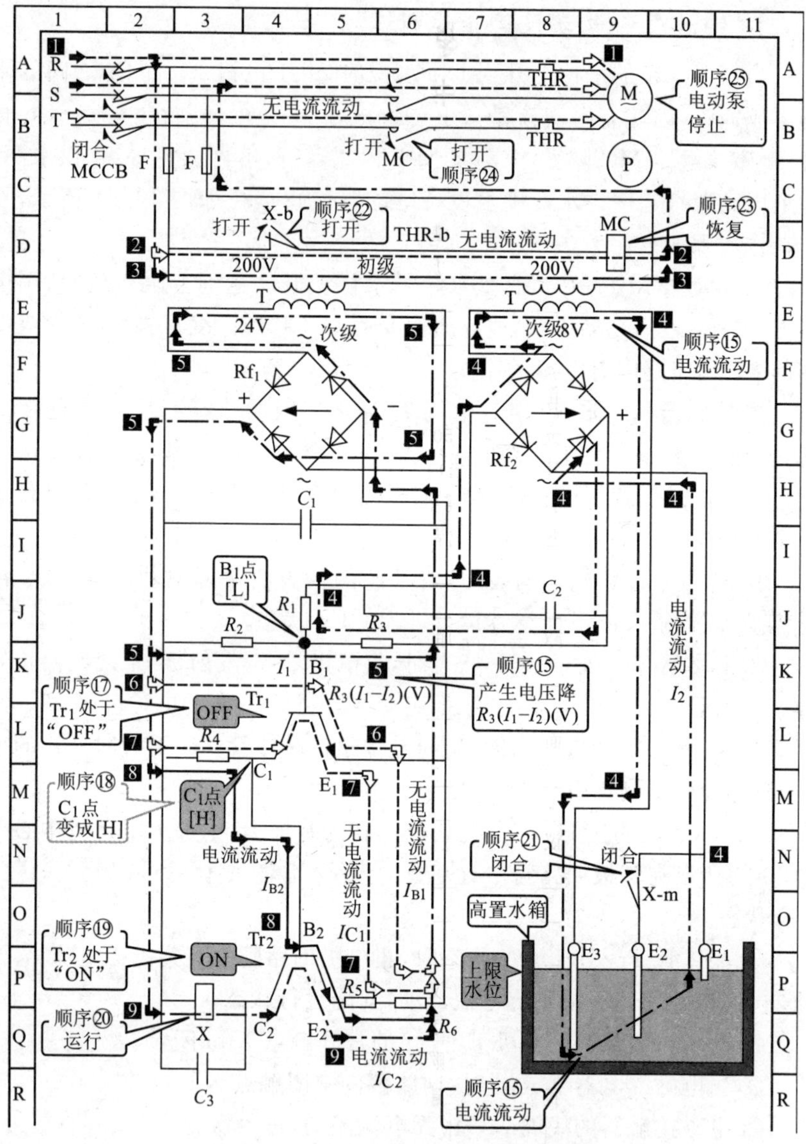

图 13.41　供水设备电动泵停止运行图

科学出版社

科龙图书读者意见反馈表

书　　名 ____________________

个人资料

姓　　名：__________ 年　　龄：__________ 联系电话：__________

专　　业：__________ 学　　历：__________ 所从事行业：__________

通信地址：____________________ 邮　　编：__________

E-mail：____________________

宝贵意见

◆ 您能接受的此类图书的定价

20 元以内□　30 元以内□　50 元以内□　100 元以内□　均可接受□

◆ 您购本书的主要原因有(可多选)

学习参考□　教材□　业务需要□　其他__________

◆ 您认为本书需要改进的地方(或者您未来的需要)

____

____

◆ 您读过的好书(或者对您有帮助的图书)

____

____

◆ 您希望看到哪些方面的新图书

____

____

◆ 您对我社的其他建议

____

____

谢谢您关注本书！您的建议和意见将成为我们进一步提高工作的重要参考。我社承诺对读者信息予以保密，仅用于图书质量改进和向读者快递新书信息工作。对于已经购买我社图书并回执本“科龙图书读者意见反馈表”的读者，我们将为您建立服务档案，并定期给您发送我社的出版资讯或目录；同时将定期抽取幸运读者，赠送我社出版的新书。如果您发现本书的内容有个别错误或纰漏，烦请另附勘误表。

回执地址：北京市朝阳区华严北里 11 号楼 3 层

科学出版社东方科龙图文有限公司电工电子编辑部(收)

邮编：100029